高等职业教育系列教材

# 电气控制与 PLC

## 第 2 版

主 编 韩金玲 宣 峰

参 编 侯新玉 袁苏楠 范 乐 张 涵

机 械 工 业 出 版 社

本书采用项目引领、任务驱动方式组织内容。主要内容包括三相异步电动机基础知识、常用低压电器、三相异步电动机基本控制、S7-200 PLC常用指令和编程方法等。

全书共分10个项目，29个任务。每个任务又分为任务引入、学习目标、任务描述、任务分析、相关知识、任务实施、知识拓展和小试牛刀等几个部分。

本书可作为高职高专院校电气自动化、机电一体化、智能控制技术等专业的教材，也可作为相关专业工程技术人员的岗位培训教材和自学用书。

本书配有微课视频，可扫描二维码观看，还配有电子课件、电控动画、仿真电路、编程软件和仿真软件，需要的教师可登录机械工业出版社教育服务网 www.cmpedu.com 免费注册，审核通过后下载，或联系编辑索取（微信：13261377872，电话：010-88379739）。

**图书在版编目（CIP）数据**

电气控制与 PLC / 韩金玲, 宣峰主编 . —2 版 . —北京:机械工业出版社, 2024.1

高等职业教育系列教材

ISBN 978-7-111-74431-3

Ⅰ.①电… Ⅱ.①韩… ②宣… Ⅲ.①电气控制-高等职业教育-教材 ②PLC 技术-高等职业教育-教材 Ⅳ.①TM571.2 ②TM571.6

中国国家版本馆 CIP 数据核字（2023）第 238406 号

机械工业出版社(北京市百万庄大街 22 号　邮政编码 100037)
策划编辑：李文轶　　　　　　责任编辑：李文轶　韩　静
责任校对：梁　园　王　延　　责任印制：邓　博
北京盛通数码印刷有限公司印刷
2024 年 6 月第 2 版第 1 次印刷
184mm×260mm · 17 印张 · 394 千字
标准书号：ISBN 978-7-111-74431-3
定价：69.00 元（含实验指导书）

电话服务　　　　　　　　　　网络服务
客服电话：010-88361066　　　机　工　官　网：www.cmpbook.com
　　　　　010-88379833　　　机　工　官　博：weibo.com/cmp1952
　　　　　010-68326294　　　金　书　网：www.golden-book.com
**封底无防伪标均为盗版**　　机工教育服务网：www.cmpedu.com

# 前　言

党的二十大报告提出，要加快建设制造强国，推动制造业高端化、智能化、绿色化发展。新一轮产业变革中，电气控制与 PLC 技术作为自动化技术与新兴信息技术深度融合的关键和基础性技术，在工业自动化领域发挥着重要的作用。

本书采用项目导向、任务驱动方式组织内容，精选的案例直观、易懂、容易激起学生的学习兴趣。本书内容简单实用，针对性强，重视职业技能训练和职业能力培养，理论与实践相结合。本书通过设计不同的工作任务，巧妙地将知识点和技能训练融入各个任务中。项目按照知识点与技能要求循序渐进编排，符合高职学生的认知规律，体现了高职高专技能型人才培养的特色。

本书在第 1 版的基础上进行了全面的修订。与第 1 版相比，软件的使用和操作改为视频形式呈现，又增加了顺控指令、跳转指令和子程序调用指令的应用。补充了微课视频资源，便于自学和教学。另外，每个任务的"小试牛刀"环节增加了部分习题、适当的地方增加了思政元素、PLC 模块增加了配套的实验指导书、精选了许多直观有趣的小案例，若再配合适当的积分鼓励，定能让学生获得一定的成就感，充分调动学生的学习积极性。

本书采用的 PLC 为 S7-200 PLC，虽然目前已停产，但尚未淘汰，考虑到部分学校尚未更新设备，而且 S7-200 与 SMART 基本相同，故本次修订没有更新 PLC。

本书由河南工业职业技术学院韩金玲担任第一主编，并编写了 S7-200 PLC 实验指导书；河南工业职业技术学院宣峰担任第二主编，并编写了项目 7 和项目 10；唐山海运职业学院侯新玉修订了项目 1~项目 4；河南工业职业技术学院袁苏楠修订了项目 8 和项目 9；河南工业职业技术学院范乐修订了项目 5 和项目 6；山东艺术学院张涵绘制了实验指导书的插图。

由于编者水平有限，书中难免出现不妥之处，恳请读者批评指正。

编　者

# 目 录 Contents

**前言**

## 项目 1 / 三相异步电动机基础知识 .................... 1

**任务 1.1 三相异步电动机的拆装** ...... 1
1.1.1 电动机的分类 ................ 1
1.1.2 三相异步电动机的结构 ...... 2
1.1.3 三相异步电动机的拆卸 ...... 3
1.1.4 三相异步电动机的装配 ...... 4
1.1.5 小试牛刀 ..................... 4

**任务 1.2 三相异步电动机的认识** ...... 5
1.2.1 三相异步电动机的铭牌 ...... 5
1.2.2 三相异步电动机的工作原理 ...... 7
1.2.3 三相异步电动机的认识实验 ... 10
1.2.4 小试牛刀 .................... 11

## 项目 2 / 三相异步电动机单向直接起动控制 ... 12

**任务 2.1 开关直接起动控制** ............ 12
2.1.1 低压电器的定义及分类 ...... 13
2.1.2 刀开关 ...................... 14
2.1.3 熔断器 ...................... 15
2.1.4 开关直接起动控制电路 ...... 17
2.1.5 失电压保护 ................. 17
2.1.6 欠电压保护 ................. 17
2.1.7 小试牛刀 ................... 18

**任务 2.2 三相异步电动机的点动
控制** ......................... 18
2.2.1 低压断路器 ................. 19
2.2.2 按钮 ........................ 21

2.2.3 接触器 ...................... 23
2.2.4 三相异步电动机点动控制电路 ... 25
2.2.5 电气原理图的画法规则 ...... 25
2.2.6 小试牛刀 ................... 26

**任务 2.3 三相异步电动机的自锁
控制** ....................... 27
2.3.1 热继电器 ................... 27
2.3.2 三相异步电动机的自锁控制电路 ... 29
2.3.3 多地控制 ................... 30
2.3.4 点动与连续控制电路 ........ 31
2.3.5 小试牛刀 ................... 32

## 项目 3 / 三相异步电动机的正、反转控制 ......... 34

**任务 3.1 三相异步电动机的正—
停—反控制** ............... 34
3.1.1 正、反转控制主电路 ........ 35
3.1.2 正—停—反控制电路 ........ 35
3.1.3 正—停—反控制电路动作原理 ... 37
3.1.4 小试牛刀 ................... 37

**任务 3.2 三相异步电动机的正—
反—停控制** ............... 38
3.2.1 正—反—停控制电路动作原理 ... 39

3.2.2 按钮互锁正、反转 ........... 40
3.2.3 小试牛刀 ................... 41

**任务 3.3 三相异步电动机的正、反
转自动循环控制** .......... 41
3.3.1 行程开关 ................... 42
3.3.2 正、反转自动循环控制电路动作
原理 ...................... 42
3.3.3 小试牛刀 ................... 43

## 项目 4 三相异步电动机的调速和制动控制 ... 45

**任务 4.1 双速电动机的高、低速控制** …… 45
4.1.1 三相异步电动机的调速方法 ……… 46
4.1.2 双速电动机的接线 ……………… 47
4.1.3 双速电动机高、低速控制电路……… 47
4.1.4 小试牛刀 …………………… 48

**任务 4.2 三相异步电动机的机械制动** …… 48
4.2.1 制动的概念 ………………… 49
4.2.2 电磁抱闸 ……………………… 49
4.2.3 电磁抱闸断电制动控制 ………… 50
4.2.4 电磁抱闸通电制动控制 ………… 50

4.2.5 小试牛刀 …………………… 51

**任务 4.3 三相异步电动机的能耗制动** …… 52
4.3.1 能耗制动原理……………………… 52
4.3.2 时间继电器 ………………… 53
4.3.3 电动机单向运行能耗制动控制 …… 54
4.3.4 小试牛刀 …………………… 55

**任务 4.4 三相异步电动机的反接制动** …… 56
4.4.1 速度继电器 ………………… 57
4.4.2 电动机单向反接制动控制电路 …… 58
4.4.3 小试牛刀 …………………… 59

## 项目 5 三相异步电动机的减压起动控制 …… 61

**任务 5.1 三相异步电动机的丫–△减压起动** ……………… 61
5.1.1 丫–△减压起动原理 …………… 61
5.1.2 丫–△减压起动控制电路 ………… 62
5.1.3 小试牛刀 …………………… 63

**任务 5.2 三相异步电动机定子串电阻减压起动** …………… 64
5.2.1 定子串电阻减压起动控制方案 1 …… 64
5.2.2 定子串电阻减压起动控制方案 2 …… 65
5.2.3 小试牛刀 …………………… 66

## 项目 6 两台电动机顺序起、停控制 …………… 67

**任务 6.1 按钮手动顺序起、停控制** …… 67
6.1.1 单向运转顺序起、停控制 ……… 68
6.1.2 正、反转顺序起、停控制 ……… 68
6.1.3 小试牛刀 …………………… 70

**任务 6.2 自动顺序起、停控制** ……… 71
6.2.1 两台电动机自动顺序起动控制 …… 72
6.2.2 两台电动机自动顺序停止控制 …… 73
6.2.3 小试牛刀 …………………… 74

## 项目 7 PLC 简介 ………………… 75

**任务 7.1 PLC 共性基本知识** ………… 75
7.1.1 PLC 的产生和发展 ………… 75
7.1.2 PLC 的硬件结构 …………… 76
7.1.3 PLC 的分类 ………………… 78
7.1.4 PLC 的编程语言 …………… 78
7.1.5 PLC 的工作方式 …………… 79
7.1.6 小试牛刀 …………………… 80

**任务 7.2 S7-200 PLC 基本知识** …… 81

7.2.1 CPU224 型 PLC ……………… 81
7.2.2 扩展模块 …………………… 82
7.2.3 S7-200 PLC 的数据长度和编址方式 …………………… 83
7.2.4 S7-200 PLC 中的常数 ………… 84
7.2.5 本机 I/O 与扩展 I/O 的地址分配 …… 84
7.2.6 小试牛刀 …………………… 85

## 项目8　S7-200 PLC 基本指令应用实例 ········· 86

### 任务8.1　三路简易抢答器的控制 ······· 86
8.1.1　输入继电器 ··············· 87
8.1.2　输出继电器 ··············· 88
8.1.3　三路简易抢答器的控制程序设计 ······ 88
8.1.4　编程软件的使用 ············ 90
8.1.5　仿真软件的使用 ············ 91
8.1.6　小试牛刀 ················ 91

### 任务8.2　四路 LED 抢答器的控制 ··· 92
8.2.1　LED 数码管简介 ············ 93
8.2.2　中间继电器 ··············· 93
8.2.3　四路 LED 抢答器的控制程序设计 ··· 94
8.2.4　小试牛刀 ················ 97

### 任务8.3　"天塔之光"彩灯控制 ······ 97
8.3.1　定时器 ················· 98
8.3.2　"天塔之光"彩灯"花开"控制 ··· 100
8.3.3　小试牛刀 ················ 102

### 任务8.4　正、反转控制电路的 PLC 改造 ················ 102
8.4.1　继电器电路移植法的一般步骤 ··· 103
8.4.2　正、反转控制电路的 PLC 改造 ··· 104
8.4.3　PLC 控制的三相异步电动机正、反转工作原理 ··········· 105
8.4.4　常闭触点输入的处理 ······· 106
8.4.5　小试牛刀 ················ 108

## 项目9　S7-200 PLC 顺序控制设计实例 ······ 109

### 任务9.1　LED 数码管自动循环显示数字的控制 ··············· 109
9.1.1　顺序控制设计法简介 ······· 110
9.1.2　段译码指令 SEG ············ 113
9.1.3　复位指令 ················ 114
9.1.4　单序列起—保—停方法设计的梯形图 ················ 114
9.1.5　小试牛刀 ················ 117

### 任务9.2　交通信号灯控制 ········· 118
9.2.1　置位指令 ················ 119
9.2.2　闪烁电路 ················ 120

9.2.3　并行序列以转换为中心的方法设计的梯形图 ·········· 121
9.2.4　小试牛刀 ················ 126

### 任务9.3　LED 数码管花样显示数字控制 ················ 126
9.3.1　计数器 ················· 127
9.3.2　顺序控制继电器指令 SCR ··· 129
9.3.3　脉冲指令 ················ 130
9.3.4　选择序列顺控方法设计的梯形图 ··· 131
9.3.5　长延时方法 ··············· 133
9.3.6　小试牛刀 ················ 134

## 项目10　S7-200 PLC 功能指令应用实例 ······ 136

### 任务10.1　菱形之光控制 ············· 136
10.1.1　数据类型 ··············· 137
10.1.2　比较指令 ··············· 138
10.1.3　菱形之光控制程序设计 ····· 140
10.1.4　一个按钮控制电动机起停 ··· 141
10.1.5　利用比较指令实现闪烁 ····· 142
10.1.6　小试牛刀 ··············· 142

### 任务10.2　两位 LED 数码管自动循环显示数字控制 ········· 142
10.2.1　传送指令 MOV ············ 144

10.2.2　累加器 AC ··············· 144
10.2.3　整数运算指令 ············ 145
10.2.4　个位数控制 ·············· 145
10.2.5　两位数控制 ·············· 146
10.2.6　移位指令 ··············· 147
10.2.7　循环移位指令 ············ 149
10.2.8　小试牛刀 ··············· 150

### 任务10.3　电动机组控制 ··········· 150
10.3.1　跳转指令和标号指令 ······· 152
10.3.2　I/O 分配 ················ 152

10.3.3　设计思路 ………………… 153

10.3.4　自动程序设计 …………… 154

10.3.5　手动程序设计 …………… 155

10.3.6　完整程序 ………………… 156

10.3.7　小试牛刀 ………………… 157

**任务 10.4　天塔之光花样循环**

**控制** ………… 157

10.4.1　子程序 …………………… 159

10.4.2　总体设计思路 …………… 160

10.4.3　符号表 …………………… 161

10.4.4　主程序设计 ……………… 161

10.4.5　子程序设计 ……………… 162

10.4.6　小试牛刀 ………………… 164

## 附录 ………… 165

附录 A　电气图常用图形符号（摘自

GB/T 4728—2005~2008）…… 165

附录 B　常用特殊存储器位 ………… 167

附录 C　本书二维码清单 …………… 168

## 参考文献 ………… 173

# 项目 1 三相异步电动机基础知识

## 项目要点

- 电动机的分类。
- 三相异步电动机的基本结构。
- 三相异步电动机的铭牌。
- 三相异步电动机的工作原理。

## 任务 1.1 三相异步电动机的拆装

### 【任务引入】

利用电磁感应原理进行电能与机械能相互转换的机械称为电机。把机械能转换成电能的电机称为发电机。把电能转换成机械能的电机称为电动机。

小型发电机（组）主要应用于矿山、野外工地、医院、科研院所等，是理想的应急电源。电动机广泛应用于工矿企业、建筑工地，电动车辆、家庭及办公室等。正是有了各种各样的电机，才使得现代人的生活变得简单、方便又舒适。

本任务通过拆装应用最广的三相异步电动机，来了解电动机的分类和基本结构。

### 【学习目标】

1) 了解电动机的分类。
2) 了解三相异步电动机的结构。

### 【相关知识】

#### 1.1.1 电动机的分类

按用电性质的不同，电动机可以分为直流电动机和交流电动机。直流电动机因具有良好的起动和调速性能，被广泛应用于对起动和调速有较高要求的拖动系统，例如电力牵引机、轧钢机、起重机等设备，但因为直流电动机结构复杂、成本高、运行维护困难，再加上交流变频技术的发展，所以有被交流电动机逐步取代的可能。

交流电动机按转速变化情况不同，可分为同步电动机和异步电动机。同步电动机是指电动机的转速始终保持与交流电源产生的旋转磁场转速相同，不随所拖动的负载变化而变化的电动机。它主要用于功率较大、转速不要求调节的生产机械，如大型水泵、空气压缩机、矿井通风机等。交流异步电动机是指由交流电源供电，电动机的转速低于交流电源产生的旋转磁场转速并随负载变化而稍有变化的旋转电动机，也是目前使用最多的一类电动机。

按供电电源不同，异步电动机分为单相异步电动机和三相异步电动机。单相异步电动机取用单相交流电源，电动机功率一般都比较小，主要用于家庭、办公室等只有单相交流电源的场所，比如用于电风扇、空调、电冰箱、洗衣机等电器中，小型手持电动工具也常采用单相异步电动机。三相异步电动机由三相交流电源供电，按其转子结构不同，又可分为三相笼型异步电动机和三相绕线转子异步电动机。其中三相笼型异步电动机由于其结构简单、坚固耐用、维护方便、成本低、运行可靠，在各种电动机中应用最广、需求量最大。

另外，还有一些特种电动机，如步进电动机、伺服电动机、力矩电动机、直线电动机等。

<h3>1.1.2 三相异步电动机的结构</h3>

三相异步电动机由静止的定子和旋转的转子两个主要部分组成，定子和转子之间由气隙分开。图1-1为小型三相笼型异步电动机的结构示意图。

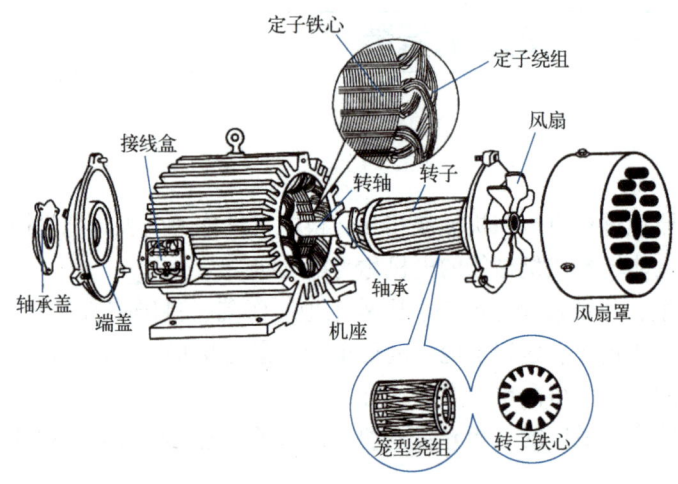

图1-1 小型三相笼型异步电动机的结构示意图

**1. 定子**

定子由定子铁心、定子绕组、机座和端盖等组成。机座的主要作用是支撑电动机各部件，因此应有足够的机械强度和刚度，通常用铸铁或铸铝制成。为了减少涡流损耗和磁滞损耗，定子铁心用硅钢片叠压而成，铁心内圆周上有许多均匀分布的槽，槽内嵌放定子绕组。

三相异步电动机的三相定子绕组是由在空间上彼此间隔120°的3组材料、尺寸、匝数都相同的线圈组成的，每组线圈是一相绕组。各相绕组的相头（首端）分别用U1、V1和W1表示，相尾（末端）分别用U2、V2和W2表示。3个首端和3个末端都引出到机座上的接线盒中。

**2. 转子**

转子用来带动机械负载转动，由转子铁心、转子绕组、转轴和风扇等组成。转子铁心也是用硅钢片叠压而成的，压装在转轴上，其外围表面冲有凹槽，用以安放转子绕组。

根据转子绕组的结构型式不同，转子可分为笼型转子和绕线转子两种。

笼型转子绕组是在转子铁心槽内插入铜条，两端再用两个铜环焊接而成。若把铁心拿出来，整个转子绕组外形很像一个笼子，故称笼型转子，如图 1-2a 所示。对于中小功率的电动机，目前常用铸铝工艺把笼型转子绕组和转子铁心铸在一起，如图 1-2b 所示。铸铝转子不仅简化了制造工艺，也降低了成本。笼型异步电动机的转子绕组本身自成闭合回路，整个转子形成一个坚实的整体，其结构简单牢固、运行可靠、价格便宜，应用最为广泛，小型异步电动机的转子绝大部分属于这类。

绕线转子绕组与定子绕组相似，也是用绝缘导线绕制而成的，嵌于转子槽内，其与定子绕组形成的极对数相同，连接成星形（Y）接法，绕组的 3 个出线端分别接到轴上的 3 个集电环上，再通过电刷引出，如图 1-3 所示。绕线转子的特点是可以通过集电环和电刷在转子绕组回路中串入附加电阻，以改善电动机的起动性能或调节电动机的转速。

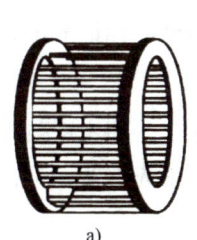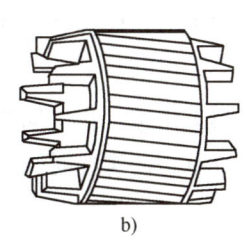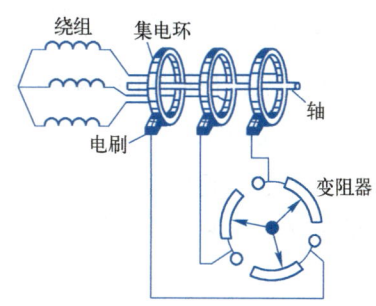

图 1-2　笼型转子　　　　　　　　　图 1-3　绕线转子结构示意图

a）铜条转子　b）铸铝转子

## 【任务实施】

### 1.1.3　三相异步电动机的拆卸

拆卸三相异步电动机时务必注意安全，防止受伤，同时要做好标记。

**1. 带轮或联轴器的拆卸**

先旋松并取下带轮或联轴器上的定位螺钉或销子，然后在带轮轴伸端做好尺寸标记。装拉具时尖端要对准电动机轴的端面中心孔，转动拉具的螺杆将带轮或联轴器慢慢拉出。如果拉不出来，可用喷灯在带轮或联轴器四周加热，使其受热膨胀，加力旋转即可将带轮或联轴器卸下。注意加热温度不宜太高，以免转轴变形。

**2. 风扇罩和风扇叶的拆卸**

卸下风扇罩螺钉，即可取下风扇罩；松开风扇叶上的定位螺钉或销子，用木锤在风扇四周均匀地轻轻敲打，即可将风扇拉出。

**3. 轴承盖和端盖的拆卸**

先用活扳手将固定轴承盖的螺栓旋下，拆下轴承外盖。为了预防装配时前后轴承盖对调，拆卸前应做好记号。为了便于装配时复位，在端盖拆卸前先用记号笔等工具在端盖与机座的结合部位任一位置画上对正标记号。然后用扳手拧下固定端盖的螺栓，用锤子均匀敲打端盖四周，把端盖取下。也可以取一把大小适宜的螺钉旋具，插入端盖的螺栓根部，将端盖按对角线一先一后地向外撬动，直到端盖卸下。后端盖的拆卸与前端盖的拆卸方法相同。

对于较小的电动机，可先把轴伸端的轴承外盖卸下，再松开后端盖的紧固螺栓，然后用木锤敲打轴伸端，就可以把转子和后端盖一起取下。

### 4. 轴承的拆卸

应根据轴承的大小，选用适当的拉具。拉具的拉爪应抓扣在轴承的内圈上。操作时旋转螺杆用力要均匀，且动作要慢。

### 5. 转子的拆卸

较小的电动机的转子可以连同后端盖一起取出。抽出转子时，应缓慢小心，不能歪斜，以防止碰伤定子绕组。

## 1.1.4 三相异步电动机的装配

电动机的装配按拆卸的逆顺序进行。装配时，应将各部件按拆卸时所做的标记复位。

### 1. 后端盖的安装

将轴伸端朝下垂直放置，在其端面上垫上木板，将后端盖套在后轴承上，用木锤敲打。把后端盖敲进去后，装轴承外盖，紧固内外轴承盖的螺栓时要逐步拧紧，不能先拧紧一个，再拧紧另一个。

### 2. 转子的安装

把转子对准定子内膛中心，小心地往里送，后端盖要对准机座的标记，旋上后端盖螺栓，但不要拧紧。

### 3. 前端盖的安装

将前端盖对准机座的标记，用木锤均匀敲打端盖四周，不可单边着力，并拧上端盖的紧固螺栓。拧紧前后端盖的紧固螺栓时，也要四边着力，要按对角线上下左右逐步拧紧。然后装前轴承外端盖，先在外轴承盖孔内插入一根螺栓，一只手顶住螺栓，另一只手缓慢转动转轴，轴承内盖也随之转动，当手感觉到轴承内外盖螺孔对齐时，就可以将螺栓拧入内轴承盖的螺孔内，再装另外两根螺栓。这里安装螺栓时也应逐步拧紧。

### 4. 安装刷架、刷握和电刷

绕线转子异步电动机要按所做标记装上刷架、刷握和电刷等。

## 1.1.5 小试牛刀

### 一、填空题

1. 利用电磁感应原理进行_____能与_____能相互转换的机械称为电机。把_____能转换成_____能的电机称为发电机，把_____能转换成_____能的电机称为电动机。
2. 按用电性质的不同，电动机可以分为_____和_____。
3. 交流电动机按转速变化情况不同，可分为_____和_____。
4. 异步电动机按供电电源不同，可分为_____和_____。
5. 三相异步电动机由_____和_____两个基本部分组成。
6. 根据转子绕组的结构型式不同，三相异步电动机的转子可分为_____和_____两种。

#### 二、实操题

分组拆装笼型或绕线转子三相异步电动机。

## 任务 1.2　三相异步电动机的认识

### 【任务引入】

将三相异步电动机的定子绕组接成Y（星形）或△（三角形）并与三相电源相连接，转子就旋转起来，而定子和转子之间是由空气隙隔开的。那么转子旋转的能量到底是如何从定子传到转子的呢？本任务就从三相异步电动机的认识实验入手，来学习识读电动机的铭牌并理解三相异步电动机的工作原理。

### 【学习目标】

1）理解三相异步电动机铭牌上的数据含义。
2）掌握三相异步电动机的两种接线方法。
3）理解三相异步电动机的工作原理。

### 【相关知识】

#### 1.2.1　三相异步电动机的铭牌

三相异步电动机的机座上都有一块铭牌，上面标有电动机的型号、额定值和相关技术数据。要正确使用电动机，就必须看懂铭牌。Y112M—4型异步电动机的铭牌如图1-4所示。下面从型号、额定值、接法和其他数据4个方面来逐一进行说明。

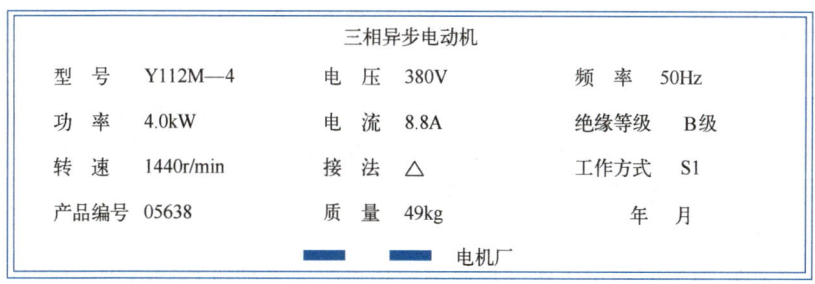

图 1-4　三相异步电动机的铭牌

#### 1. 型号

电动机的型号一般由大写字母和阿拉伯数字组成，各有一定含义。例如Y112M—4，其中
Y——异步电动机；
112——机座中心高（mm）或机座号；
M——机座长度代号（M 表示中机座，S 表示短机座，L 表示长机座）；
4——磁极数为4（$p=2$，$p$为磁极对数）。

### 2. 额定值

（1）额定功率 $P_N$

额定功率 $P_N$ 是电动机在额定频率的额定电压下运行、带额定负载时，电动机轴上输出的机械功率，单位为 W 或 kW。通常使负载处于 $P_N$ 的75%~100%时，电动机效率较高。当电动机实际输出功率 $P$ 远远小于额定功率 $P_N$ 时，电动机的效率和功率因数均较低，这时电动机处于"大马拉小车"状态，是不合理的运行方式。相反，当电动机实际输出功率 $P$ 远远大于额定功率 $P_N$ 时，电动机处于过载运行状态，相当于"小马拉大车"状态，电动机因转速降低，转子的铜耗增大，电动机绕组严重过热，会因温升过高而被烧毁。

（2）额定电压 $U_N$

额定电压 $U_N$ 是指定子绕组按铭牌上规定的接法连接时应加的线电压（V）。国内电源电压有 10 kV、6 kV、3 kV、380 V、220 V 等。一般小型三相异步电动机的额定电压为 380 V，要求电源电压波动不超过额定电压值的±5%。若电源电压过低，则电动机起动困难（因起动转矩与电压的二次方成正比），甚至不能起动；若电源电压过高，则会使电动机过热，甚至烧毁电动机。

（3）额定电流 $I_N$

额定电流 $I_N$ 是指电动机在额定运行情况下定子绕组取用的线电流（A）。电动机运行时定子线电流不可超过电动机铭牌上标出的额定电流，否则说明电动机过载，电动机温升将超限，这时要分析过载原因，及时处理。

对于三相异步电动机，其额定功率与额定电压和额定电流之间有如下关系

$$P_N = \sqrt{3}\, U_N I_N \cos\varphi_N \eta_N \tag{1-1}$$

式中　　$\cos\varphi_N$——额定功率因数；

　　　　$\eta_N$——额定效率。

对于 380 V 的低压异步电动机，$\cos\varphi_N$ 和 $\eta_N$ 的乘积在 0.75 左右，代入式（1-1）计算得

$$I_N \approx 2P_N \tag{1-2}$$

式中，$P_N$ 的单位为 kW；$I_N$ 的单位为 A。由此可估算其额定电流。

（4）额定频率 $f_N$

电动机在额定运行状态下，定子绕组所接电源的频率叫作电动机的额定频率。国产电动机额定频率均为 50 Hz，国外有 60 Hz 的。频率的高低对电动机性能有很大影响，尤其是国外 60 Hz 的电动机，通常不能在国内 50 Hz 电源上直接使用。

（5）额定转速 $n_N$

电动机接入额定频率的额定电压并输出额定功率时，电动机转轴的转速称为额定转速，单位为 r/min。电动机过载时的转速比 $n_N$ 低，空载时的转速要比 $n_N$ 高些。

### 3. 接法

接法是指电动机在额定电压下运行时，三相定子绕组的连接方式。三相异步电动机的三相定子绕组可以接成星形（Y），也可以接成三角形（△），如图1-5所示。

一般国产电动机在 3 kW 及以下的采用Y联结，3 kW 以上的采用△联结。

### 4. 其他数据

（1）温升和绝缘等级

电动机运行时，其温度高出环境温度值即为温升，单位用 K。环境温度为 40℃，温升限

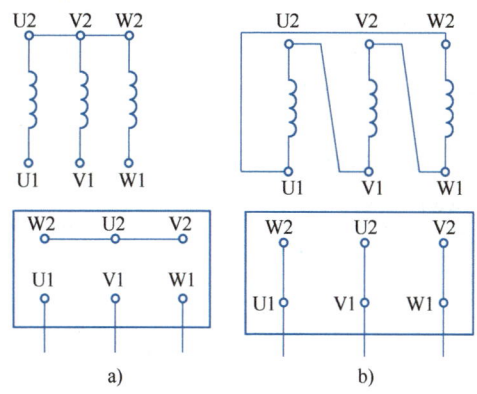

图1-5 三相定子绕组的接法
a) 星形联结 b) 三角形联结

值为80 K的电动机的最高允许温度为120℃。

绝缘等级是指电动机定子绕组所用绝缘材料允许的最高温度等级，常用的有A、E、B、F、H、C 6个等级。目前，一般电动机采用较多的是B级和F级。

允许温度的高低与电动机所采用的绝缘材料的绝缘等级有关。常见的绝缘等级和最高允许温度之间的关系见表1-1。

表1-1 绝缘等级和最高允许温度之间的关系

| 绝缘等级 | B | F | H | C |
|---|---|---|---|---|
| 最高允许温度/℃ | 130 | 155 | 180 | >180 |

（2）工作方式

工作方式是指电动机的运行状态，主要有连续、短时和断续周期3种。

1）连续工作方式：用代号S1表示，可按铭牌上规定的额定功率长期连续工作，而温升不会超过允许值。

2）短时工作方式：用代号S2表示，每次只允许在规定时间内按额定功率运行，如果运行时间超过规定时间，则会使电动机过热而受到损坏。

3）断续周期工作方式：用代号S3表示，电动机以间歇方式按一定周期循环运行，如拖动广告牌的电动机。

## 1.2.2 三相异步电动机的工作原理

三相异步电动机的三相定子绕组通入三相交流电流之后会产生旋转磁场，转子导体相对切割磁力线产生感应电动势，从而在闭合的转子绕组中产生感应电流，通电的转子导体在磁场中受到电磁力的作用，从而使转子转动起来。那么，旋转磁场是怎样产生的呢？

### 1. 旋转磁场的产生

为了便于分析，将三相异步电动机的定子绕组接成星形，电动机定子绕组的结构分布接线图如图1-6所示。

由三相电路基础知识可知，对称负载接到对称三相电源上，即产生对称三相电流。规定三相电流的参考方向均由首端流向末端，则对称三相电流的瞬时值表达式为

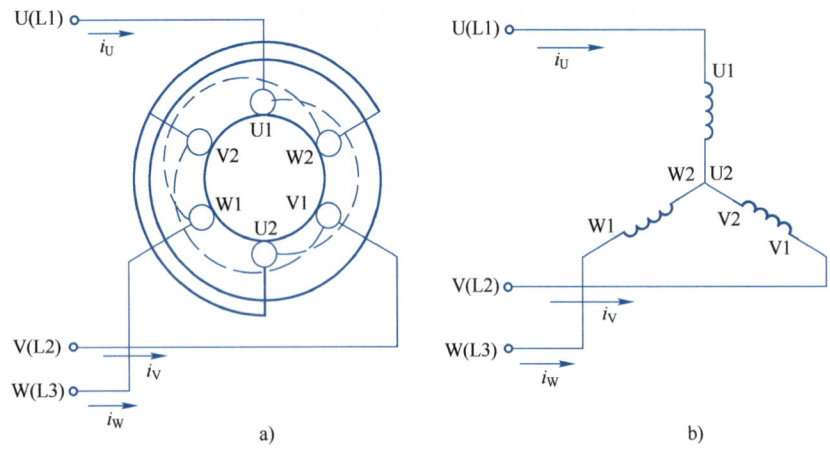

图 1-6　电动机定子绕组的结构分布接线图

a）三相对称绕组分布示意图　b）三相定子绕组接线图

$$i_U = I_m \sin \omega t$$

$$i_V = I_m \sin (\omega t - 120°)$$

$$i_W = I_m \sin (\omega t + 120°)$$

式中　$I_m$——电流最大值（A）；

　　　　$\omega$——角频率（rad/s）。

　　其波形如图 1-7 所示。

二维码 1-1　旋转磁场的产生

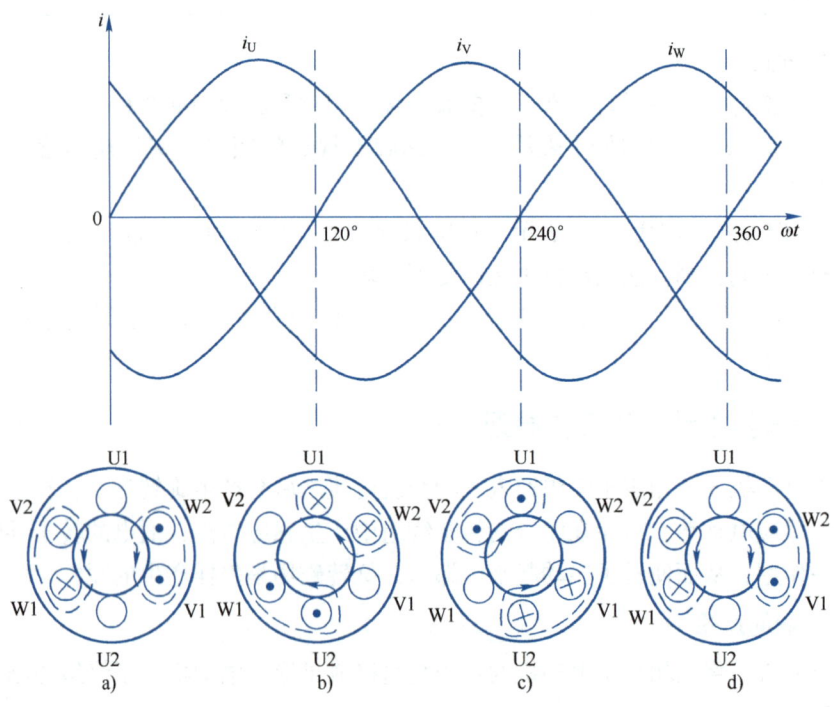

图 1-7　一对磁极的旋转磁场及对应波形

a）$\omega t = 0$　b）$\omega t = 120°$　c）$\omega t = 240°$　d）$\omega t = 360°$

有电流就会有磁场产生，那么对称三相电流的合成磁场是什么样的呢？为了说明问题，在图 1-7 中选择了几个不同的瞬间来分析。图中符号 "×" 表示电流流入纸面，符号 "·" 表示电流从纸面流出。（视频讲解可扫二维码 1-1 观看。）

1）在 $\omega t=0$ 时：$i_U=0$，$i_V$ 为负值，说明 $i_V$ 的实际方向与参考方向相反，即从 V2 流入，从 V1 流出；$i_W$ 为正值，说明 $i_W$ 的实际方向与参考方向相同，即从 W1 流入，从 W2 流出。根据右手螺旋定则，可判断出转子铁心中磁力线的方向是自上而下，如图 1-7a 所示。

2）当 $\omega t=120°$ 时：$i_U$ 为正值，$i_V=0$，$i_W$ 为负值，用同样的方式可分析出合成磁场如图 1-7b 所示，可以看出合成磁场在空间上沿顺时针方向转过了 120°。

3）当 $\omega t=240°$ 时：同理，合成磁场如图 1-7c 所示，从图中可以看出，合成磁场又沿顺时针方向转过了 120°。

4）当 $\omega t=360°$ 时：如图 1-7d 所示，合成磁场沿顺时针方向又转过了 120°，回到 $\omega t=0$ 时刻的位置。

由以上分析可知，当定子绕组通入对称三相电流时，由于电流随时间不断变化，所以它们产生的合成磁场就在定子内的空间里不停地旋转，即形成旋转磁场。

**2. 旋转磁场的转速**

以上分析的是每相绕组只有一个线圈的情况，当三相交流电流变化一个周期，合成磁场在空间上正好转了一圈，产生的旋转磁场具有一对磁极。经过分析，两对磁极的电流交变一次，旋转磁场只转半圈，$p$ 对磁极的电流交变一次，旋转磁场转 $1/p$ 圈，则旋转磁场的转速应为

$$n_1=\frac{60f_1}{p} \tag{1-3}$$

式中　$n_1$——旋转磁场的转速（r/min）；

　　　$f_1$——交流电源的频率（Hz）；

　　　$p$——磁极对数。

旋转磁场的转速又称为同步转速。由式（1-3）可知，同步转速取决于电源频率和旋转磁场的磁极对数。我国电网的频率（即工频）为 50 Hz，因此同步转速与磁极对数的对应关系见表 1-2。

表 1-2　工频时的同步转速与磁极对数对照表

| 磁极对数 $p$ | 1 | 2 | 3 | 4 | 5 |
|---|---|---|---|---|---|
| 同步转速 $n_1/(\text{r/min})$ | 3000 | 1500 | 1000 | 750 | 600 |

**3. 旋转磁场的方向**

由图 1-7 可知，旋转磁场按顺时针方向旋转，定子绕组中电流的相序也按顺时针方向 U→V→W 排列。可见旋转磁场的转向是由加在定子绕组上的三相电源的相序决定的。如果改变三相电源的相序，即将任意两根电源线对调，旋转磁场的方向也就随之改变。

**4. 转子的转动原理**

图 1-8 所示为转子转动原理示意图。转子转动原理的视频讲解可扫二维码 1-2 观看。设旋转磁场以 $n_1$ 的速度顺时针旋转，则转子绕组逆时针切割磁力线，从而在转子导体中产生感应电动势和感应电流，其方向可根据右手定则（伸出右手，让磁力线垂直穿过掌心，让拇指

与其余四指在一个平面内垂直，拇指指向切割磁力线的速度方向，则四指的方向就是感应电流的方向。）判断，即电流从上面流出，下面流入。

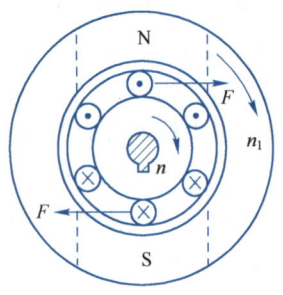

二维码1-2 转子转动原理

图1-8 转子转动原理

载流导体在磁场中要受到安培（电磁）力的作用，可以用左手定则（伸出左手，让磁力线垂直穿过掌心，让拇指与其余四指在一个平面内垂直，让四指指向感应电流方向，则拇指的指向即为受力方向。）确定转子导体所受电磁力的方向。这些电磁力对转轴形成一电磁转矩，在电磁转矩的作用下，转子便以一定的速度沿着与旋转磁场相同的方向转动起来。如果旋转磁场反转，则转子的旋转方向也随之改变。

转子的转速总是低于同步转速。若转子的转速等于同步转速，则转子与磁场间不存在相对运动，即转子绕组不切割磁力线，转子电流、电磁转矩都将为零，转子将失去动力。正是由于转子转速与同步转速间存在一定的差值，故将这种电动机称为异步电动机。又因为异步电动机是以电磁感应原理为基础工作的，所以异步电动机又称为感应电动机。

**5. 转差率**

转子的转速 $n$ 总是低于同步转速 $n_1$，两者的差值 $(n_1-n)$ 称为转差。转差率就是转差与同步转速之比，用 $s$ 表示，即

$$s=\frac{n_1-n}{n_1} \tag{1-4}$$

转差率是分析异步电动机运转特性的一个重要参数。在电动机起动瞬间，$n=0$，$s=1$，转差率最大；稳定运行以后，电动机的转速 $n$ 比较接近同步转速 $n_1$，带额定负载时，转差率为 $0.01\sim0.07$；由此可见，异步电动机的转差率范围为 $0<s\leqslant1$。

---

**【例1-1】** 一台工频4极三相异步电动机，若转差率 $s=0.02$，则该电动机的转速是多少？

**解：** 同步转速 $n_1=\dfrac{60f_1}{p}=\dfrac{60\times50}{2}\mathrm{r/min}=1500\ \mathrm{r/min}$

由式（1-4）得 $n=n_1(1-s)=1500\times(1-0.02)\mathrm{r/min}=1470\ \mathrm{r/min}$

---

## 【任务实施】

### 1.2.3 三相异步电动机的认识实验

1）观察三相笼型异步电动机的铭牌，将相关数据填入表1-3中。

**表 1-3　电动机铭牌参数表**

| 型　　号 | | 额定电压 | |
|---|---|---|---|
| 额定功率 | | 额定电流 | |
| 额定转速 | | 绝缘等级 | |
| 工作方式 | | 接线方式 | |

2）用手转动三相笼型异步电动机的转子，检查其接线盒中的 6 个接线柱是否牢固。

3）将三相交流电源的电压调成与铭牌额定电压一致。

4）按铭牌要求将三相笼型异步电动机接成星形或三角形后与三相电源相连接。

5）合上电源开关，观察电动机转动情况，注意其转向。

6）断开电源开关，任意对调两根电源线，再合上电源开关起动电动机，观察其转向是否改变。

## 1.2.4　小试牛刀

### 一、填空题

1. 三相异步电动机定子绕组有两种接法：即_____接法和_____接法。

2. 旋转磁场的转速又叫_____，与_____成正比，与_____成反比。

3. 在电动机起动瞬间，转差率_____；额定转差率为_____；异步电动机的转差率范围为_____。

4. 某 2 极电动机，其三相定子磁场的转速为_____，若额定转差率为 0.02，则额定转速为_____。

5. 某三相电动机额定转速为 1480 r/min，则其定子磁场的转速为_____，额定转差率为_____。

### 二、单项选择题

1. 异步电动机的转速（　　　）。

A. 低于同步转速　　B. 高于同步转速　　C. 等于同步转速　　D. 和同步转速没关系

2. 三相异步电动机的额定功率是指（　　　）。

A. 输入的视在功率　B. 输入的有功功率　C. 产生的电磁功率　D. 输出的机械功率

3. 交流电变化一个周期时，4 极电动机的磁场在空间旋转了（　　　）。

A. 2 周　　　　　B. 4 周　　　　　C. 1/2 周　　　　　D. 1/4 周

4. 三相异步电动机在起动瞬间转差率为（　　　）。

A. 0　　　　　B. 0.004~0.007　　C. 0.01~0.07　　　D. 1

5. 三相异步电动机的额定转差率为（　　　）。

A. 0　　　　　B. 0.004~0.007　　C. 0.01~0.07　　　D. 1

6. 三相异步电动机的转差率变化范围为（　　　）。

A. $0 < s < 1$　　　B. $0 \leq s \leq 1$　　　C. $0 < s \leq 1$　　　D. $0 \leq s < 1$

### 三、判断题

1. 对于 4 极电动机，当交流电变化一个周期时，其磁场在空间旋转了 1/4 圈。（　　　）

2. 电动机的额定功率，既表示输入功率也表示输出功率。（　　　）

3. 工频下 2 极电动机的同步转速为 1500 r/min。（　　　）

4. 异步电动机旋转磁场转速与电流成正比，与电压成反比。（　　　）

# 项目2 三相异步电动机单向直接起动控制

## 项目要点

- 低压电器的定义及分类。
- 刀开关、低压断路器、按钮、接触器、熔断器、热继电器、中间继电器等低压电器。
- 开关直接起动、点动、自锁、多地、点动与连续等基本控制电路。
- 短路、过载、失电压、欠电压等保护。

## 任务2.1　开关直接起动控制

### 【任务引入】

异步电动机接入电源，转子从开始转动到稳定运转的过程称为起动。

一般中、小型笼型异步电动机的定子起动电流（线电流）是额定电流的 4~7 倍。过大的起动电流会造成输电线路的电压降增大，容易对处在同一电网中的其他电器设备的工作造成危害。如使照明灯的亮度减弱，使邻近异步电动机的转矩减小等。

三相异步电动机对起动的要求如下。

1）起动转矩要大，以便加快起动过程，保证其能在一定负载下起动。

2）起动电流要小，以避免起动电流在电网上引起较大的电压降，影响到接在同一电网上其他电器设备的正常工作。

3）起动时所需的控制设备应尽量简单，力求操作和维护方便。

4）起动过程中的能量损耗尽量小。

根据加在定子绕组上的起动电压不同，可以分为直接起动和减压起动。

直接起动就是将电动机直接接入电网使其在额定电压下起动。这种方法最简单，设备少、投资小、起动时间短，但起动电流大，一般只适用于较小容量电动机（10 kW 以下）的起动。

本任务以最简单的开关直接起动控制为例，介绍低压电器的定义及分类、失电压保护和欠电压保护以及直接起动控制工作原理等基本知识。

### 【学习目标】

1）了解三相异步电动机对起动的要求。

2）了解低压电器的定义及分类。

3）掌握刀开关的动作原理、符号以及使用注意事项。

4）掌握熔断器的动作原理和符号。

5）掌握开关直接起动控制电路的画法和工作原理。

6）理解失电压保护和欠电压保护。

## 【任务描述】

在三相异步电动机的控制电路中，最简单的就是直接用一个开关来控制三相异步电动机的起动和停止。具体要求是：开关闭合，电动机起动；开关断开，电动机停止。

## 【任务分析】

开关直接起动控制电路一般用在榨油机、磨米机、磨面机、磨浆机、砂轮、小型钻床等上面。只用一个开关，控制一台三相异步电动机。设备少、投资小、操作简单方便。

通过项目1的学习，大家对三相异步电动机已经有了一定的认识，本任务就把它当作一个控制对象，通过开关进行控制，开关是一种使用频率较高的低压电器。

## 【相关知识】

### 2.1.1 低压电器的定义及分类

#### 1. 低压电器的定义

能根据外界的信号和要求，手动或自动接通或断开电路，实现对电路或非电对象切换、控制、保护、检测和调节的元件或设备称为电器。

低压电器用于额定电压在交流 1200 V 或直流 1500 V 及以下的电路中，起通断、保护、控制和调节作用。

一般环境条件下，行业规定安全电压不高于 36 V，所以在使用低压电器时务必保证安全用电。

#### 2. 低压电器的分类

（1）按照操作方式的不同分类

1）手动电器：需要人工直接操作才能完成指令任务的电器，如刀开关和按钮等。

2）自动电器：不需要人工直接操作，而是按照电或非电的信号自动完成指令任务的电器，如接触器、继电器、低压断路器等。

（2）按用途分类

1）控制电器：用于各种控制电路和控制系统的电器，如接触器、各种控制继电器等。

2）主令电器：用于自动控制系统中发送控制命令的电器，如控制按钮、主令开关等。

3）保护电器：用于保护电路及用电设备的电器，如熔断器、热继电器、避雷器等。

4）配电电器：用于电能输送和分配的电器，如刀开关、低压断路器等。

5）执行电器：用于完成某种动作或传送功能的电器，如电磁铁、电磁离合器等。

（3）按输出形式分类

1）有触点电器：电器通断电路的功能由触点来实现，如接触器、刀开关等。

2）无触点电器：电器通断电路的功能不是通过触点，而是根据输出信号的高低电平来实现的，如二极管的导通和截止等。

## 2.1.2 刀开关

### 1. 外形和结构

刀开关（俗称闸刀）是结构最简单、应用最广泛的一种手动电器，其外形和结构如图 2-1 所示。刀开关主要由手柄、闸刀（动触点）、刀座（静触点）、胶盖等组成。拉开或推上闸刀，就能切断或接通电路。

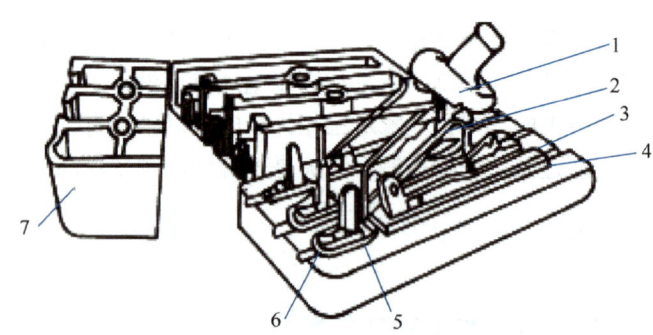

图 2-1　刀开关的外形和结构
1—手柄　2—闸刀　3—出线端　4—瓷底座　5—刀座　6—进线端　7—胶盖

刀开关具有结构简单、价格低廉、安装使用维护方便等优点，常用作照明电路的电源开关，也可用来控制 5.5 kW 以下异步电动机的起动与停止。因其没有专门的灭弧装置，仅以上、下胶盖为遮护以防止电弧伤人，故不宜频繁分、合电路。

### 2. 分类和符号

通常根据刀片的数量将刀开关分为三类：单极开关、双极开关和三极开关。每种又有单掷和双掷两种。图 2-2 为单掷刀开关的符号。

### 3. 型号含义

刀开关的型号含义如图 2-3 所示。

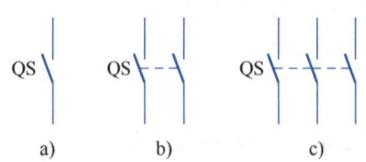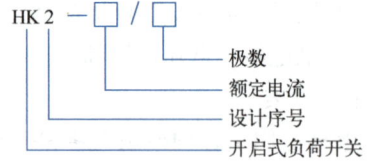

图 2-2　单掷刀开关的符号　　　　图 2-3　刀开关的型号含义
a）单极　b）双极　c）三极

### 4. 刀开关的选择

对于照明和电热负载，可选用额定电压 220 V 或 250 V、额定电流大于所有负载额定电流总和的刀开关。

对于电动机的控制，可选用额定电流大于电动机额定电流 3 倍的刀开关。

### 5. 刀开关使用注意事项

1）刀开关直接控制电动机时，只能控制 5.5 kW 以下的电动机。

2）没有胶盖的刀开关不能使用。

3）安装刀开关时，应把电源进线接在静触点上，把负载线接在和可动的闸刀相连的端子上。这样，在断开电源时，闸刀和熔丝均不带电，以确保用电安全。

4）合闸状态下手柄必须向上，不得倒装和平装，以防手柄因自重落下造成误合闸。

5）刀开关在接、拆线时，应先断电。

## 2.1.3　熔断器

熔断器是一种当电流超过规定值一定时间后，以它本身产生的热量使熔体熔化而分断电路的电器，广泛应用于低压配电系统及用电设备中作短路和过电流保护。

### 1. 熔断器的组成

熔断器主要由熔体（俗称保险丝）和安装熔体的熔管（或熔座）两部分组成。熔体通常制成丝状或片状，由易熔金属材料铅、锌、锡、银、铜及其合金制成，起断开大电流的作用。熔管是装熔体的外壳，由陶瓷、玻璃或绝缘钢纸制成，起限制电弧飞溅、装填料和灭弧作用。

### 2. 熔断器的工作原理

使用时熔断器的熔体与被保护的电路串联，正常运行时如同导线一样，熔体允许通过正常大小的电流而不熔断，起通路作用；当电路严重过载或短路时，熔体中流过很大的故障电流，当产生的热量达到熔体的熔点时，熔体熔断并切断电路，使电路或电气设备脱离电源，从而达到保护电路的目的。

熔丝都是一次性的，像无数的革命先烈一样，有一种舍生取义、大公无私的精神。如今我们身处和平年代，要珍惜来之不易的幸福生活，奋发向上，为中华民族的伟大复兴而奋斗。

### 3. 熔断器的类型和符号

熔断器有瓷插式、螺旋式、无填料封闭管式、有填料封闭管式、自复式、快速式等类型。图 2-4 所示为几种常见熔断器的类型及其电气符号。

### 4. 熔断器的主要技术参数

1）额定电压：熔断器长期工作时和分断后所能承受的电压。其值一般大于或等于所接电路的额定电压。

2）额定电流：熔断器长期工作，各部件温升不超过允许温升的最大工作电流。

3）熔体额定电流：在规定的工作条件下，电流长时间通过熔体而熔体不熔断的最大电流。

4）分断能力：熔断器所能分断的最大短路电流值。

5）熔断电流：通过熔体并使其熔化的最小电流。

6）熔化系数：一般定义熔体的最小熔断电流与熔体的额定电流之比为最小熔化系数，常用熔体的熔化系数大于 1.25。

### 5. 熔断器的选择

熔断器的额定电压和额定电流应不小于电路的额定电压和所装熔体的额定电流，其类型根

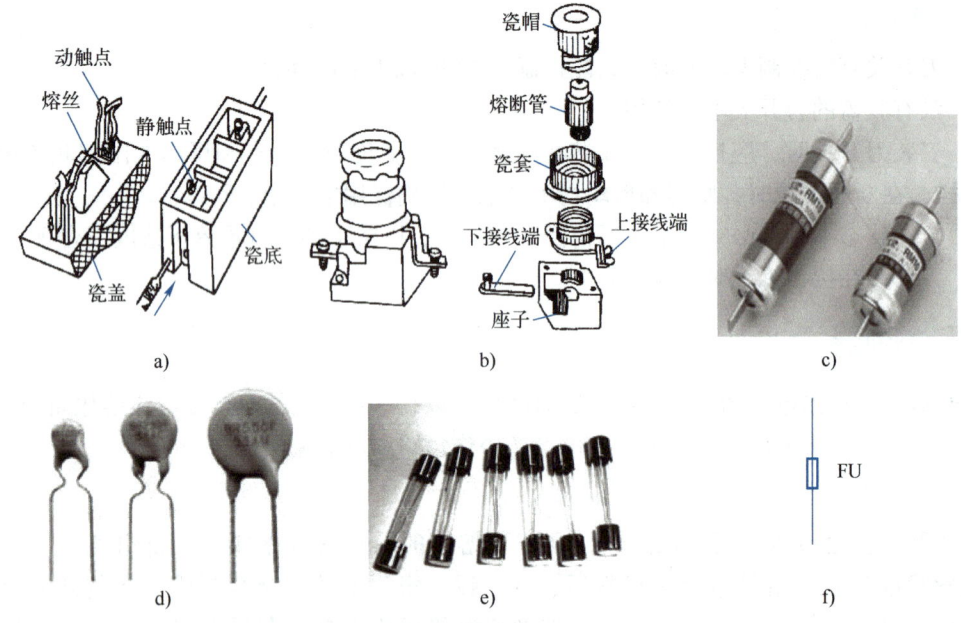

图 2-4 熔断器的类型及电气符号

a）瓷插式 b）螺旋式 c）无填料封闭管式 d）自复式 e）熔断管 f）熔断器的电气符号

据电路要求和安装条件而定。熔断器的分断能力必须大于电路中可能出现的最大故障电流。

### 6. 熔体额定电流的选择

1）在照明和电热电路中选用的熔体额定电流应等于或略大于保护设备的额定电流。

2）保护单台电动机时，熔体额定电流必须按照电动机的起动电流来确定。可按下式计算

$$I_{FU} = I_{st}/K \tag{2-1}$$

式中 $K$——经验数据，当起动不频繁时，$K = 2.5$；若起动频繁，则 $K$ 取值在 1.6~2 之间，这样既可防止熔体在起动时被熔断，又能在短路时尽快熔断。

3）多台电动机合用的熔体，考虑到多台电动机未必同时起动，同时考虑发热条件，可按下式计算

$$I_{FU} = KI_{Nmax} + \sum I_N \tag{2-2}$$

式中 $K$——系数，范围为 1.5~2.5，轻载起动或起动时间较短时，$K$ 可取 1.5；带负载起动、起动时间较长或起动较频繁时，$K$ 可取 2.5。

### 7. 熔断器的型号含义

熔断器的型号含义如图 2-5 所示。

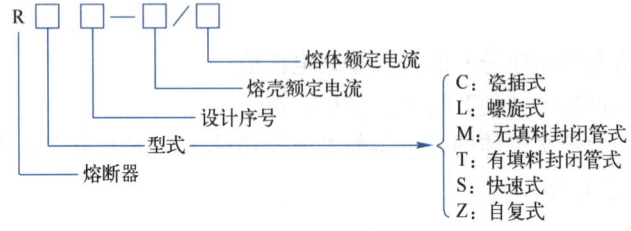

图 2-5 熔断器的型号含义

**8. 熔断器使用注意事项**

1）铭牌不清的熔断器不能使用。

2）不能用铜丝或铁丝代替熔丝。

3）熔断器的插座和插片的接触应保持良好。

4）更换熔体或熔管时，必须将电源断开，以免发生电弧烧伤。

5）熔体熔断后，应首先查明原因，排除故障。更换熔体时，应使新熔体的规格与换下来的一致。

6）安装螺旋式熔断器时，电源线应接在瓷底座的下接线座上，负载线应接在螺纹壳的上接线座上。这样可保证更换熔管时，螺纹壳体不带电，保证操作者的人身安全。

## 【任务实施】

### 2.1.4 开关直接起动控制电路

开关直接起动控制电路如图 2-6 所示。图中 L1、L2、L3 为电源的三根相线，N 为零线；QS 为开关；FU 为熔断器，起短路保护作用；M 为三相异步电动机。

将开关的手柄推上去时（即开关 QS 闭合时），三相异步电动机和三相电源接通，从而起动运行；将开关的手柄拉下来时，QS 断开，电动机与电源脱离，从而停止运行。

开关直接起动控制电路的优点是设备少、经济、操作方便；缺点是只有短路保护，没有失电压保护，也没有欠电压保护。

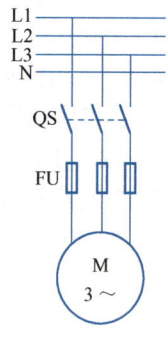

图 2-6 开关直接起动控制电路⊖

## 【知识拓展】

### 2.1.5 失电压保护

只使用开关控制的电动机，在运行过程中若突然停电，电动机就会停转。若操作人员忘了拉闸，电网又突然恢复供电，电动机就会突然自行起动，这就有可能造成人身事故和机械设备损坏。

另外，对电网而言，多台电动机同时起动，会引起不允许的过电流和过大的电压降，而电热类电器可能引起火灾。

为防止电压恢复时，电动机自行起动或电器元件自行投入工作而设置的保护，称为失电压保护。

### 2.1.6 欠电压保护

一方面，电动机在电网电压降低时，其转速、电磁转矩都将降低甚至发生堵转。在负载一定的情况下，电动机电流将增大，这不仅会影响产品加工质量，还会影响设备正常工作，使机械设备损坏，造成人身事故。

---

⊖ 本书中电动机接地符号统一省略。

另一方面，由于电网电压的降低，如降到额定电压的 60%，控制电路中的各类电器既不释放又不能可靠吸合，处于抖动状态并产生很大噪声，使得线圈电流增大，甚至过热，造成电器元件和电动机烧毁。

因此，当电网电压降低时，就要求控制电路能自动切除电源而停止工作，这种保护称为欠电压保护。

## 2.1.7 小试牛刀

### 一、单项选择题

1. 低压电器是指工作在 （     ） 及以下的电器。

A. 交流 1200 V，直流 1500 V        B. 直流 1200 V，交流 1500 V

C. 交直流 1200 V                   D. 交直流 1500 V

2. 中、大型异步电动机不允许直接起动，其原因是 （     ）。

A. 机械强度不够               B. 电动机温升过高

C. 起动过程太快               D. 对电网冲击太大

3. 为防止电压恢复时电动机自行起动而设置的保护称为 （     ）。

A. 过电压保护     B. 欠电压保护     C. 失电压保护     D. 极限保护

4. 当电网电压降低时，控制电路能自动切除电源而停止工作而设置的保护称为 （     ）。

A. 过电压保护     B. 欠电压保护     C. 失电压保护     D. 断电保护

5. 熔断器在电路中的作用是 （     ）。

A. 控制行程     B. 控制速度        C. 短路保护        D. 失电压保护

### 二、判断题

1. 刀开关接线时，电源进线应接在刀座上端。（     ）
2. 三相笼型异步电动机直接起动时，其起动电流为额定电流的 4~7 倍。（     ）
3. 10 kW 以上的三相异步电动机一般都采取直接起动。（     ）
4. 电网电压太高或太低，都易使三相异步电动机因定子绕组过热而损坏。（     ）
5. 安装刀开关时必须保证合闸状态下手柄向下。（     ）
6. 找不到熔丝时，可以用铜丝或铁丝来代替。（     ）
7. 熔丝熔断后，应首先查明原因，排除故障后再更换。（     ）

## 任务 2.2 三相异步电动机的点动控制

## 【任务引入】

三相异步电动机的点动控制电路常用于电动葫芦的操作、地面操作的小型起重机及某些机床的对刀和机床各部件的快速移动等。本任务以三相异步电动机的点动控制为例，介绍任务中要用到的三种新的低压电器：低压断路器、按钮和交流接触器。另外，还将介绍电气原理图的画法规则。

## 【学习目标】

1）理解低压断路器的动作原理，掌握其符号。

2）掌握按钮的动作原理和符号。

3）掌握交流接触器的动作原理和符号。

4）掌握点动控制电路的工作原理。

5）熟悉电气原理图的画法规则。

## 【任务描述】

按下按钮，电动机转动；松开按钮，电动机停转，这种控制称为点动控制。

## 【任务分析】

从控制要求上看，本任务是用按钮去控制电动机，但是不可能直接把按钮和电动机连接起来。实际上，是用按钮去控制交流接触器，再通过交流接触器去控制电动机。另外，目前电动机配电中大部分均选用低压断路器作为电源开关，所以本任务需要用到3种新的低压电器：低压断路器、按钮和交流接触器。

## 【相关知识】

### 2.2.1　低压断路器

**1. 低压断路器的用途和分类**

低压断路器俗称自动开关或空气开关，用于正常情况下的接通和分断操作以及严重过载、短路及欠电压等故障时的自动切断电路。低压断路器在分断故障电流后，一般不需要更换零件，且具有较大的接通和分断能力，因而得到了广泛应用。

低压断路器按用途分为配电、限流、灭磁、漏电保护等几种；按动作时间分为一般型和快速型；按极数分为单极、双极、三极和四极断路器；按结构分为框架式和塑料外壳式（也称为装置式）。家庭用低压断路器实物图如图2-7所示。

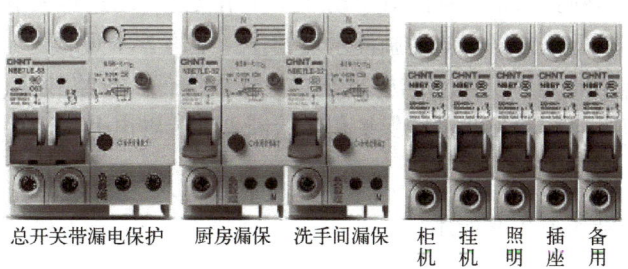

总开关带漏电保护　　厨房漏保　　洗手间漏保　　柜机　挂机　照明　插座　备用

图2-7　家庭用低压断路器实物图

**2. 低压断路器的工作原理**

图2-8为低压断路器闭合时的工作原理示意图。

低压断路器主要由触点系统、自动与手动操作机构和保护元件3部分组成。过电流脱扣器6的线圈和热脱扣器7的热元件与电路串联，分励脱扣器9和欠电压脱扣器8的线圈与电路并联。

电路正常工作时，热脱扣器7的热元件温升不高，双金属片（由两种不同热膨胀系数的

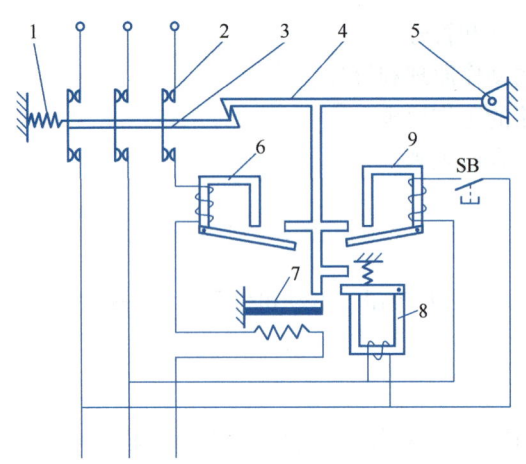

图 2-8 低压断路器闭合时的工作原理示意图

1—分闸弹簧 2—主触点 3—传动杆 4—杠杆 5—轴 6—过电流脱扣器
7—热脱扣器 8—欠电压脱扣器 9—分励脱扣器

金属碾压而成）受热弯曲的程度达不到顶动杠杆的程度；过电流脱扣器 6 的铁心电磁吸力不够大，不能吸住衔铁去拨动杠杆；欠电压脱扣器 8 的铁心电磁吸力很强，其衔铁被吸合，不会碰到杠杆；分励脱扣器 9 的按钮 SB 没被按下，其衔铁也不会碰到杠杆。此时，主触点闭合，低压断路器处于正常供电状态。

如果电路发生过载或短路故障，当电流超过热脱扣器或过电流脱扣器的动作电流时，热脱扣器的双金属片或过电流脱扣器的衔铁将拨动杠杆，顶开锁扣，分闸弹簧的拉力使主触点分离以切断主电路，使低压断路器跳闸。

当出现失电压或欠电压情况时，欠电压脱扣器 8 的铁心电磁吸力减弱，其衔铁受弹簧拉力向上移动，顶起杠杆，使低压断路器跳闸。

当需要断电维修或清理时，只需按下按钮 SB，分励脱扣器 9 的线圈即可得电，其衔铁向上动作，触碰到杠杆，低压断路器就会跳闸。

由上述可见，低压断路器是一种既有手动开关作用又能自动进行欠电压、失电压、过载和短路保护的低压电器。低压断路器的动画演示可扫描二维码 2-1 观看。

虽然低压断路器功能较多，但它结构复杂，操作频率低，价格较高，一般用于电源总开关，电路各局部的短路保护和长期过载保护仍用熔断器和热继电器。

### 3. 低压断路器的符号

低压断路器的符号如图 2-9 所示。

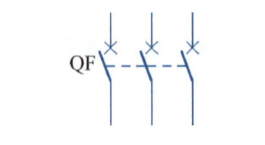

图 2-9 低压断路器的符号

二维码 2-1 低压断路器动画演示

### 4. 低压断路器的型号含义

我国规定的低压断路器的型号含义如图 2-10 所示。

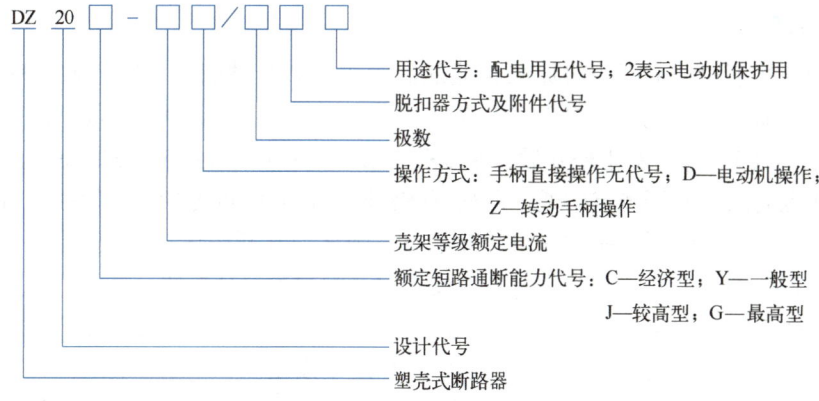

图2-10 低压断路器的型号含义

#### 5. 低压断路器的选型

低压断路器的选型要求如下。

1）断路器额定电压不低于线路的额定电压。

2）断路器额定电流不小于线路或设备的额定电流。

3）断路器通断能力不小于线路中可能出现的最大短路电流。

4）欠电压脱扣器额定电压等于线路额定电压。

5）分励脱扣器额定电压等于控制电源电压。

6）长延时电流整定值等于电动机额定电流。

7）瞬时整定电流的要求：对于保护笼型异步电动机的断路器，瞬时整定电流为8~15倍电动机额定电流；对于保护绕线转子异步电动机的断路器，瞬时整定电流为3~6倍电动机额定电流。

8）6倍长延时电流整定值的可返回时间不小于电动机实际起动时间。

### 2.2.2 按钮

按钮是一种短时接通或断开小电流电路的手动电器，常用于控制电路中发出起动或停止等指令，以控制接触器、继电器等电器的线圈的接通或断开，再由它们去接通或断开主电路。

#### 1. 结构示意图

按钮主要由按钮帽6、动触头5、静触头（1、2、3、4）和复位弹簧7等构成，结构示意图如图2-11所示。

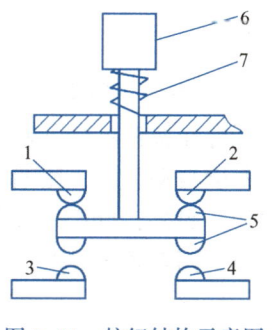

图2-11 按钮结构示意图

二维码2-2 按钮的动画演示

二维码2-3 按钮导电部件判断

21

### 2. 工作原理

将按钮帽 6 按下时，上面一对原来接通的静触头 1 和 2 被断开，这种触点称为常闭触点（或动断触点）；而下面一对原来断开的静触头（3 和 4）被桥式动触头 5 接通，这对触点称为常开触点（或动合触点）。手指松开后，在复位弹簧 7 的作用下触点恢复原态。注意，按下按钮时，常闭触点先断，常开触点后通；而松开按钮时，常开触点先断，常闭触点后通。

实际使用时，如只使用按钮的一对常开触点，则称为常开按钮；如只使用一对常闭触点，则称为常闭按钮；如常开触点和常闭触点都使用时，则称为复合按钮。

对于常开按钮，按钮未按下时，触点是断开的；当按钮按下时，触点接通；按钮松开后，在复位弹簧作用下触点又返回原位断开。它常用作起动按钮。

对于常闭按钮，按钮未按下时，触点是闭合的；当按钮按下时，触点被断开；按钮松开后，在复位弹簧的作用下触点又返回原位闭合。它常用作停止按钮。

对于复合按钮，将常开按钮和常闭按钮组合为一体。当按下时，其常闭触点先断开，然后常开触点闭合；松开后，在复位弹簧的作用下触点又返回原位。它常用在控制电路中作电气联锁。

按钮的动画演示和导电部件判断的视频讲解可分别扫描二维码 2-2 和 2-3 观看。

### 3. 符号

按钮的符号如图 2-12 所示。

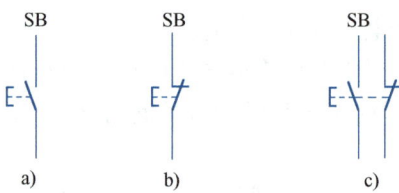

图 2-12 按钮的符号

a）常开按钮 b）常闭按钮 c）复合按钮

### 4. 型号含义

按钮的型号含义如图 2-13 所示。

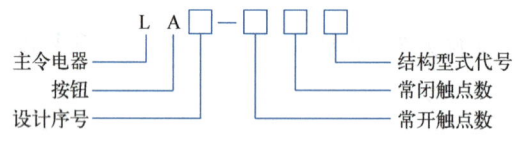

图 2-13 按钮的型号含义

为便于识别各个按钮的作用，避免误操作，通常在按钮帽上作出不同标记或涂上不同颜色，如蘑菇形表示急停按钮；红色表示停止按钮；绿色表示起动按钮。

需要说明的是，不是所有的按钮都会自动复位。比如家庭和办公室常用的插排上的按钮，按一下接通电源，再按一下，断开电源。另外，也不是所有的按钮都是有一对常开触点和一对常闭触点的，有的按钮有两对常开触点、两对常闭触点，有的甚至有 3 对常开触点、3 对常闭触点。

### 5. 按钮的选择

1）应根据使用的场合和具体的用途选择按钮的类型。例如，控制柜面板上的按钮一般可用开启式；若需显示工作状态，则用带指示灯式；在重要场所，为防止无关人员误操作，一般用钥匙式；在有腐蚀的场所，一般用防腐式。

2）应根据工作状态指示和工作情况的要求选择按钮和指示灯的颜色。如停止或分断用红色，起动或接通用绿色，应急或干预用黄色。

3）应根据控制电路的需求选择按钮的数量。例如，需要作正、反、停 3 种控制，可用 3 只按钮，并装在同一按钮盒内。

## 2.2.3　接触器

接触器是一种电磁式的自动切换电器，适用于远距离频繁地接通或断开交直流主电路及大容量的控制电路。其主要控制对象是电动机，也可控制其他负载。

接触器按主触点通过的电流种类，分为交流接触器和直流接触器。

### 1. 结构示意图

接触器主要由电磁铁和触点系统组成，额定电流为 10 A 以上的接触器还配有灭弧罩。电磁铁由吸引线圈、静铁心和动铁心（也称为衔铁）组成，交流接触器的铁心端面的一部分嵌有短路环。图 2-14 为交流接触器的结构示意图。

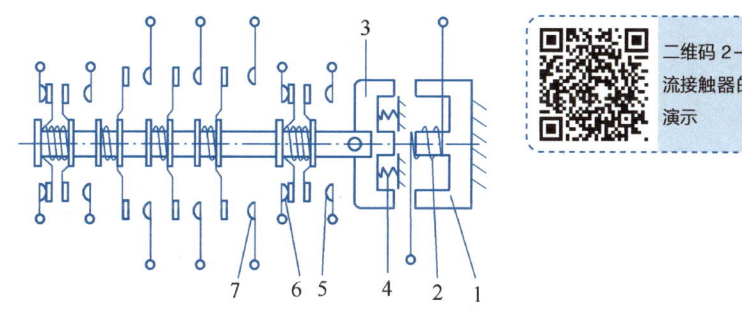

二维码 2-4　交流接触器的动画演示

图 2-14　交流接触器的结构示意图

1—静铁心　2—线圈　3—动铁心　4—恢复弹簧　5—辅助常开触点　6—辅助常闭触点　7—主触点

### 2. 主触点和辅助触点

根据用途不同，触点可以分为主触点和辅助触点两类。主触点接触面积大，允许通过的电流较大，一般接在主电路中。辅助触点接触面积小，允许通过的电流较小，一般接在控制电路中。

### 3. 工作原理

接触器工作原理的动画演示可扫描二维码 2-4 观看。当吸引线圈通电时，动铁心被吸向静铁心，使常闭触点断开、常开触点闭合。当吸引线圈欠电压或失电压后，动铁心在弹簧的反作用力下复位，带动主、辅触点恢复常态。

### 4. 符号

接触器的符号如图 2-15 所示，各导电部件的判断可扫描二维码 2-5 观看。

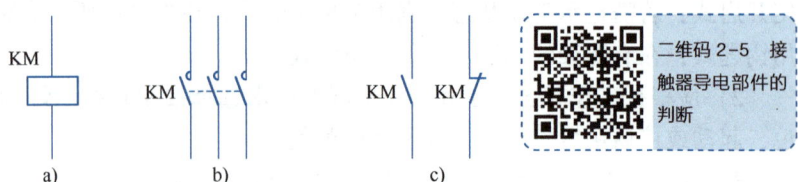

二维码 2-5 接触器导电部件的判断

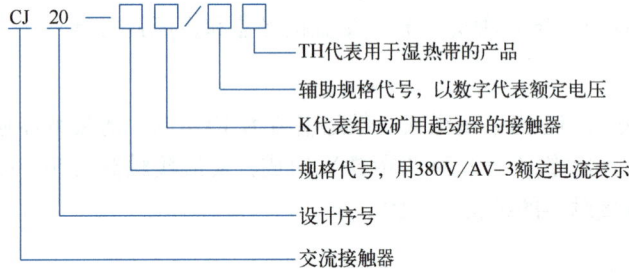

图 2-15 接触器的符号

a）线圈  b）常开主触点  c）辅助常开和常闭触点

### 5. 型号含义

交流接触器和直流接触器的型号含义不一样，分别如图 2-16 和图 2-17 所示。

CJ 20 — □□/□□

—— TH代表用于湿热带的产品
—— 辅助规格代号，以数字代表额定电压
—— K代表组成矿用起动器的接触器
—— 规格代号，用380V/AV-3额定电流表示
—— 设计序号
—— 交流接触器

图 2-16 交流接触器的型号含义

CZ 18 — □□/□□

—— 常闭主触点数
—— 常开主触点数
—— 派生规格，B—带有底板
—— 额定电流
—— 设计序号
—— 直流接触器

图 2-17 直流接触器的型号含义

### 6. 接触器的选择

（1）选择类型

根据所控制的电动机或负载电流种类选择接触器的类型。通常交流负载选用交流接触器，直流负载选用直流接触器。若控制系统中主要是交流对象，而直流对象容量较小，也可选用交流接触器，只是触点的额定电流要选大些。

（2）选择主触点的额定电压

接触器主触点的额定电压应大于或等于控制电路的额定电压。

（3）选择主触点的额定电流

主触点的额定电流应大于或等于负载的额定电流。对于 380 V 的电动机，可用 $I_N \approx 2P_N$ 估算，比如 10 kW 的电动机，应选额定电流为 20 A 的交流接触器。

（4）选择线圈电压

当控制电路简单时，为节省变压器，也可选用 380 V 或 220 V 的电压。当控制电路复杂、使用的电器比较多时，从人身和设备安全角度考虑，线圈的额定电压可选低一些，可用 36V 或 110 V 电压的线圈。直流接触器线圈的额定电压应视控制电路而定，可选用与直流控制电路电压一致的线圈额定电压。

## 【任务实施】

### 2.2.4　三相异步电动机点动控制电路

#### 1. 主电路和控制电路

如图 2-18 所示为点动控制电路，它由主电路和控制电路两部分构成。主电路是从电源到电动机直接给电动机定子绕组供电的电路，控制电路是对主电路的动作实施控制的电路。习惯上把主电路画在左侧，控制电路画在右侧。

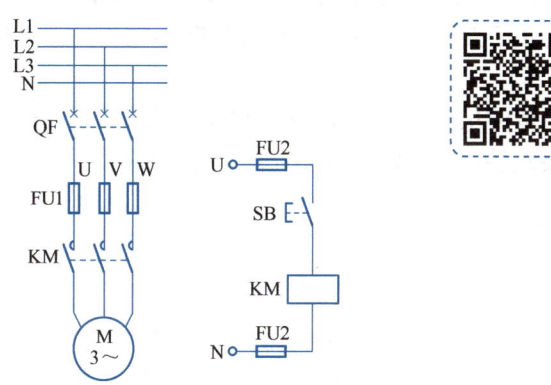

二维码 2-6　点动控制电路仿真

图 2-18　三相异步电动机的点动控制

图中 L1、L2、L3 为电源的三根相线，N 为中性线，控制电路的电压为相电压 220 V。如果 KM 线圈的额定电压是 380 V，控制电路的电源可以从 U、V、W 三点中的任意两点引线。

#### 2. 点动控制电路工作原理

合上电源开关 QF，按下按钮 SB，交流接触器 KM 线圈通电，铁心吸合，KM 的 3 对常开主触点闭合，电动机与电源接通而运转。松开按钮 SB 后，交流接触器 KM 线圈失电，动铁心在弹簧力作用下释放复位，KM 主触点断开，于是电动机停转。

点动控制电路的仿真可扫描二维码 2-6 观看。

## 【知识拓展】

### 2.2.5　电气原理图的画法规则

无规矩不成方圆，生活中要遵规守纪，绘制电气原理图时也一样。为了让专业人员都能看懂，在绘制电气原理图时，一般应遵循下列规则。

1）绘制原理图时要求画面清晰、表达准确，各电器元件不画实际的外形图而采用国家规定的统一标准图形符号和文字符号，不能随意布局或标注文字。

2）电气原理图一般分主电路、控制电路和辅助电路 3 部分画出。

主电路是指从电源到电动机的大电流通路。控制电路是由按钮、接触器的辅助触点、继电器的触点和接触器、继电器的线圈等组成的小电流电路。辅助电路是指除主电路和控制电路以外的其他电路，例如照明电路、信号电路等。

一般主电路用粗实线画在左边（或上边）；控制电路和辅助电路用细实线画在右边（或下边）。其中电源电路用水平线绘制，电动机、控制电路、辅助电路应垂直于水平电源电路画出，耗能元件（如线圈、电磁铁、信号灯）的一端应直接连接在接地的水平电源线上，控制触点连接在上方水平线与耗能元件之间。

3）在电气原理图中，同一电器元件的各个部件可以不画在一起，但要用同一个文字符号表示。当使用相同类型电器时，可在文字符号后加注阿拉伯数字予以区分。

4）电气原理图中所有电器的触点，都按电器没有通电或没有外力作用时的状态画出。当图形垂直放置时，常开触点应画在垂直线左侧，常闭触点应画在垂直线右侧；当图形水平放置时，常开触点应画在水平线下方，常闭触点应画在水平线上方。（即"左开右闭，下开上闭"。）

5）在电气原理图中，有直接电联系的十字交叉导线的连接点，要用黑圆点表示；注意，有直接电联系的 T 字交叉导线的连接点可省略不画出。无直接电联系的交叉导线，交叉处不能画黑圆点。

对于电类专业的从业人员，如果绘制的电气原理图不符合这些基本规则，会被质疑是否专业。所以一定要熟悉这些规则，为日后就业打好基础。

## 2.2.6 小试牛刀

### 一、单项选择题

1. 下列电器中既是自动电器又是保护电器的是（　　　）。

A. 按钮　　　　　　B. 刀开关　　　　　　C. 转换开关　　　　　　D. 低压断路器

2. 低压断路器不具备的保护是（　　　）。

A. 失电压保护　　　B. 过载保护　　　　　C. 过电压保护　　　　　D. 短路保护

3. 低压断路器的文字符号是（　　　）。

A. SB　　　　　　　B. QS　　　　　　　　C. FR　　　　　　　　　D. QF

4. 下列电器中不属于保护电器的是（　　　）。

A. 热继电器　　　　B. 交流接触器　　　　C. 熔断器　　　　　　　D. 低压断路器

5. 按下复合按钮时（　　　）。

A. 常闭触点先断开　　　　　　　　　　　B. 常开触点先闭合

C. 常开、常闭触点同时动作

6. 现有型号和额定电压均相同的两个交流接触器，则它们的线圈应该（　　　）。

A. 串联连接　　　　B. 并联连接　　　　　C. 既可串联连接也可并联连接

7. 接触器的额定电流是指（　　　）。

A. 线圈的额定电流　　　　　　　　　　　B. 主触点的额定电流

C. 辅助触点的额定电流

8. 交流接触器的衔铁被卡住不能吸合会造成（　　　）。

A. 线圈端电压增大　　　　　　　　　　　B. 线圈阻抗增大

C. 线圈电流增大

9. 某交流接触器的额定电流为 100 A，它能控制的电动机的功率约为（　　　）。

A. 50 kW　　　　　B. 20 kW　　　　　C. 100 kW

**二、判断题**

1. 额定电压为 220 V 的交流接触器在交流 220 V 和直流 220 V 的电源上均可使用。（　　）

2. 接触器具有欠电压保护的功能。（　　）

3. 电气原理图中各电器的图形符号均按未通电或未受力作用时的状态绘制。（　　）

4. 所有的按钮都会自动复位。（　　）

**三、实操题**

按照点动控制电路进行接线练习，并通电实验。

## 任务 2.3　三相异步电动机的自锁控制

### 【任务引入】

点动控制是按下按钮，电动机就转动；松开按钮，电动机就停止。若想使电动机长动（长期转动），难道要一直按着按钮不松手吗？当然不是。可以控制电动机长动的是另一种控制电路——自锁控制电路。那么，什么是自锁呢？自锁电路要用到哪些新的低压电器呢？自锁控制电路的工作原理是怎样的？带着这些问题开始本任务的学习吧！

### 【学习目标】

1）理解并掌握自锁的定义和实现方法。

2）掌握热继电器的工作原理和符号。

3）掌握自锁控制电路的工作原理。

4）掌握多地控制的接线原则和工作原理。

5）掌握点动与连续控制电路的工作原理。

### 【任务描述】

按下起动按钮，电动机就开始转动，松开起动按钮，电动机依然能继续转动，直到按下停止按钮，电动机才停止转动，这种控制即为自锁控制。

### 【任务分析】

从控制要求上来看，有两个按钮：一个起动按钮，一个停止按钮。控制电动机要用交流接触器。另外，电动机长期工作，要考虑过热保护，这就需要一种新的低压电器——热继电器。

### 【相关知识】

#### 2.3.1　热继电器

**1. 热继电器的用途**

热继电器是利用电流的热效应原理来工作的电器，主要对电动机实现长期过载保护、断相保护、电流不平衡运行保护。简单来说，电动机长期过载、断相、电流不平衡运行都会造成电动机温度升高，超过允许温度。热继电器的作用就是当电动机的温度达到一定数值（可以设定、调节）时，切断控制电路，让电动机停止工作。

### 2. 热继电器的结构和工作原理

热继电器由热元件、双金属片和触点等组成，如图2-19所示。热继电器的动画演示可扫描二维码2-7观看。

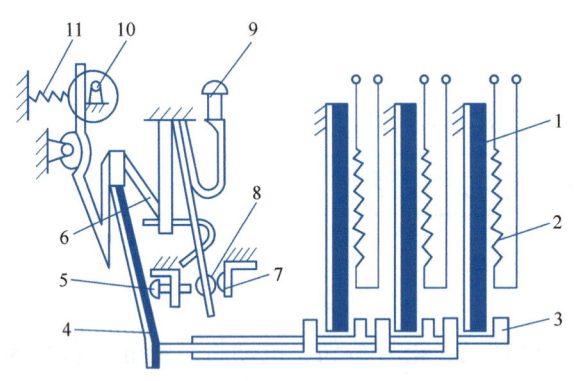

二维码2-7 热继电器的动画演示

图2-19 热继电器结构原理图

1—主双金属片 2—热元件 3—导板 4—补偿双金属片 5—螺钉 6—推杆
7—静触点 8—动触点 9—复位按钮 10—调节凸轮 11—弹簧

热元件是一段电阻不大的电阻丝，绕在双金属片上。双金属片由两种不同热膨胀系数的金属碾压而成。热继电器有两个或三个发热元件，使用时将热元件串接在主电路中，可直接反映出通过三相异步电动机的线电流的大小。当电动机过载时，过大的电流超过容许值，产生的热量使双金属片受热弯曲达到一定程度，通过调整机构，使串接在控制电路中的常闭触点断开，从而断开控制电路，达到保护的目的。

### 3. 热继电器与熔断器的区别

热继电器与熔断器的作用是不同的。熔断器只能作短路保护而不能作过载保护，而热继电器只能作长期过载保护而不能作短路保护。短路是一瞬间发生的，短路电流很大，通常是额定电流的10~20倍甚至更高，但因为时间短热量来不及累积，所以电动机温度不会太高。而长期过载时电流可能只比额定电流高出20%~30%，但持续时间长，摸电动机会觉得烫。因此，短路保护和过载保护不是一回事，在一个较完善的控制电路中，这两种保护都应具备。

热继电器动作后，应查明故障原因，在双金属片经过一段时间冷却后，按下复位按钮即可复位。热继电器的主要技术数据是整定电流，整定电流应在可整定电流范围内，其值应不大于额定电流。要根据整定电流选用热继电器，一定要使整定电流与电动机的额定电流一致。

### 4. 热继电器的符号

二维码2-8 热继电器导电部件判断

热继电器的符号如图2-20所示。热继电器的导电部件判断可扫描二维码2-8观看。

### 5. 热继电器的型号含义

我国规定的热继电器的型号含义如图2-21所示。

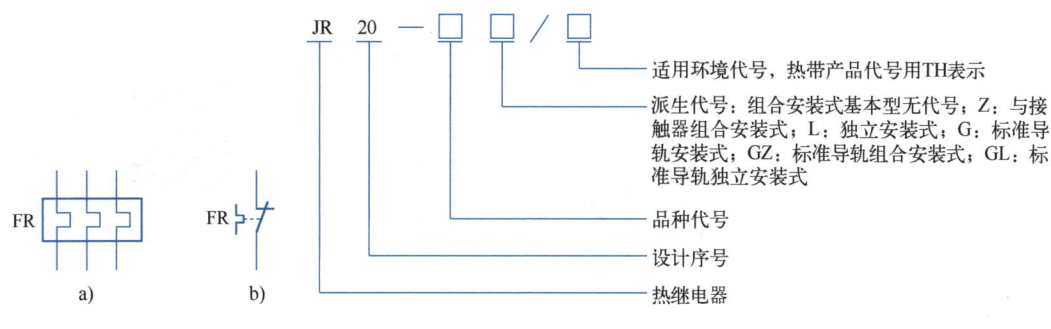

图 2-20　热继电器的符号　　　　　　　　图 2-21　热继电器的型号含义

a）热元件　b）常闭触点

#### 6. 热继电器的选用

热继电器主要用于电动机的长期过载保护，选用热继电器时应根据使用条件、工作环境、电动机型式及其运行条件与要求、电动机起动情况及负荷情况综合考虑。

1）热继电器有 3 种安装方式，即独立安装式、导轨安装式和插接安装式。应按实际安装情况选择其安装方式。

2）原则上，热继电器的额定电流应按电动机的额定电流选择。但对于过载能力较差的电动机，其配用的热继电器的额定电流应适当小些，通常选取热继电器的额定电流（实际上是选取热元件的额定电流）为电动机额定电流的 60% ~ 80%。

3）在不频繁起动的场合，要保证热继电器在电动机起动过程中不产生误动作。

4）一般情况下，可选用两相结构的热继电器，对于电网电压均衡较差、无人看管的电动机或与大容量电动机共用一组熔断器时，应选用三相结构的热继电器。对于三角形联结的电动机，应选用带断相保护装置的热继电器。

5）双金属片式热继电器一般用于轻载、不频繁起动电动机的过载保护。对于重载、频繁起动的电动机，则由过电流继电器作过载和短路保护。

6）当电动机工作于重复短时工作制时，要注意确定热继电器的允许操作频率。

## 【任务实施】

### 2.3.2　三相异步电动机的自锁控制电路

电动机经过按钮起动后，要想在松开按钮后仍能连续运转，则必须在电路中加入"自锁"功能。电动机在运转过程中，如果长期负载过大、频繁操作或断相运行等都会引起电动机绕组过热，影响电动机的使用寿命，甚至会烧坏电动机。因此，对电动机要采取过载保护，一般采用热继电器作为过载保护元件。具有过载保护的自锁控制电路原理图如图 2-22 所示，其仿真可扫描二维码 2-9 观看。

#### 1. 自锁控制

合上电源开关 QF，当按下起动按钮 SB2 时，接触器 KM 线圈通电，KM 常开主触点和辅助常开触点均闭合，电动机 M 起动运转。松开按钮 SB2 时，SB2 自动复位，接触器 KM 线圈仍可通过其已闭合的辅助常开触点保持通电，从而保证电动机能连续运行。

按下停止按钮 SB1，KM 线圈失电，KM 辅助常开触点复位解除自锁，KM 主触点复位，电动机停转。

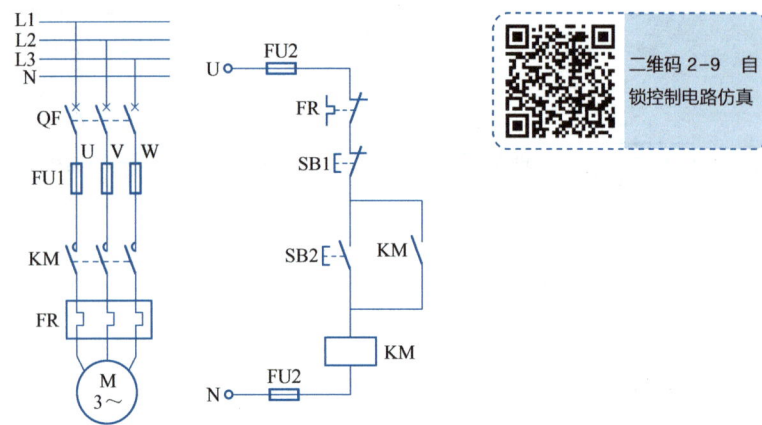

图 2-22　具有过载保护的三相异步电动机自锁控制电路

这种依靠接触器自身辅助触点而使其线圈保持通电的现象，称为自锁或自保持。这种控制叫作自锁控制，也叫作连续控制。这个起自锁作用的辅助触点，称为自锁触点。

自锁控制中也蕴含了一定的人生哲理。当机会（SB2）来临时，我们一定要抓住（得电），之后的路就只能靠自己走下去了（自锁）。俗话说，靠山山会倒，靠人人会跑，靠谁都不如靠自己。别人也许能帮你一时，但帮不了你一世。凡事靠自己的人，才能活得最安心，有底气。我们要尽快成长起来，自立自强，回报父母，报效祖国。

**2. 过载保护**

电动机在运行过程中由于过载或其他原因使电流超过额定值时，经过一定时间，热继电器动作，使串接在控制电路中的常闭触点断开，切断控制电路，接触器 KM 线圈断电，其主触点断开，电动机 M 脱离电源，停止转动，达到了过载保护的目的。

**3. 欠电压保护和失电压保护**

按钮和交流接触器组成的控制电路还具有欠电压保护和失电压保护功能。当电动机运行过程中电压降低到一定数值（40%～50%）时，交流接触器的衔铁会自动释放，造成交流接触器复位，控制电路中 KM 线圈断电解除自锁，主电路中电动机脱离电源而停转，这就是欠电压保护。当电动机在运行过程中突然停电，交流接触器线圈断电解除自锁，即使恢复供电时交流接触器也不会自行通电，必须要重新按下起动按钮方可再起动电动机，这就是失电压保护。

## 【知识拓展】

### 2.3.3　多地控制

有些生产机械为了操作方便，需要在多个地点进行操作控制，这种控制方式称为多地控制。如图 2-23 所示为多地控制电路。图中 SB1、SB4 安装在甲地，SB2、SB5 安装在乙地，SB3、SB6 安装在丙地。**多地控制的接线原则是起动按钮并联，停止按钮串联**。这样，按下任一起动按钮都可使接触器 KM 的线圈通电自锁，电动机转动；按下任一停止按钮都可以控制接触器线圈断电，使电动机停转。多地控制的动画仿真可扫描二维码 2-10 观看。

二维码 2-10
多地控制电路动
画

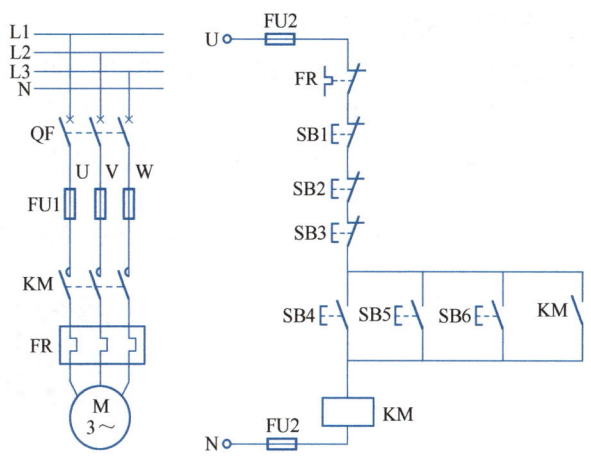

图 2-23　多地控制电路

## 2.3.4　点动与连续控制电路

点动与连续控制电路就是要求在一个控制电路中既能实现点动又能实现连续运转（也就是自锁）。点动与连续控制的区别在于有无自锁电路。点动时不需要自锁，连续运转时必须要有自锁。在实际应用中，有两种常用方法实现点动与连续控制，一种通过中间继电器实现，另一种通过复合按钮实现。

### 1. 中间继电器

中间继电器通常用来传递信号和同时控制多个电路，也可用来直接控制小容量电动机或其他电气执行元件。中间继电器的结构和工作原理与交流接触器基本相同，它与交流接触器的主要区别是触点数目多些，且触点容量小（5 A 以下），没有主、辅触点之分，一般不配灭弧罩，其符号如图 2-24 所示。当电动机的功率比较小时，也可以用中间继电器来代替交流接触器去控制电动机。

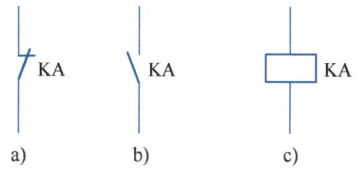

图 2-24　中间继电器的符号
a）常闭触点　b）常开触点　c）线圈

### 2. 点动与连续控制方案 1

点动与连续控制方案 1 如图 2-25 所示，从主电路可以看出，三相异步电动机由接触器 KM 控制起停，由热继电器 FR 作长期过载保护。在控制电路中，SB3 是点动按钮，SB2 是连续按钮，SB1 是停止按钮。

当按下 SB3 时，KM 得电，KM 主触点吸合，电动机起动；松开 SB3 时，KM 断电，电动机脱离电源停止运转。

当按下 SB2 时，中间继电器 KA 线圈得电并自锁，并使 SB3 两端的 KA 的常开触点闭合，使得 KM 线圈通电，因为 KA 自锁了，所以 KM 也能一直得电，电动机连续运转。按下 SB1，电动机停止。

点动与连续控制方案 1 的仿真可扫描二维码 2-11 观看。

### 3. 点动与连续控制方案 2

点动与连续控制方案 2 如图 2-26 所示，该方案的主电路与方案 1 一致。控制电路中，复合按钮SB3是点动按钮，SB2是连续按钮，SB1是停止按钮。

当按下SB3时，SB3的常闭触点先断开，切断自锁支路，然后SB3的常开触点闭合，使得KM线圈得电，电动机起动；当松开SB3时，SB3的常开触点先断开，使KM线圈断电，KM常开触点复位，然后SB3的常闭触点才复位，这样KM线圈得电的几条路都断开了，电动机也停止了。

当只按下SB2时，SB3的常闭触点就相当于导线，KM得电自锁，电动机连续运转。

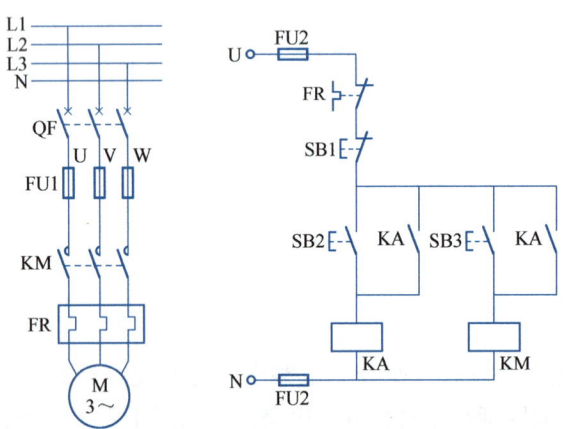

二维码 2-11
点动与连续控制
方案1仿真

图 2-25　点动与连续控制方案 1

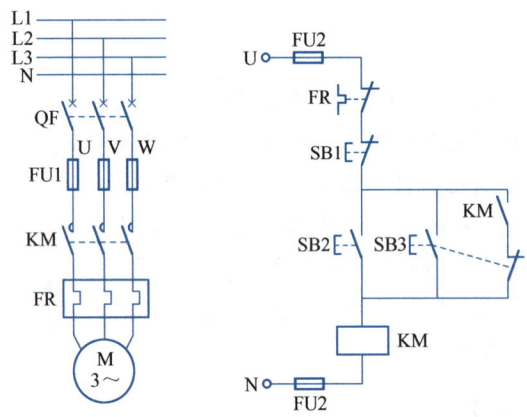

图 2-26　点动与连续控制方案 2

## 2.3.5　小试牛刀

### 一、单项选择题

1. 过载时热继电器双金属片弯曲是由于双金属片的（　　　）。

A. 机械强度不同　　B. 热膨胀系数不同　　C. 温差效应

2. 若要实现多地控制，应将（　　　）。

A. 起动按钮、停止按钮均串联　　　　　B. 起动按钮并联、停止按钮串联

C. 起动按钮、停止按钮均并联　　　　　D. 起动按钮串联、停止按钮并联

3. 若要两个按钮都能控制接触器线圈得电，则应将它们的____触点____接到接触器的线圈电路中。（　　　）

A. 常闭、串联　　　B. 常闭、并联　　　C. 常开、串联　　　D. 常开、并联

4. 如果自锁控制电路（局部）接成图 2-27a 那样，会出现的后果是（　　）；接成图 2-27b 那样，会出现的后果是（　　）；接成图 2-27c 那样，会出现的后果是（　　）；接成图 2-27d 那样，会出现的后果是（　　）；接成图 2-27e 那样，会出现的后果是（　　）。

A. 无法通电　　　　　　　　　　B. 起动后无法正常停车

C. 只能点动，不能自锁　　　　　D. 接触器不停地吸合、断开连续振动

E. 控制电路短路

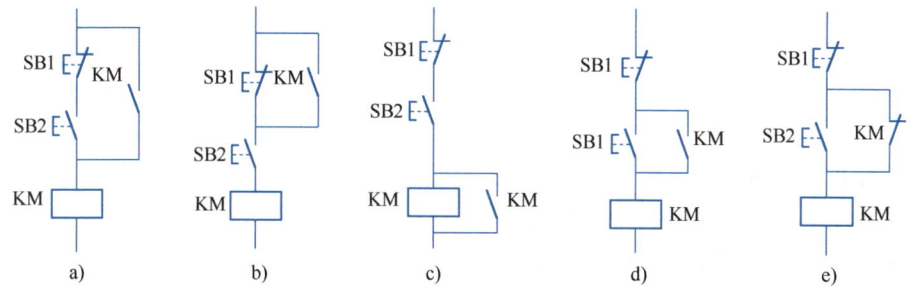

图 2-27　错误的自锁控制接线图

## 二、判断题

1. 控制电路中如果已有热继电器，就不必再装设熔断器了。（　　）

2. 笼型异步电动机的短路保护采用热继电器。（　　）

3. 电动机的起动电流很大，当电动机起动时，热继电器会动作将电路断开。（　　）

4. 当电动机的额定电流小于 5 A 时，可以用中间继电器控制电动机。（　　）

5. 无论何种情况，都必须用接触器去控制电动机。（　　）

## 三、实操题

按照自锁控制电路、多地控制电路、点动与连续控制电路进行接线练习，并通电实验。

# 项目 3　三相异步电动机的正、反转控制

## 项目要点

- 三相异步电动机的正—停—反控制。
- 三相异步电动机的正—反—停控制。
- 三相异步电动机的正、反转自动循环控制。

### 任务 3.1　三相异步电动机的正—停—反控制

## 【任务引入】

在生产中，有的生产机械常要求能正、反两个方向运行，如机床工作台的向左和向右，升降台的向上和向下，铣刀的顺铣和逆铣等，这就要求电动机必须可以正、反转。常用的正、反转控制有正—停—反控制、正—反—停控制和正、反转自动循环控制 3 种方式。本任务首先介绍第一种方式。

## 【学习目标】

1）掌握正、反转主电路的特点。
2）理解互锁的概念。
3）理解并掌握正—停—反控制电路的动作原理。

## 【任务描述】

三相异步电动机的正—停—反控制要求如下。
1）按下正转起动按钮，三相异步电动机正转。
2）按下停止按钮，三相异步电动机停止。
3）按下反转起动按钮，三相异步电动机反转。
4）正、反转转换时必须停车过渡一下，即正转后若想反转，必须先停车，再反转；反转后若想正转，也必须先停车，再正转。

## 【任务分析】

从前面的学习内容中可以知道，将接在三相异步电动机三相电源上的三根相线中的任意两

根对调一下，就可以使电动机反转。

# 【任务实施】

## 3.1.1　正、反转控制主电路

如图 3-1a 所示，当电源开关 QF 接通、KM1 得电时，三相异步电动机定子绕组的 U、V、W 分别接通电源的 L1、L2、L3 三根相线，从而使电动机正转。同理，如图 3-1b 所示，当电源开关 QF 接通、KM2 得电时，三相异步电动机定子绕组的 U、V、W 分别接通电源的 L3、L2、L1 三根相线，相序反过来，电动机反转。

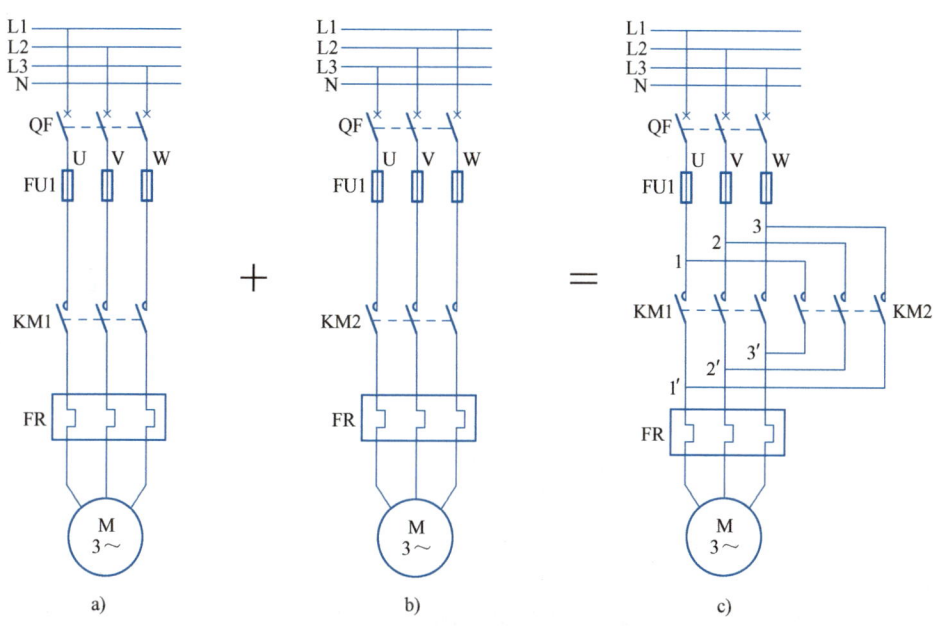

图 3-1　正、反转控制主电路
a）正转　b）反转　c）正、反转

若想正、反转两个功能都要，可将图 3-1a 和图 3-1b 有机结合一下，这就是如图 3-1c 所示的主电路。电路中采用了 KM1 和 KM2 两个接触器反相序并联：KM2 第一对主触点上面并的是 1，下面并的是 3′；第二对主触点上面并的是 2，下面并的是 2′；第三对主触点上面并的是 3，下面并的是 1′。

当 KM1 接通时，三相电源按 L1—L2—L3 相序接入电动机；而当 KM2 接通时，三相电源按 L3—L2—L1 相序接入电动机。所以当两个接触器分别工作时，电动机的旋转方向相反。

电路要求 KM1 和 KM2 两个接触器不能同时通电，否则它们的主触点会同时闭合，将造成 L1、L3 两相电源短路。这种不允许两个接触器同时通电的相互制约的关系称为互锁或联锁。

正、反转主电路的特点是两个交流接触器反相序并联，要求是两个交流接触器必须互锁。

## 3.1.2　正—停—反控制电路

电动机的正转和反转不是同时进行的。若只考虑正转，按下正转起动按钮，电动机正转，按下停止按钮，电动机停止，其实就是一个正转长动控制，控制电路跟自锁控制电路一样，如

图 3-2a 所示。同理, 若只考虑反转, 也是一个自锁控制, 如图 3-2b 所示。

若想正、反转两个功能都要, 可以将图 3-2a 和图 3-2b 有机结合一下, 即图 3-2c, 正、反转共用一个停止按钮和热继电器。那么, 图 3-2c 能否满足正—停—反的控制要求呢? 从图 3-2c 上看, 若按下 SB2, 则 KM1 得电, 电动机正转; 按下 SB1, KM1 失电, 电动机停止; 再按下 SB3, 则 KM2 得电, 电动机反转, 好像符合控制要求。但是如果不是按照刚才的顺序操作, 而是按下 SB2 使 KM1 得电后, 直接就按 SB3, 那么 KM2 也会得电, 这就会造成 KM1 和 KM2 同时得电, KM1 和 KM2 的主触点同时闭合, 使得电源短路。所以, 图 3-2c 所示的电路还需进一步优化。

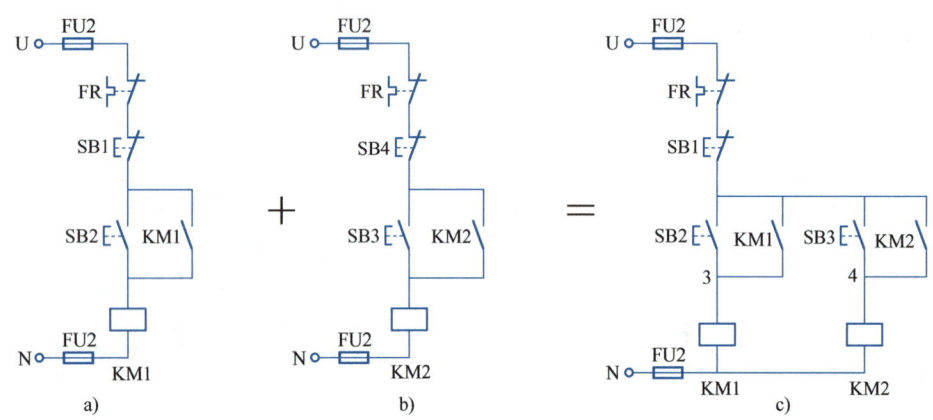

图 3-2 正、反转控制电路的设计草图

a) 正转  b) 反转  c) 正、反转

怎样才能使 KM1 通电时 KM2 无法同时通电呢? 站在 KM1 线圈的角度想问题, 既然不能阻止按下 SB3, 那就想办法把 4 点和 KM2 线圈之间切断, 让 SB3 按了也白按。怎么断呢? 靠谁都不如靠自己, 就派 KM1 自己的常闭触点去当个 "卧底" 吧! 换位思考一下, KM2 线圈也想把 KM2 的常闭触点串接到 3 点和 KM1 线圈之间, 如图 3-3 所示。这样做对正、反双方来说很公平, 也算是公平竞争、合作共赢。

这种用两个接触器常闭触点互相串入对方线圈支路来实现联锁的方法称为接触器联锁(又称为互锁), 属于电气联锁。

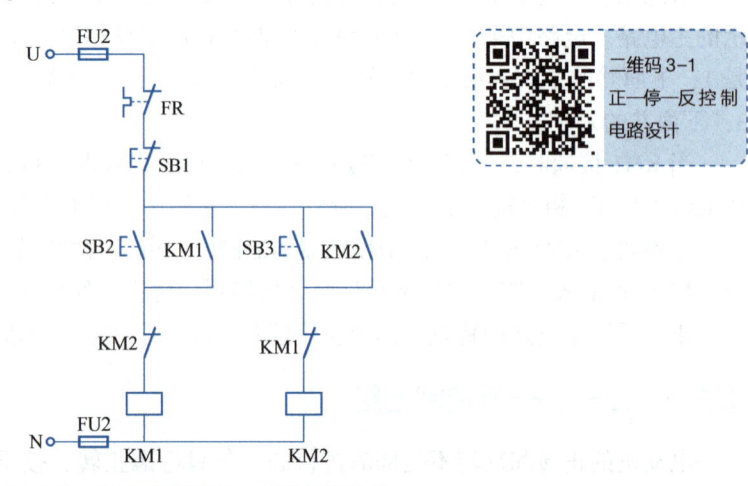

二维码 3-1
正—停—反控制
电路设计

图 3-3 接触器联锁正、反转控制电路

接触器联锁正、反转控制电路设计的视频讲解可扫描二维码 3-1 观看。

### 3.1.3　正—停—反控制电路动作原理

完整的三相异步电动机的正—停—反控制电路如图 3-4 所示，该电路的动作原理如下。

合上电源开关 QF，按下正转起动按钮 SB2，接触器 KM1 线圈得电自锁，KM1 主触点闭合，电动机正转；KM1 常闭触点断开，实现互锁，这时即使再按下 SB3，KM2 线圈也无法得电；若想使电动机反转，必须先按下停止按钮 SB1，使 KM1 失电，KM1 触点复位，解除自锁和互锁，电动机停转；再按下反转起动按钮 SB3，接触器 KM2 线圈才会得电动作，KM2 主触点闭合，电动机反转。由此可见，要改变电动机转向，必须先按停止按钮 SB1，才能使电动机反转，所以这种电路常称为"正—停—反"控制电路。"正—停—反"控制电路仿真可扫描二维码 3-2 观看。

二维码 3-2
正—停—反控制
电路仿真

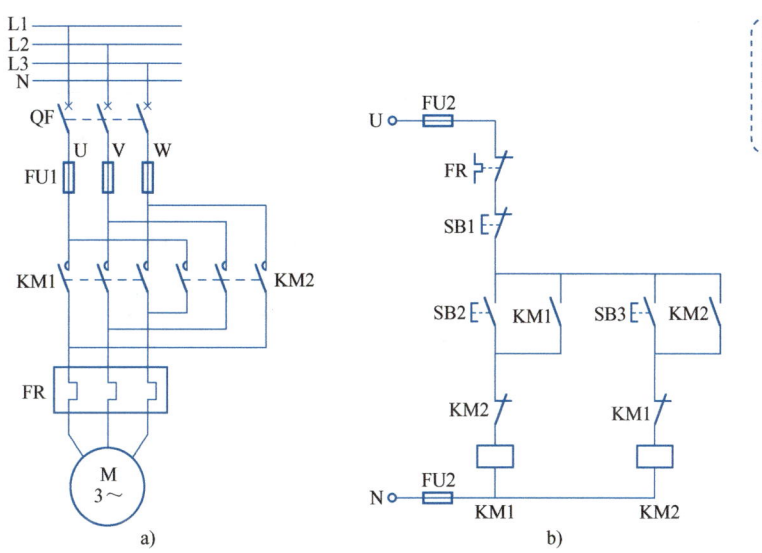

图 3-4　三相异步电动机的正—停—反控制电路

a）主电路　b）控制电路

### 3.1.4　小试牛刀

**一、单项选择题**

1. 三相异步电动机正、反转控制的关键是改变（　　　）。

A. 电源电压　　　　B. 电源相序　　　　C. 电源电流　　　　D. 负载大小

2. 三相异步电动机正转时按照 U-V-W 与电源接通，则下列接法中（　　　）会使三相异步电动机反转。

A. V-W-U　　　　B. W-U-V　　　　C. W-V-U　　　　D. 前 3 项都不

3. 在正、反转控制电路中，各个接触器的常闭触点互相串联在对方线圈电路中，其目的是（　　　）。

A. 保证两个接触器不能同时动作　　　　B. 能灵活控制电动机正、反转运行

C. 保证两个接触器可靠工作　　　　D. 起自锁作用

4. 两个接触器的常闭触点互相串入对方线圈支路来实现联锁的方法称为（　　）。

A. 自锁　　　　　　B. 互锁　　　　　　C. 联锁　　　　　　D. 接触器联锁

5. 甲、乙两个接触器，欲实现互锁控制，则应（　　）。

A. 在甲接触器的线圈电路中串入乙接触器的动断触点。

B. 在乙接触器的线圈电路中串入甲接触器的动断触点。

C. 在两接触器的线圈电路中互串入对方的动断触点。

D. 在两接触器的线圈电路中互串入对方的动合触点。

### 二、找错题

如图 3-5 所示的正—停—反控制电路中有若干处错误，请指出错误并说明原因。

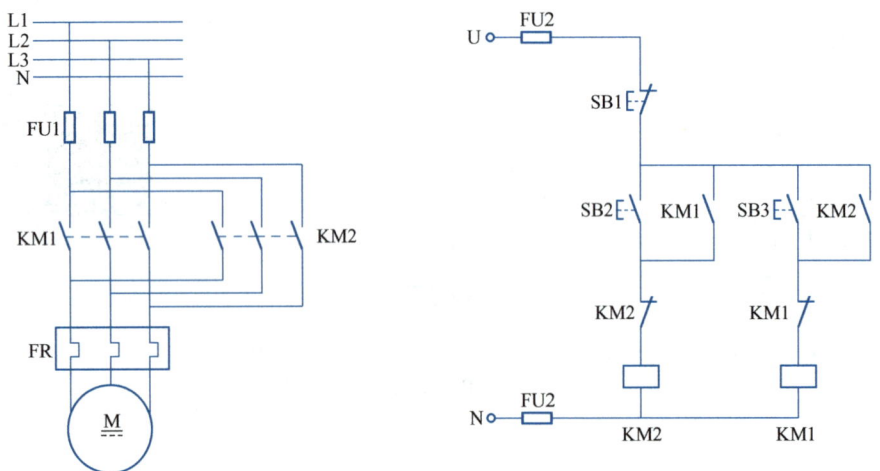

图 3-5　错误的正—停—反控制电路

### 三、实操题

按三相异步电动机的正—停—反控制电路接线，并通电实验。

## 任务 3.2　三相异步电动机的正—反—停控制

## 【任务引入】

　　三相异步电动机的正—停—反控制电路中采用了接触器联锁，可以实现互锁要求，避免操作不当引起电源短路。但是在电动机由正转到反转，或者由反转到正转，即需要改变电动机转向时，都必须先按下停止按钮，然后才可以进行反向起动，操作十分不便。因此正—停—反控制只适合用在正、反转不允许直接转换或者转换不频繁的场合。

　　在正、反转转换比较频繁时，可以在正—停—反控制电路的基础上稍加改进，形成第二种正、反转控制电路，即正—反—停控制电路。

## 【学习目标】

　　1）理解按钮互锁和接触器互锁、双重互锁的意义。

2）理解并掌握正—反—停控制电路的动作原理。

## 【任务描述】

三相异步电动机的正—反—停控制要求如下。

1）按下正转起动按钮，三相异步电动机正转。

2）按下反转起动按钮，三相异步电动机反转。

3）按下停止按钮，三相异步电动机停止。

4）正、反转转换时不必停车过渡，即正转后若想反转，直接按反转起动按钮即可；反转后若想正转，直接按下正转起动按钮即可。

## 【任务分析】

不管是正—停—反还是正—反—停，电动机都有两个工作状态——正转和反转，所以主电路是一样的，只需要在控制电路上稍加改进即可。

正—停—反控制电路之所以正、反转不能直接转换，是因为在 KM1 线圈支路串入了 KM2 常闭触点，在 KM2 线圈支路串入了 KM1 常闭触点，也就是加了接触器互锁。而接触器互锁是为了防止误操作引起电源短路。

电动机正转时若想直接转换成反转，在按下反转起动按钮的时候必须先切断正转控制电路，再接通反转控制电路，一个动作两个效果，因此要用到复合按钮。

我们知道，当按下复合按钮时，其常闭触点先断开，常开触点再闭合。如果把正、反转起动按钮的常闭触点互相串入对方的控制电路，就可以正、反转直接转换了。

## 【任务实施】

### 3.2.1  正—反—停控制电路动作原理

三相异步电动机的正—反—停控制电路如图 3-6 所示。可以看出，图 3-6b 是在图 3-4b 的基础上增加了两对按钮的常闭触点。将正、反转起动按钮的常闭触点串接在对方接触器线圈电路中，这种互锁称为按钮互锁，属于机械互锁。图 3-6 中除了有按钮互锁之外，还有接触器互锁，所以是具有按钮—接触器双重互锁的控制电路。

电路的动作原理如下。

合上电源开关 QF，按下正转起动按钮 SB2，接触器 KM1 线圈得电自锁，KM1 主触点闭合，电动机正转；KM1 常闭触点断开，实现互锁。若想让电动机反转，直接按下反转起动按钮 SB3 即可（注意一定要按到底），则 SB3 的常闭触点先断开，使 KM1 线圈断电、KM1 常闭触点复位以解除互锁，然后 SB3 的常开触点闭合，KM2 线圈通电，于是电动机由正转直接变为反转。同理，再按下 SB2 可以使电动机由反转变为正转。

这种电路可实现正转、反转的直接转换，操作比较方便，常称为"正—反—停"控制电路。"正—反—停"控制电路的仿真可扫描二维码 3-3 观看。

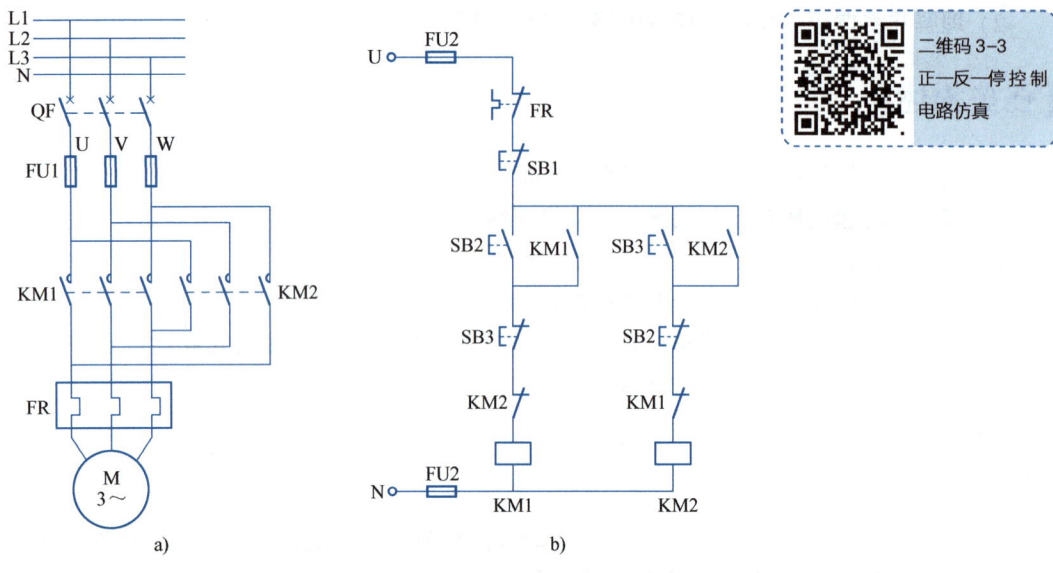

二维码 3-3
正—反—停控制
电路仿真

图 3-6　正—反—停控制电路
a）正、反转控制主电路　b）按钮—接触器双重互锁正、反转控制电路

## 【知识拓展】

## 3.2.2　按钮互锁正、反转

　　正—反—停控制电路中用了按钮—接触器双重互锁，那么一定要这么做吗？如图 3-7 所示，如果只要按钮互锁而不要接触器互锁是否可以呢？

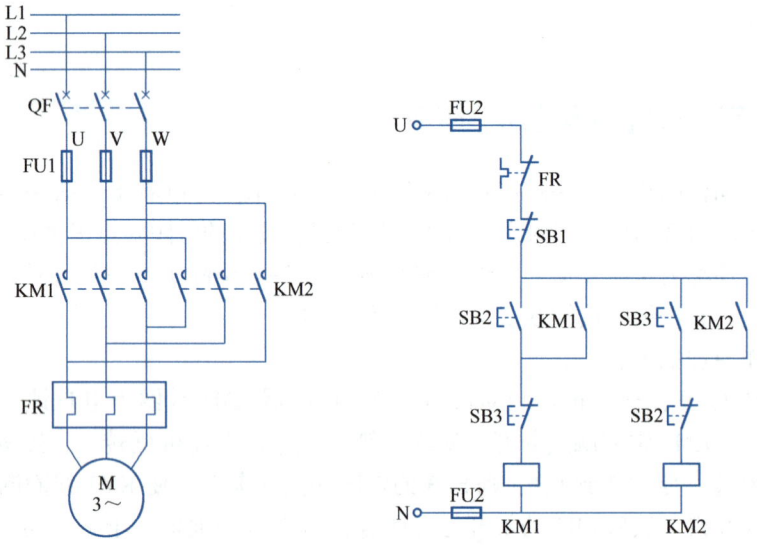

图 3-7　按钮互锁正、反转控制电路

　　表面上看，当电路中各电器都正常工作时，只采取按钮互锁的电路也可以正常工作。但这种电路存在重大安全隐患。因为在实际使用中，由于短路或大电流的长期作用，接触器主触点有时会被强烈的电弧"熔焊"在一起，有时接触器的机构失灵使主触点不能断开，这时若有

另一个接触器动作，将会造成电源短路故障。

如果采用接触器的常闭触点进行互锁，则不论什么原因，当一个接触器处于吸合状态时，它的互锁常闭触点必将另一接触器的线圈电路切断，从而避免了电源短路故障的发生。

所以只要是正、**反转控制电路，都需要有接触器互锁**。凡事都有两面性，电给人类带来极大方便的同时，也潜藏着巨大的危险。安全用电，怎么小心都不为过。

### 3.2.3　小试牛刀

1. 在按钮—接触器双重互锁的正、反转控制中，当电动机正常正向（或反向）运行时，若很轻地碰一下反向起动按钮 SB3（或正向起动按钮 SB2），即未将按钮按到底，电动机运行状况会如何？为什么？

2. 如果要求电动机既可以正、反向长动，又可以正、反向点动，则电路该如何设计？

3. 按三相异步电动机的正—反—停控制电路接线，并通电实验。

## 任务 3.3　三相异步电动机的正、反转自动循环控制

## 【任务引入】

在生产中，某些机械设备需要进行自动往复运行，比如运料小车、铣床的工作台等。这些往复运动通常是利用行程开关去控制三相异步电动机正、反转自动循环实现的。本任务就来探究一下行程开关是如何控制电动机实现自动往返的。

## 【学习目标】

1）理解行程开关的动作原理和符号。

2）理解正、反转自动循环控制电路的动作原理。

## 【任务描述】

图 3-8 为某机床工作台自动往复运动示意图。在床身两端分别安装有行程开关 SQ1、SQ2、SQ3、SQ4，在工作台上装有撞块 1 和 2，它们可以随工作台一起移动。

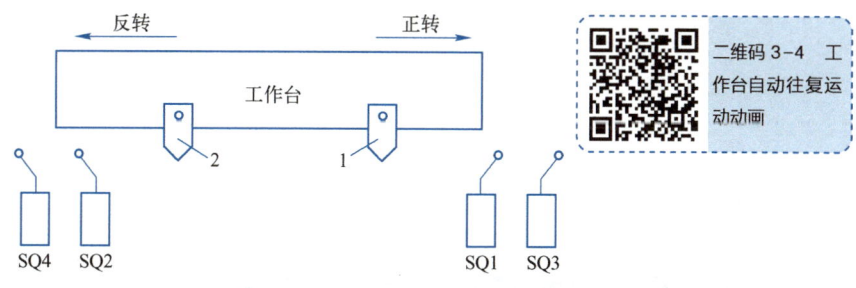

图 3-8　工作台自动往复运动示意图

当电动机正转时，通过传动机构拖动工作台向右移动，当工作台移动到右端，撞块 1 撞到行程开关 SQ1 时，电动机停止正转开始反转，拖动工作台向左移动，当工作台移动到左端，撞块 2 撞到行程开关 SQ2 时，电动机停止反转开始正转，又拖动工作台向右移动，如此往复，

直到按下停止按钮为止。

当SQ1出现故障时，撞块1向右移动到SQ1位置时无法反向，继续向右移动至SQ3位置，电动机停止运行。同样，当SQ2出现故障时，SQ4动作使电动机停止。工作台自动往复运动的动画可扫描二维码3-4观看。

## 【相关知识】

### 3.3.1　行程开关

行程开关又称为限位开关或位置开关，用于控制生产机械的运动方向、行程长短或位置保护等。其结构和工作原理与按钮相似，只不过按钮是用手来操作的，而行程开关的动作是利用生产机械某些运动部件的碰撞来实现的。

行程开关的种类很多，但其结构基本一致，区别仅是动作的传动装置不同。行程开关的外形、结构和符号如图3-9所示。从结构上来看，行程开关由滚轮、复位弹簧、转轴、推杆、凸轮、撞块、调节螺钉、微动开关等构成。当机械部件触压行程开关的滚轮时，就如同用手按下按钮一样，其常闭触点断开，常开触点闭合。只有在机械部件离开滚轮时，才如同手松开了按钮，行程开关在复位弹簧的作用下，各个触点恢复为原始状态。

行程开关的动画演示可扫描二维码3-5观看。其实行程开关离人们的生活并不远，像冰箱的内灯、洗衣机的开门断电、电梯的自动开门关门等都是由行程开关控制的。

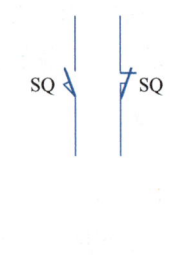

二维码3-5　行程开关动画

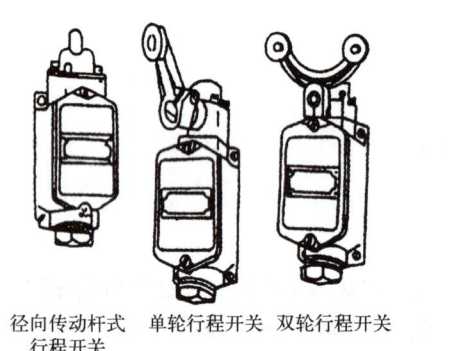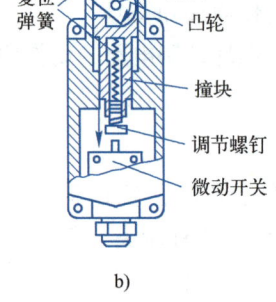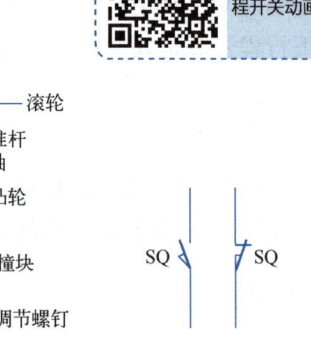

径向传动杆式　单轮行程开关　双轮行程开关
行程开关

a)　　　　　　　　　　　　b)　　　　　　　　　　　　c)

图3-9　行程开关的外形、结构和符号

a) 外形　b) 结构　c) 常开触点和常闭触点符号

## 【任务实施】

### 3.3.2　正、反转自动循环控制电路动作原理

正、反转自动循环控制电路如图3-10所示。电路动作原理如下。

电路正常工作时，按下正转起动按钮SB2，接触器KM1线圈得电自锁，KM1主触点闭合，电动机正转，带动工作台向右移动。当工作台移动到右端时，撞块1碰撞SQ1，SQ1常闭触点先断开使 KM1 断电、KM1 常闭触点复位；然后 SQ1 常开触点闭合，接触器 KM2 线圈得电自锁，电动机反转，带动工作台向左移动（SQ1 复位）。同理，当工作台移动到左端时，撞块 2 碰撞行程开关 SQ2，SQ2 常闭触点断开使 KM2 断电，SQ2 常开触点闭合使 KM1 得电自锁，电动机正转，带动工作台向右移动（SQ2 复位），如此往复循环，直至按下停止按钮 SB1 电动机才会停止。（正、反转自动循环控制电路的仿真可扫描二维码 3-6 观看。）

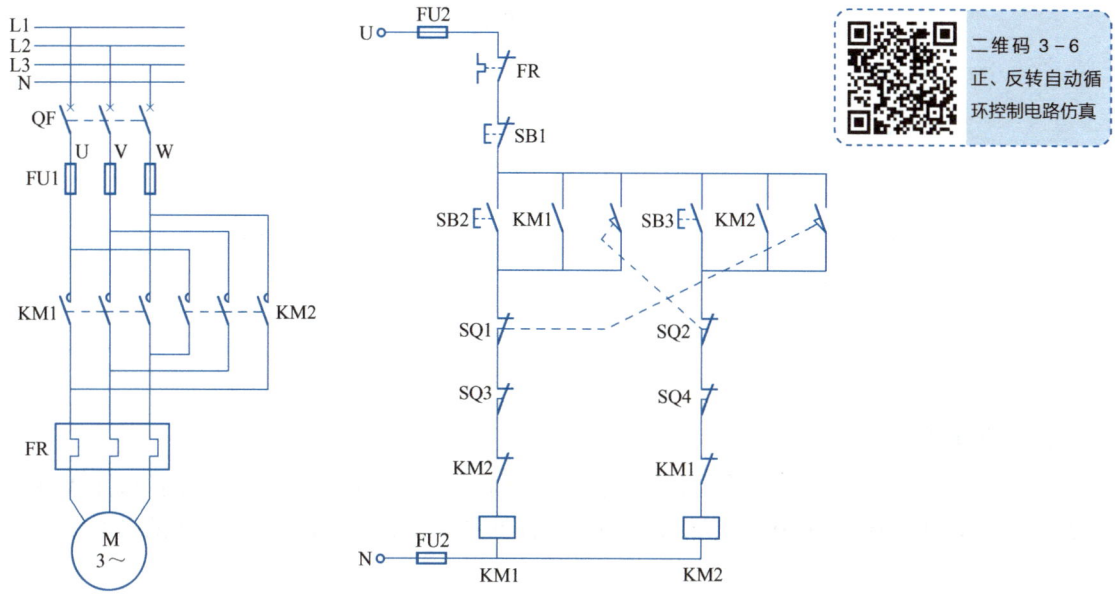

图 3-10　正、反转自动循环控制电路

在控制电路中，由行程开关按行程原则实现从一个状态到另一个状态的自动切换，这种控制方式叫作行程控制原则。

当由于某种故障，比如行程开关的螺钉脱落造成滚轮移位，工作台到达 SQ1（或 SQ2）限定的正常位置时，未能切断 KM1（或 KM2）线圈电路，继续运行达到 SQ3（或 SQ4）所处的极限位置时，将会压下极限位置保护开关 SQ3（或 SQ4），SQ3（或 SQ4）常闭触点断开，切断接触器线圈电路，使电动机停止转动，避免工作台超越允许位置。

SQ3 和 SQ4 在此起到了极限位置保护作用，像边防军人一样守护着最后一道防线。这种情况特别契合一句话——哪有什么岁月静好，只不过有人替你负重前行！

行程开关对安装的要求相当高，安装位置要准确，安装要牢固，滚轮的方向不能装反，挡铁与其碰撞的位置应符合控制电路的要求，并确保能可靠地与挡铁碰撞。使用中要定期检查和保养，除去油垢及粉尘，清理触点，经常检查其动作是否灵活、可靠，及时排除故障。防止因行程开关触点接触不良或接线松脱产生误动作而导致设备和人身安全事故。

### 3.3.3　小试牛刀

**一、连线题**

1. 请把图 3-11 所示的电气控制电路中的各种保护和对应的低压电器用线连起来。

2. 请把图 3-12 中的图形符号和文字符号分别与中间对应的低压电器名称用线连接起来。

短路保护     行程开关

长期过载保护   按钮—接触器

欠电压保护    熔断器

极限位置保护   热继电器

图 3-11 连线题 1 图

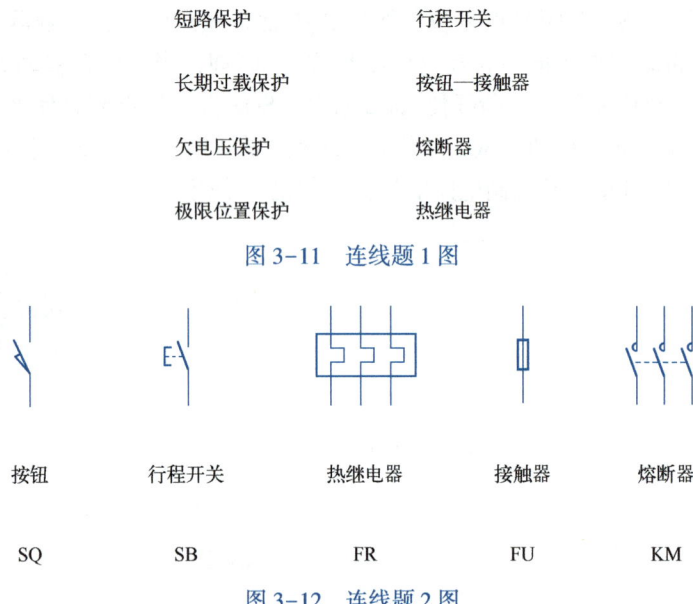

| 按钮 | 行程开关 | 热继电器 | 接触器 | 熔断器 |
| SQ | SB | FR | FU | KM |

图 3-12 连线题 2 图

## 二、设计题

试设计如图 3-13 所示的工作台控制电路。起动后工作台遵循如下循环工作：部件 A 从 1 到 2 →部件 B 从 3 到 4 →部件 A 从 2 回到 1 →部件 B 从 4 回到 3。要求设置必要的电气保护。

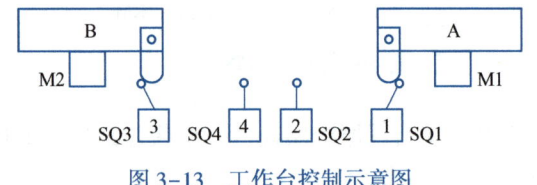

图 3-13 工作台控制示意图

# 三相异步电动机的调速和制动控制

## 项目要点

- 三相异步电动机的调速方法。
- 双速电动机的高、低速控制。
- 三相异步电动机的机械制动。
- 能耗制动和反接制动。
- 时间继电器和速度继电器。

## 任务 4.1　双速电动机的高、低速控制

### 【任务引入】

在金属切削机床中，应根据加工工件的材料、刀具种类、工件尺寸及工艺要求的不同选择不同的加工速度，这就要求主轴的转速和进给运动的速度可以调节。主轴和进给的调速方法有机械调速和电气调速。机械调速主要是通过齿轮变速箱来实现，电气调速则是通过一定的方法改变电动机的转速。双速电动机的调速方法就属于电气调速。本任务就来学习一下双速电动机的接线和控制。

### 【学习目标】

1）了解三相异步电动机的 3 种调速方法。
2）掌握双速电动机的接线方法。
3）理解双速电动机高、低速控制电路的工作原理。

### 【任务描述】

双速电动机的高、低速控制要求如下。
1）按下低速起动按钮，双速电动机低速运行。
2）按下高速起动按钮，双速电动机高速运行。
3）高、低速之间可以直接相互转换，变速前后的旋转方向必须一致。
4）按下停止按钮，双速电动机停止。

## 【任务分析】

既然控制对象是双速电动机，就要对双速电动机有足够的了解。那么双速电动机的调速原理是怎样的？怎样接线？怎样控制？让我们一一来揭晓答案。

## 【相关知识】

### 4.1.1 三相异步电动机的调速方法

由前面所学内容可知，电动机的转速为

$$n = n_1(1-s) = \frac{60f_1}{p}(1-s) \tag{4-1}$$

式中　　$n$——电动机的转速（r/min）；

　　　　$s$——转差率；

　　　　$f_1$——电源的频率（Hz）；

　　　　$p$——磁极对数。

因此，要改变电动机的转速，有3种方法，即变频调速、变转差率调速和变极调速。

**1. 变频调速**

近年来，交流变频调速在国内外发展非常迅速。由于晶闸管变流技术的日趋成熟和可靠，变频调速在生产实际中的应用非常广泛，打破了直流拖动在调速领域中的统治地位。交流变频调速需要有一套专门的变频设备，尽管成本稍高，但由于其调速范围大、平滑性好、适应面广，能做到无级调速，因此它的应用将日益广泛。

**2. 变转差率调速**

在绕线转子电动机的转子电路中，接入调速变阻器，改变转子回路电阻，即可实现调速。这种调速方法也能做到无级调速，但能耗较大、效率低，目前主要应用在起重设备中。

**3. 变极调速**

变极调速时，保持电源的频率不变，改变旋转磁场的磁极对数，就改变了同步转速，从而改变转子的转速。利用这种方法调速时，定子绕组要采用特殊设计，与普通电动机的绕组不同，要求绕组可用改变外部接线的办法来改变磁极对数。由于磁极对数 $p$ 只能成倍变化，所以该方法不能实现无级调速。目前已生产的变极调速电动机有双速、三速等多速电动机。

变极调速方式虽然转速的平滑性差，但它经济、简单，且机械特性硬，稳定性好，因而在金属切削机床中经常应用。为了扩大调速范围，常与齿轮变速箱配合调速。变极调速只适用于笼型异步电动机。

改变定子绕组磁极对数的方法是将一相绕组中一半线圈的电流方向反过来，如图4-1所示。图4-1a中，两组线圈顺向串联，形成四极磁场；图4-1b中，两组线圈反向并联，改变了一组线圈（A2X2）的电流方向，形成二极磁场。（变极调速原理的视频讲解可扫二维码4-1观看。）

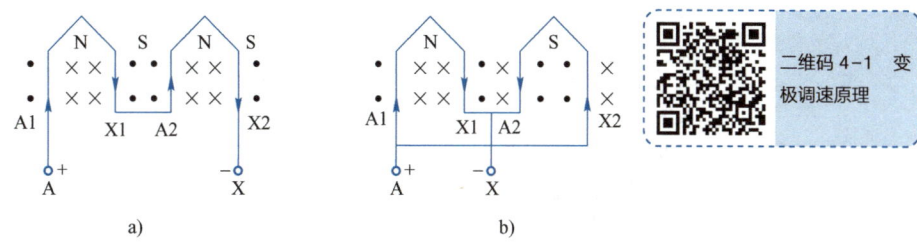

图 4-1　变极调速原理

a）线圈顺向串联　b）线圈反向并联

## 4.1.2　双速电动机的接线

双速电动机的每相定子绕组由两个线圈连接而成，线圈之间有导线引出。将 1、2、3 端接三相电源，而 4、5、6 端悬空时，双速电动机的定子绕组接成三角形（△），如图 4-2a 所示，每相绕组的两个线圈串联连接，电流方向相同，形成四极旋转磁场，双速电动机低速运行。当 4、5、6 端接三相电源，而 1、2、3 端短接时，双速电动机的定子绕组接成双星形（丫丫），如图 4-2b 所示，每相绕组的两个线圈并联连接，电流方向相反，形成二极旋转磁场，双速电动机高速运行。两种接线方式变换使磁极对数减少一半，其转速增加一倍。这种三角形-双星形切换的双速电动机适用于拖动恒功率性质的负载。

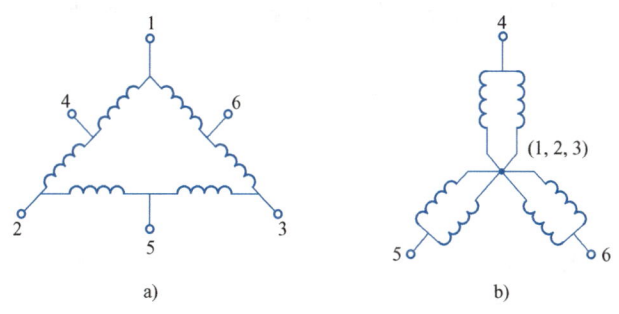

图 4-2　双速电动机定子绕组接线示意图

a）三角形接法　b）双星形接法

## 【任务实施】

## 4.1.3　双速电动机高、低速控制电路

图 4-3 所示为双速电动机高、低速控制电路。若 KM1 单独通电，则双速电动机低速运转。若 KM1 断电，KM2、KM3 同时通电，则双速电动机高速运转。高速和低速必须有互锁。

需要低速运行时，按下低速起动按钮 SB2，KM1 通电并自锁，则双速电动机接成三角形低速运转。若需转换为高速运转时，可直接按下高速起动按钮 SB3 使 KM1 断电，同时 KM2、KM3 线圈通电自锁，双速电动机接成双星形高速运转。按下按钮 SB1，双速电动机停止。（双速电动机高、低速控制电路仿真可扫描二维码 4-2 观看。）

二维码 4-2　双速电动机高、低速控制电路仿真

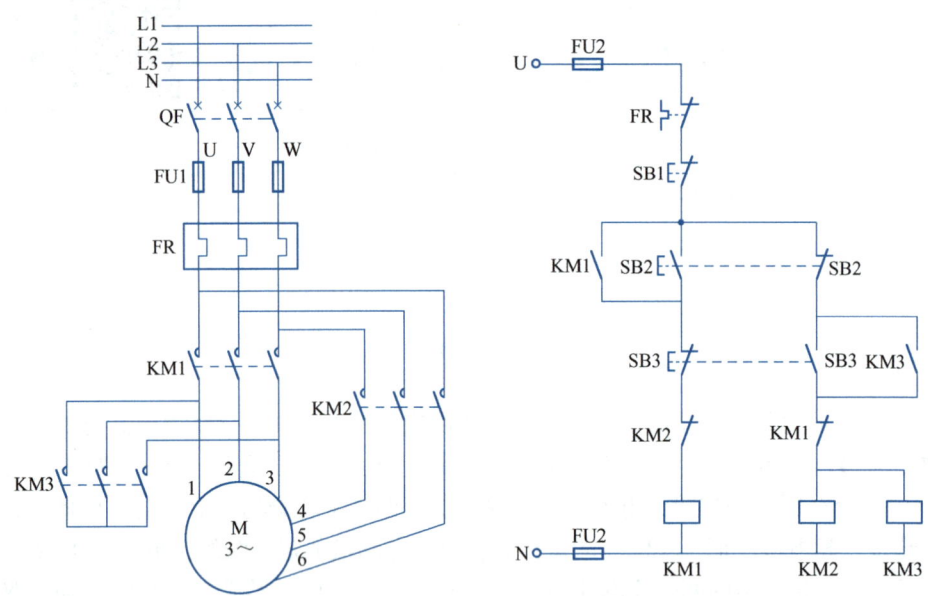

图4-3 双速电动机高、低速控制电路

 **注意**：变极时，电动机旋转磁场的旋转方向会改变，要使电动机仍保持变极前的转向，在变极的同时就要改变电源的相序。

### 4.1.4 小试牛刀

#### 一、填空题

1. 三相异步电动机的调速方法有_____调速、_____调速和_____调速。
2. 双速电动机的调速方法是_____调速。
3. 双速电动机低速运行时接成_____形，高速运行时接成_____形。

#### 二、实操题

按双速电动机高、低速控制电路接线，并通电实验。

## 任务4.2 三相异步电动机的机械制动

## 【任务引入】

所谓制动就是刹车。

当切断电动机的电源后，转子由于惯性将继续转动一定时间后才能停止。在起重机械的提升机构中，如果没有制动器，则所吊起的重物就会因自重而自动加速下降，从而造成设备和人身事故。在铣床中更换铣刀时如果没有制动，锋利多齿的铣刀就会割伤操作人员。

为了提高生产率，保证工作安全可靠，往往要求电动机能迅速而准确地停车，这就要求对电动机进行制动控制。

## 【学习目标】

1）理解机械制动和电气制动的区别。
2）理解通电制动和断电制动的区别。
3）理解电磁抱闸断电制动控制电路的工作原理。
4）理解电磁抱闸通电制动控制电路的工作原理。

## 【相关知识】

### 4.2.1  制动的概念

制动方法有机械制动和电气制动两大类。

电动机切断电源之后，利用机械装置使电动机迅速停止转动的方法称为机械制动。

电气制动是指在电动机转子上产生一个与转动方向相反的制动转矩，使电动机迅速停转。

机械制动与电气制动最本质的区别是：机械制动有一个看得见摸得着的制动装置，而电气制动是完全靠看不见、摸不着的磁场来制动的。

常用的机械制动装置有电磁抱闸、制动电磁铁和电磁离合器等，它们的制动原理基本相同。机械制动又分为断电制动和通电制动。

### 4.2.2  电磁抱闸

电磁抱闸是一种应用很广泛的机械制动装置，它具有较大的制动力，能准确、及时地使被制动的对象停止运动。电磁抱闸的结构如图4-4所示。

电磁抱闸主要包括制动电磁铁和闸瓦制动器两部分。制动电磁铁由铁心、线圈和衔铁3部分组成。闸瓦制动器由闸瓦、闸轮、杠杆与弹簧等部分组成。闸轮与电动机装在同一根转轴上，制动强度可通过调整机械结构来改变。

电磁抱闸可分为断电制动型和通电制动型两种。通电制动型电磁抱闸的弹簧选用拉簧，闸瓦平时处于"松开"状态。断电制动型电磁抱闸的弹簧选用压簧，闸瓦平时处于"抱住"状态。

断电制动型电磁抱闸的性能是：当线圈得电时，闸瓦与闸轮分开，无制动作用；当线圈断电时，闸瓦将紧紧抱住闸轮实现制动。

通电制动型电磁抱闸的性能是：当线圈得电时，闸瓦紧紧抱住闸轮实现制动；当线圈断电时，闸瓦与闸轮分开，无制动作用。

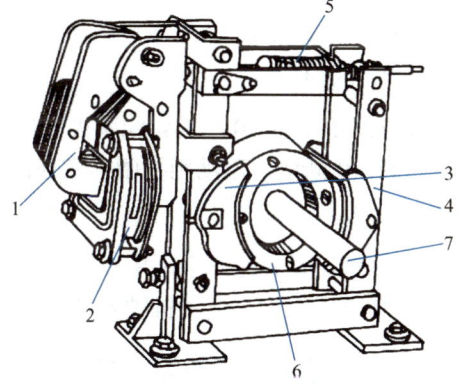

图4-4  电磁抱闸的结构
1—衔铁  2—线圈  3—闸瓦  4—杠杆
5—弹簧  6—闸轮  7—轴

初始状态不同，相应的控制电路也就不同。但无论是通电制动型还是断电制动型，有一个原则是相同的，即电动机在运转时，闸瓦应与闸轮分开；电动机停转时，闸瓦应抱住闸轮。

# 【任务实施】

## 4.2.3 电磁抱闸断电制动控制

在电梯、起重机及卷扬机等升降机械上，采用的制动闸是在断电时处于"抱住"状态的制动装置。其控制电路如图 4-5 所示。

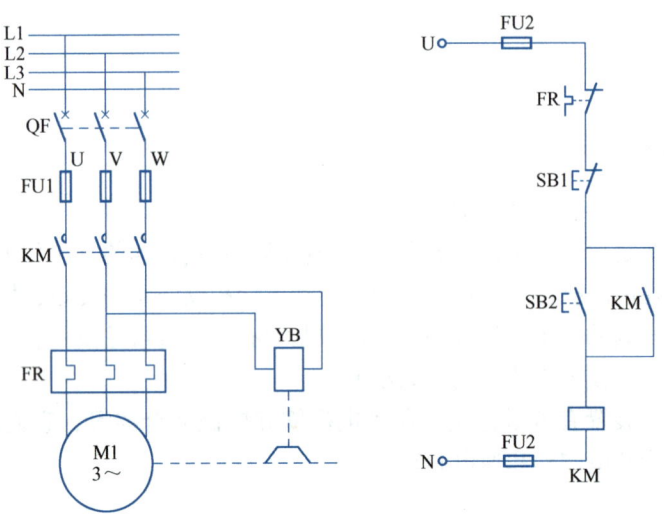

图 4-5 电磁抱闸断电制动控制电路

### 1. 起动过程

合上电源开关 QF，接通控制电路电源，按下起动按钮 SB2，交流接触器 KM 线圈得电并自锁，KM 主触点闭合，电磁抱闸线圈 YB 得电，制动闸松闸，三相异步电动机起动运行。

### 2. 制动过程

按下停止按钮 SB1，KM 线圈失电解除自锁，KM 主触点复位，电动机与电源脱离，电磁抱闸线圈 YB 断电，制动闸抱闸，实现制动。

### 3. 特点

1）这种制动方法不会因中途断电或电气故障的影响而造成事故，比较安全可靠。

2）切断电源后，电动机轴就被制动闸刹住而不能继续转动，不便调整。

## 4.2.4 电磁抱闸通电制动控制

在机床等经常需要调整加工工件位置的机械设备中，采用的制动闸是在平时处于"松开"状态的制动装置。其控制电路如图 4-6 所示。

### 1. 起动过程

合上电源开关 QF，接通控制电路电源，按下起动按钮 SB2，交流接触器 KM1 线圈得电并自锁，KM1 主触点闭合，三相异步电动机起动运行。

### 2. 制动过程

按下停止按钮 SB1，SB1 常闭触点断开，使得 KM1 线圈失电解除自锁，KM1 主触点复位，

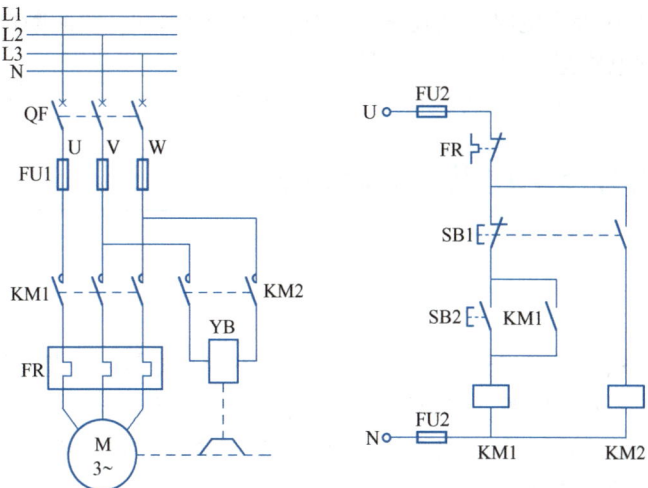

图 4-6　电磁抱闸通电制动控制电路

电动机与电源脱离；SB1 常开触点闭合，使得 KM2 线圈得电，KM2 主触点闭合，使得电磁抱闸线圈 YB 得电，制动闸抱闸，实现制动。

松开 SB1 后，SB1 常开触点复位，KM2 线圈断电，KM2 主触点复位，YB 线圈断电，制动闸松闸，制动停止。

### 3. 特点

1) 在电动机不转动的常态下，电磁抱闸线圈无电流，抱闸与闸轮处于松开状态。如用于机床，在电动机未通电时，可以用手转动主轴以便调整和对刀。

2) 只有将停止按钮 SB1 按到底，接通 KM2 线圈电路时才有制动作用，如只要自然停车而不需要制动时，可不必将 SB1 按到底。这样就可以根据实际需要，掌握制动与否，从而延长电磁抱闸的使用寿命。

## 4.2.5　小试牛刀

### 一、填空题

1. 三相异步电动机的制动方法有 ＿＿＿＿＿＿＿ 和 ＿＿＿＿＿＿＿ 两大类。电动机切断电源之后，利用机械装置使电动机迅速停止转动的方法称为＿＿＿＿制动；在电动机转子上产生一个与转动方向相反的制动转矩，使电动机迅速停转的制动方法称为 ＿＿＿＿ 制动。

2. 机械制动分为 ＿＿＿＿＿＿ 和 ＿＿＿＿＿＿。

### 二、单项选择题

1. 起重机上采用的电磁抱闸制动属于（　　）。

A. 电气制动　　　　B. 反接制动　　　　C. 能耗制动　　　　D. 机械制动

2. 三相异步电动机制动的方法一般有（　　）大类。

A. 2　　　　　　　B. 3　　　　　　　C. 4　　　　　　　D. 5

3. 当电磁抱闸的线圈得电时，闸瓦与闸轮分开，无制动作用；线圈断电时，闸瓦紧紧抱住闸轮实现制动，这种电磁抱闸为（　　）型。

A. 断电制动　　　　B. 通电制动　　　　C. 电气制动　　　　D. 机械制动

4. 当电磁抱闸的线圈得电时，闸瓦紧紧抱住闸轮实现制动；线圈断电时，闸瓦与闸轮分开无制动作用，这种电磁抱闸为（　　）型。

A. 断电制动 　　　　 B. 通电制动 　　　　 C. 电气制动 　　　　 D. 机械制动

## 任务4.3　三相异步电动机的能耗制动

### 【任务引入】

当三相异步电动机断开三相交流电源后，因惯性不能立即停止，此时如果立刻给三相异步电动机定子绕组中接入直流电源，将会使其产生与电动机的转动方向相反的转矩，从而使电动机受到制动而迅速停转，这就是能耗制动。本任务将介绍能耗制动的原理、能耗制动控制中要用到的时间继电器以及能耗制动控制电路的工作原理。

### 【学习目标】

1）理解能耗制动原理。
2）理解时间继电器的动作原理。
3）掌握能耗制动控制电路的工作原理。

### 【任务描述】

三相异步电动机的能耗制动的控制要求如下。
1）按下起动按钮，三相异步电动机起动运行。
2）按下停止按钮，三相异步电动机脱离交流电源后，立刻接入直流电源，开始能耗制动，延时一定时间后，断开直流电源，制动结束。

### 【任务分析】

从控制要求上看，三相异步电动机脱离交流电源后立刻接入直流电源，就开始了能耗制动。那么该直流电源到底对电动机做了什么呢？要回答这个问题，必须先弄明白能耗制动的原理。另外，能耗制动是有时间要求的，延时一定时间后，要断开直流电源，以免下次电动机不能正常起动。能耗制动的时间是由一种新的低压电器——时间继电器来控制的。

### 【相关知识】

#### 4.3.1　能耗制动原理

这种制动方法在电动机脱离三相交流电源后，立即将任意两相定子绕组接入直流电源，直流电流在定子中产生一个恒定的静止磁场，而转子由于惯性会继续按原方向转动，如图4-7所示。假设静止磁场上面是N极，下面是S极，转子惯性旋转的方向为顺时针。

因惯性转动的转子切割了静止磁场的磁力线，在转子绕组中会

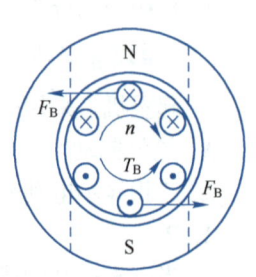

图4-7　能耗制动
原理示意图

产生感应电流。根据右手定则（伸出右手，让磁力线垂直穿过掌心，让拇指与其余四指在一个平面内垂直，拇指指向切割磁力线的速度方向，则四指的方向就是感应电流的方向。）可以判断出：感应电流在接近 N 极的地方是垂直纸面向里的，在接近 S 极的地方是垂直纸面向外的。

通电的转子导体在磁场中要受到电磁力的作用。根据左手定则（伸出左手，让磁力线垂直穿过掌心，让拇指与其余四指在一个平面内垂直，让四指指向感应电流方向，则拇指的指向即为受力方向。）不难确定，上面的导体受力方向向左，下面的导体受力方向向右。这样的一对力形成了一个逆时针的转矩 $T_B$，它与电动机的旋转方向相反，因而是制动转矩。

在制动转矩的作用下，电动机迅速停止转动。当电动机停转时，由于转子和固定磁场没有相对运动，转子绕组中没有感应电动势和感应电流产生，制动转矩随之消失。这种方法是通过将转子因惯性具有的动能全部转换成转子绕组的热能消耗掉来进行制动的，故称为能耗制动。能耗制动消耗的是转子的动能，直流电源只是用来产生固定磁场，并不需要很大功率。

对于三相异步电动机来说，增大制动转矩只能靠增大通入电动机的直流电流来实现。而通入电动机的直流电流如果太大，将会烧坏定子绕组。能耗制动所需的直流电压和直流电流通常可按下面的经验公式进行计算：

$$I_{DC} = 1.5 I_N \tag{4-2}$$

$$U_{DC} = I_{DC} R \tag{4-3}$$

式中　$I_{DC}$——能耗制动时所需的直流电流（A）；

　　　$I_N$——电动机的额定电流（A）；

　　　$U_{DC}$——能耗制动时所需的直流电压（V）；

　　　$R$——电动机绕组的冷态电阻（Ω）。

## 4.3.2　时间继电器

时间继电器是在感受到外界信号后，其执行部分需要延迟一定时间才动作的一种继电器。时间继电器种类很多，常用的有电磁式、空气阻尼式、电动式和晶体管式等。在机床控制电路中应用最普遍的是空气阻尼式时间继电器。

空气阻尼式时间继电器是利用空气阻尼作用获得延时的，有通电延时和断电延时两种类型，如图 4-8 所示。下面以通电延时型时间继电器为例分析其工作原理，视频讲解可扫二维码 4-3 观看。

二维码 4-3　时间继电器工作原理

线圈 1 通电后，铁心 2 将衔铁 3 吸合，推板 5 使微动开关 16 立即动作（所以微动开关 16 中的两对触点为瞬动触点），同时活塞杆 6 在塔形弹簧 8 的作用下，带动与活塞 12 相连的橡皮膜 10 向上移动。由于橡皮膜下面气室空气压力减小，橡皮膜上面气室空气压力变大，活塞杆只能缓慢上移。经过一定时间后，杠杆 7 才能压动微动开关 15，使其常闭触点断开，常开触点闭合。可见，从电磁线圈通电开始到微动开关 15 动作，中间经过了一定的延时。延时的长短可以通过调节螺钉 13 调节换气孔 14 的大小来改变。当电磁线圈断电后，衔铁被释放，衔铁顶动活塞杆并压缩波纹状气室，空气经由换气孔排出。因此，断电是不延时的。

概括一下通电延时型时间继电器的动作原理：线圈通电，瞬动常闭触点立即断开，瞬动常开触点立即闭合，延时闭合的常开触点延时一定时间闭合，延时断开的常闭触点延时一定时间断开；线圈断电，所有触点立即复位。

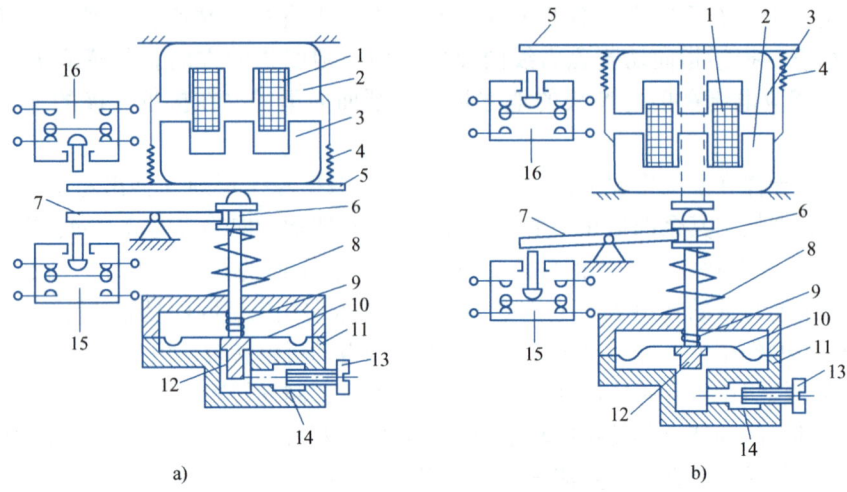

图 4-8 空气阻尼式时间继电器的延时原理

a) 通电延时型 b) 断电延时型

1—线圈 2—铁心 3—衔铁 4—反作用弹簧 5—推板 6—活塞杆 7—杠杆 8—塔形弹簧
9—弹簧 10—橡皮膜 11—气室 12—活塞 13—调节螺钉 14—换气孔 15、16—微动开关

　　将通电延时型时间继电器的电磁机构和微动开关翻转 180° 安装即成为断电延时型时间继电器，它的工作原理与通电延时型时间继电器相似，读者可自行分析。

　　空气阻尼式时间继电器的延时范围较大，可达 0.4～180 s，具有结构简单、易构成通电延时型和断电延时型、调整简便、价格较低等优点，其使用较广，但延时精度较低，一般用于精度要求不高的场合。时间继电器的符号如图 4-9 所示，符号说明可扫二维码 4-4 观看。

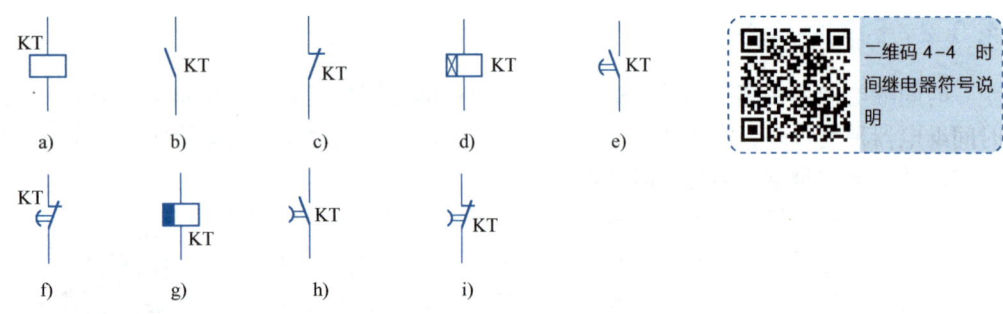

二维码 4-4 时间继电器符号说明

图 4-9 时间继电器的符号

a) 线圈一般符号 b) 瞬动常开触点 c) 瞬动常闭触点 d) 通电延时线圈 e) 延时闭合常开触点
f) 延时断开常闭触点 g) 断电延时线圈 h) 延时断开常开触点 i) 延时闭合常闭触点

## 【任务实施】

### 4.3.3 电动机单向运行能耗制动控制

　　如图 4-10 所示为电动机单向运行能耗制动控制电路。图中接触器 KM1 的 3 对主触点控制三相交流电源的接入，KM2 的两对主触点将直流 48 V 电源接入电动机定子绕组。注意：交流电源和直流电源不能同时加在电动机上，否则会将电动机烧毁。

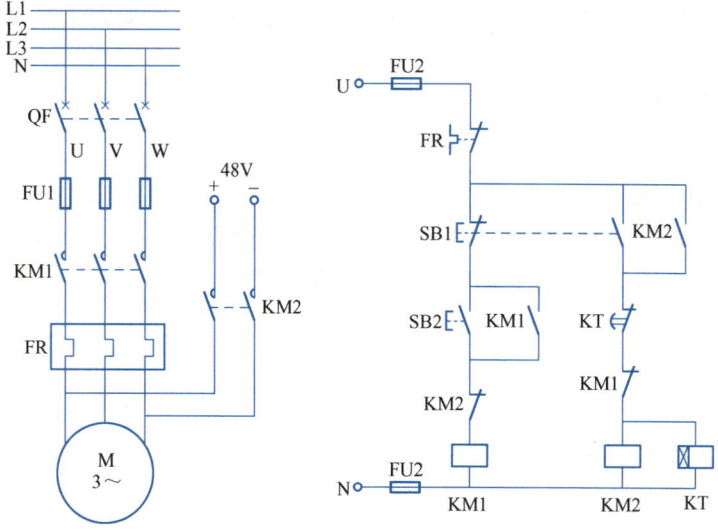

图4-10　电动机单向运行能耗制动控制

### 1. 起动过程

合上电源开关 QF，按下起动按钮 SB2，接触器 KM1 线圈通电并自锁，KM1 主触点闭合，电动机接通三相交流电源起动，同时 KM1 的常闭触点断开，防止 KM2 线圈通电。

### 2. 制动控制

停车时，按下停止按钮 SB1，SB1 的常闭触点先断开，使接触器 KM1 线圈断电解除自锁，KM1 主触点复位使电动机与三相交流电源脱离，KM1 常闭触点复位，为制动做准备。将停止按钮 SB1 按到底后，SB1 的常开触点闭合，使接触器 KM2 线圈得电并自锁，同时时间继电器 KT 线圈得电；KM2 主触点闭合，电动机定子绕组接入直流电源，开始自动进行能耗制动。延时一段时间，时间继电器 KT 的常闭触点断开，使 KM2 线圈断电解除自锁，KM2 主触点断开并切断直流电源，电动机停转，制动结束。能耗制动控制电路的仿真可扫描二维码4-5观看。

在控制电路中，由时间继电器按时间原则实现从一个状态到另一个状态的自动切换，这种控制方式叫作时间控制原则。[时间继电器是最有时间观念的低压电器，定时时间到，该断开的断开，该接通的接通，你能从中领悟到什么？]

二维码4-5　能耗制动控制电路仿真

### 3. 能耗制动的特点

能耗制动时，制动转矩随电动机的惯性转速变慢而减小，因而制动平稳，冲击力小；缺点是需附加直流电源，制动转矩小，制动速度较慢。

## 4.3.4　小试牛刀

### 一、填空题

1. 能耗制动采取的措施是在电动机脱离三相交流电源后，立即接入_____，然后就开始自动进行制动。

2. 在控制电路中，时间继电器按照时间原则实现一个状态到另一个状态的自动切换，这种控制方式叫作_____。

3. 能耗制动的优点是制动_____, 冲击_____, 缺点是需要附加直流电源, 制动转矩_____, 制动速度_____。

4. 时间继电器按延时方式可分为_____型和_____型。

### 二、单项选择题

1. 时间继电器的作用是 (　　　　)。

A. 短路保护　　　B. 过电流保护　　　C. 延时通断主电路　　　D. 延时通断控制电路

2. 下列时间继电器的触点中是断电延时闭合的为 (　　　　)。

    A.     B.     C.     D.

3. 下列时间继电器的触点中是断电延时断开的为 (　　　　)。

    A.     B.     C.     D.

4. 能耗制动是将正在运转的电动机从交流电源上切除后, (　　　　)。

A. 在定子绕组中串入电阻　　　　　　B. 在定子绕组中通入直流电流

C. 重新接入反相序电源　　　　　　　D. 以上说法都不正确

### 三、设计题

某三相异步电动机, 可以正、反转, 停车时采用能耗制动。试设计该控制电路, 要有必要的保护。

## 任务4.4 　三相异步电动机的反接制动

## 【任务引入】

反接制动是指制动时, 将电动机的三根电源线的任意两根对调, 使定子旋转磁场反向, 在转子上产生一个与转向相反的制动转矩, 迫使电动机的转速迅速下降。注意当转速接近零时, 应切断反接电源, 否则电动机会反转。

反接制动的制动力大, 制动效果好, 但由于制动过程中冲击大, 制动电流大, 会对生产机械造成一定的机械冲击。

## 【学习目标】

1) 理解反接制动原理。

2) 理解速度继电器的动作原理。

3) 掌握反接制动控制电路的工作原理。

## 【任务描述】

三相异步电动机的反接制动的控制要求如下。

1）按下起动按钮，三相异步电动机起动运行。

2）按下停止按钮，三相异步电动机接入反相序电源，迅速制动。待转速接近零时，断开反相序电源，制动结束。

## 【任务分析】

从控制要求上看，按下停止按钮后，三相异步电动机要接入反相序电源。其实不必增加电源，只需增加一个交流接触器，仿照正、反转的主电路，两个交流接触器反相序并联即可，一个起动时工作，另一个制动时工作。但是要考虑到，同步转速从原来的正转最大值突然变为反转的最大值，速度差几乎等于原来的二倍。也就是说导体切割磁力线的速度很大，导致制动时主电路的电流非常大，因此制动时必须串联电阻来限制电流。

另外，制动时还要求待转速接近零时，必须断开反相序电源，否则电动机就会反转。如果用时间继电器来控制，这个时间要掌握得非常准确才行，稍微长一点，电动机就会反转；稍微短一点，电动机转速可能还很高。在实际应用中，反接制动都是用速度继电器来断开反相序电源的。

## 【相关知识】

### 4.4.1　速度继电器

速度继电器是一种反映转速和转向的继电器，主要用作电动机的反接制动控制，故又称为反接制动继电器。图 4-11 为速度继电器的结构和符号。

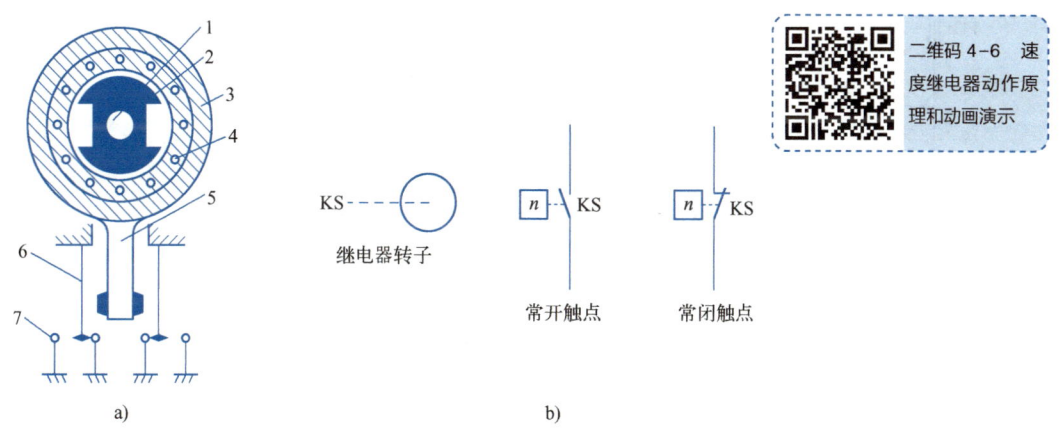

二维码 4-6　速度继电器动作原理和动画演示

图 4-11　速度继电器的结构和符号
a）结构　b）符号
1—转轴　2—转子　3—定子　4—绕组　5—胶木摆杆　6—动触点　7—静触点

速度继电器是利用电磁感应原理将电动机的转速作为输入信号来控制触点动作的电器，是当转速达到规定值时动作的继电器。速度继电器由转子、定子及触点 3 部分组成。速度继电器的转子用永久磁铁制成，其轴与被控电动机的轴相连接，用于接收转速信号。速度继电器的定子有两层，外边一层是机壳和机座，完全不能动，里边一层安装有笼型导体和胶木摆杆，可小幅摆动。速度继电器的触点有动触点和静触点之分，又有常闭触点和常开触点之分，还有正向触点和反向触点之分。

使用时，将速度继电器转子的轴与电动机轴用联轴器连接起来。当电动机起动旋转时，速度继电器的转子随之转动，在空间中形成一个旋转磁场，于是定子内层的笼型导体便切割磁力线而产生感应电流，此电流与旋转磁场作用产生电磁转矩，使定子内层随转子旋转方向转动。当电磁转矩（电动机转速）足够大时，胶木摆杆摆动幅度也足够大到使常闭触点分断、常开触点闭合。当电动机转速低于某一值时，定子产生的转矩减小，触点在弹簧作用下复位。

一般速度继电器的动作转速为 120～140 r/min，复位转速为 100 r/min。（速度继电器的动画演示可扫二维码 4-6 观看。）

## 【任务实施】

### 4.4.2 电动机单向反接制动控制电路

反接制动控制电路如图 4-12 所示。图中主电路由接触器 KM1 和 KM2 两组主触点构成不同相序的接线；R 为反接制动电阻，用来限制电流；KS 为速度继电器，其转子与电动机同轴相连。

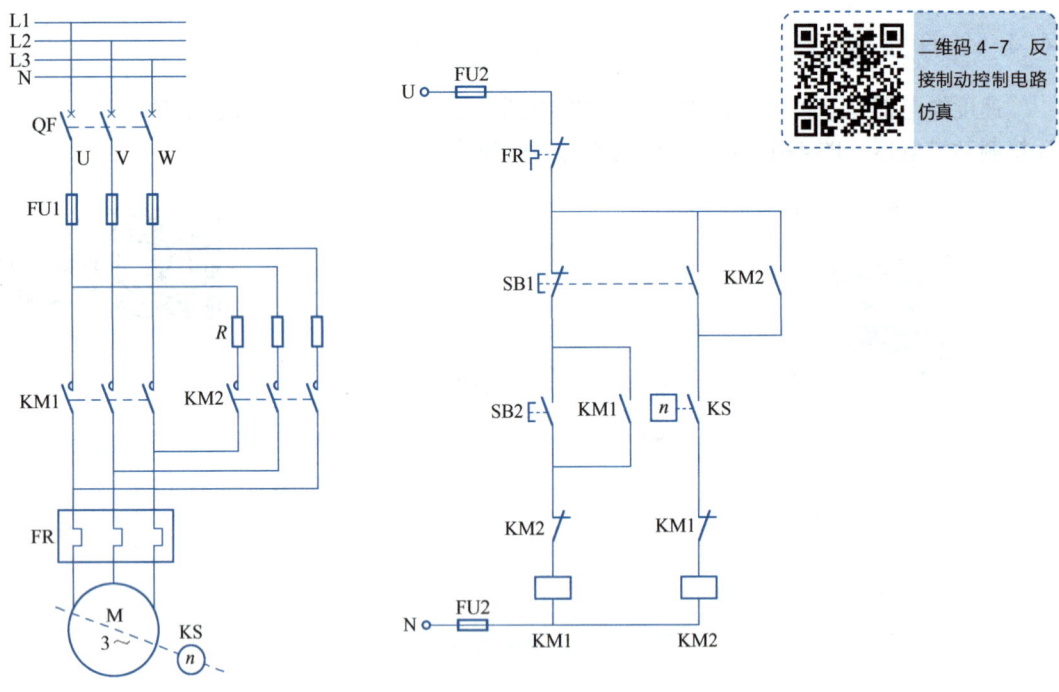

二维码 4-7 反接制动控制电路仿真

图 4-12 反接制动控制电路

#### 1. 起动过程

当合上电源开关 QF，按下起动按钮 SB2 时，KM1 线圈通电并自锁，KM1 主触点闭合，电动机接通正相序电源（U—V—W）并带动速度继电器 KS 的转子一起旋转。当电动机转速达到 120 r/min 时，速度继电器 KS 的常开触点闭合，为反接制动做准备。

### 2. 制动过程

当需要停车时，按下停止按钮 SB1，SB1 常闭触点断开使 KM1 线圈断电并解除自锁，KM1 主触点复位使电动机与正相序电源断开，KM1 常闭触点复位为制动做准备。将停止按钮 SB1 按到底，SB1 的常开触点闭合，使 KM2 线圈通电并自锁；KM2 主触点闭合，使电动机串电阻 R 接通反相序电源（W—V—U），开始进行反接制动；电动机的转速迅速下降，当电动机转速下降到 100 r/min 时，速度继电器 KS 的常开触点复位，使 KM2 线圈断电并解除自锁，KM2 主触点复位，将电动机与反相序电源断开，防止电动机反转，制动结束。（反接制动控制电路的仿真可扫二维码 4-7 观看。）

在控制电路中，由速度继电器按速度原则实现从一个状态到另一个状态的自动切换，这种控制方式叫作速度控制原则。

### 3. 反接制动的特点

反接制动的优点是制动力强，制动时间短；缺点是能量损耗大，制动时冲击力大。但是这种制动方式采用转速为变化参量，用速度继电器检测转速信号，能够准确地反映转速，不受外界干扰，制动效果好。

速度继电器在电动机被制动时才发挥作用，但在起动时就已做好了准备，这份坚持精神在如今快节奏的社会实属难得。大道至简，贵在坚持。认定目标后，就要坚持不懈地走下去，定会有成功的一天。

## 4.4.3　小试牛刀

### 一、填空题

1. 举出 3 种实现电路自动切换的原则：_____、_____和_____。

2. 在三相异步电动机的反接制动控制电路中，通常优先考虑_____原则；在能耗制动控制电路中，通常优先考虑_____原则。

3. 一般速度继电器的动作转速为_____，复位转速为_____。

### 二、单项选择题

1. 三相笼型异步电动机反接制动是将正在运转的电动机从交流电源上切除后，（　　）。

A. 在定子绕组中串入电阻　　　　　B. 在定子绕组中通入直流电流

C. 重新接入反相序电源　　　　　　D. 以上说法都不正确

2. 三相异步电动机在运转中，把定子两相反接，则转子的转速会（　　）。

A. 升高　　　　　　　　　　　　　B. 降低，一直到停转

C. 下降到零后再反向旋转　　　　　D. 下降到某一稳定转速

3. 电动机反接制动时，当电动机转速接近于零时，就应立即切断电源，防止（　　）。

A. 电流增大　　B. 电动机过载　　C. 发生短路　　D. 电动机反向转动

4. 反接制动继电器指的是（　　）。

A. 时间继电器　　B. 速度继电器　　C. 过电流继电器　　D. 热继电器

### 三、找错题

某人设计的具有短路、过载保护的三相异步电动机反接制动控制电路如图 4-13 所示，图

中有若干处错误，请指出来。

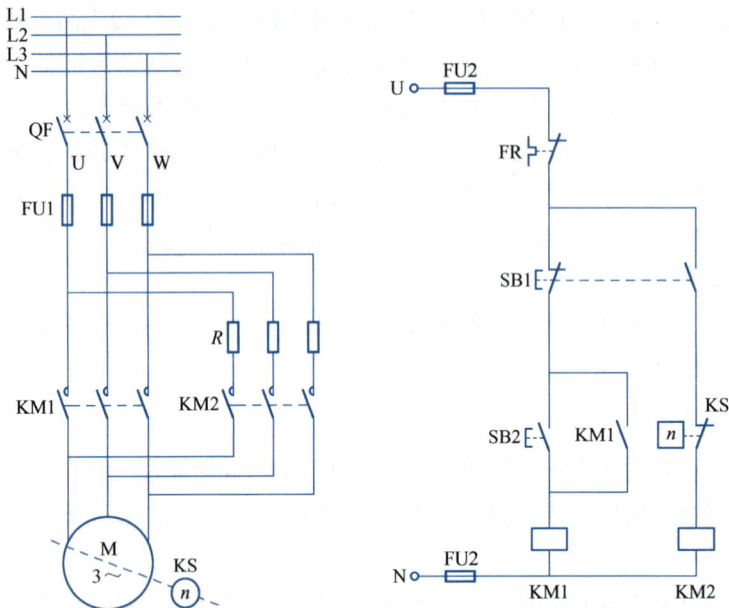

图 4-13　错误的反接制动控制电路

# 三相异步电动机的减压起动控制

## 项目要点

- 三相异步电动机的丫-△减压起动。
- 三相异步电动机的定子回路串电阻减压起动。

### 任务 5.1　三相异步电动机的丫-△减压起动

## 【任务引入】

起动时降低加在定子绕组上的电压，从而减小起动电流；待电动机达到额定转速时再加至额定电压使之全压运行，这种起动方法称为减压起动。

减压起动的主要目的是限制起动电流，但同时也限制了起动转矩，因此，这种方法只适用于轻载或空载情况下起动。常用的减压起动方法有丫-△减压起动和定子回路串电阻减压起动。本任务介绍丫-△减压起动。

## 【学习目标】

1）理解丫-△减压起动原理。
2）理解丫-△减压起动控制电路的工作原理。

## 【任务描述】

三相异步电动机的丫-△减压起动控制要求如下。

1）按下起动按钮，三相异步电动机接成丫，开始减压起动，延时一段时间后，自动转成△联结，开始全压运行。

2）按下停止按钮，三相异步电动机停止运行。

## 【相关知识】

### 5.1.1　丫-△减压起动原理

同一台电动机接到同一个交流电源上，电动机采用丫联结时和采用△联结时的线电流是不同的，如图 5-1 所示。经过计算可知，丫联结时的线电流是△联结时线电流的 1/3。

这样来看，起动时，先将定子绕组改接成星形，将会大幅降低起动电流；待电动机转速升高后，再将绕组接成三角形，使其在额定电压下运行即可。

采用丫-△减压起动时，可以有效降低起动电流，但起动转矩也跟着下降了，因此只适用于轻载或空载起动的场合。

丫-△减压起动只适用于正常运转时定子绕组作三角形联结的电动机。表面上看好像限制了它的使用范围，但实际上 Y 系列笼型异步电动机功率在 3 kW 以上的定子绕组均为 △ 联结，而减压起动一般都是 10 kW 以上电动机才需要。

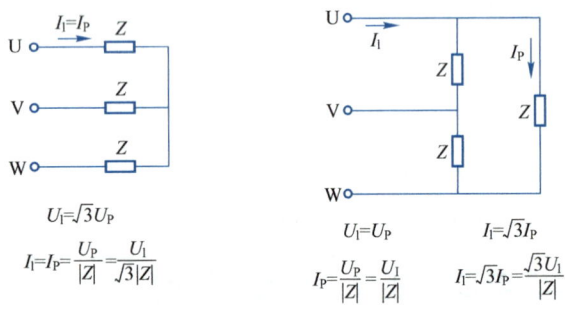

图 5-1　电动机丫联结和△联结的线电流对比

# 【任务实施】

## 5.1.2　丫-△减压起动控制电路

丫-△减压起动控制电路如图 5-2 所示。主电路中有 3 个交流接触器，其中 KM3 主触点闭合时将电动机接成丫，KM2 主触点闭合时将电动机接成△。不管电动机接成丫还是△，都需要 KM1 的主触点闭合才能接通三相交流电源。另外，KM2 和 KM3 的主触点不允许同时接通，否则会通过 KM1 主触点将电源短路。

### 1. 起动过程

合上电源开关 QF，按下起动按钮 SB2，接触器 KM1 线圈通电并自锁，同时时间继电器 KT、接触器 KM3 线圈通电，KM1 和 KM3 的主触点闭合，使电动机接成丫开始减压起动。KM3 常闭触点断开，实现互锁。经过一段时间后，KT 的延时动作常闭触点断开，KM3 线圈断电，KM3 触点复位，KT 的延时动作常开触点闭合，使 KM2 线圈通电并自锁，KM2 常闭触点断开，实现互锁，KM2 主触点接通，电动机转接成△，实现全压运行。

图 5-2 中还有一处细节需要注意，就是 KM2 的常闭触点断开实现互锁的同时，也使时间继电器 KT 断电了。此时电动机已转接成△全压运行，KT 的使命已经完成，使其断电既能节约用电，又可延长其使用寿命。KT 断电后，其常开触点复位，所以在 KT 常开触点两端并联了 KM2 的自锁触点。

### 2. 停止过程

按下停止按钮 SB1，KM1 和 KM2 均失电，三相异步电动机停止。丫-△减压起动控制电路仿真可扫描二维码 5-1 观看。

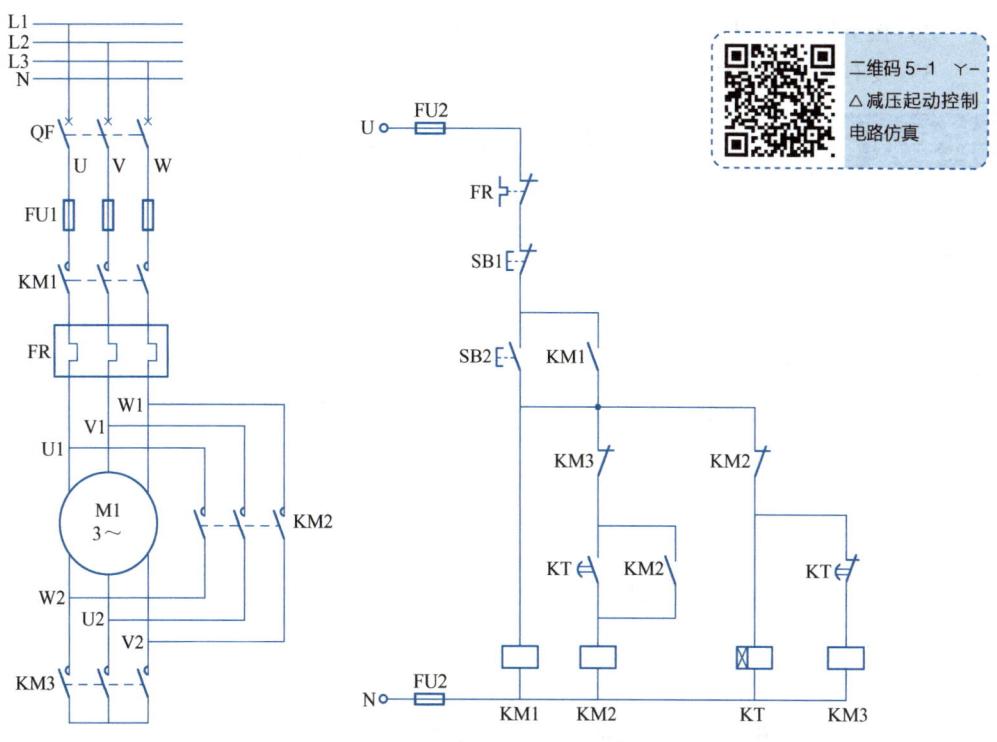

图 5-2　Y-△减压起动控制电路

## 5.1.3　小试牛刀

### 一、填空题

1. 减压起动的主要目的是减小_____，但同时也限制了起动转矩，因此，这种方法只适用于_____或_____情况下起动。

2. Y-△减压起动的原理是：起动时先将定子绕组改接成_____，使加在每相绕组上的电压降低从而降低_____；待电动机转速升高后，再将绕组接成_____，使其在额定电压下运行。这种方法只适用于正常运转时定子绕组作_____联结的电动机。

3. 采用 Y-△减压起动时，起动电流和起动转矩都减小为直接起动时的_____。

### 二、单项选择题

1. 三相异步电动机采用 Y-△减压起动时，下列描述中（　　）是错误的。

A. 正常运行时作△联结　　　　　　B. 起动时作 Y 联结

C. 可以减小起动电流　　　　　　　D. 适合要求重载起动的场合

2. 采用 Y-△减压起动的电动机，正常工作时定子绕组接成（　　）。

A. 三角形　　　　　　　　　　　　B. 星形

C. 星形或三角形　　　　　　　　　D. 定子绕组中间带抽头

### 三、设计题

设计三相异步电动机正、反转 Y-△减压起动控制电路，控制要求如下。

1）三相异步电动机不管是正转起动还是反转起动，都是先接成 Y 减压起动，延时一段时间后，再自动转成△联结全压运行。

2）按下停止按钮，三相异步电动机停止运行。

3）要有必要的电气保护。

## 任务 5.2　三相异步电动机定子串电阻减压起动

## 【任务引入】

定子串电阻减压起动是在电动机起动时，在三相定子回路中串入电阻，起动时电阻上产生电压降，使实际加到电动机定子绕组上的电压降低，从而限制了起动电流，待电动机转速上升到一定数值时，再将串联的电阻切除，使电动机在额定电压下稳定运行。

## 【学习目标】

1）理解定子串电阻减压起动原理。

2）理解定子串电阻减压起动控制电路工作原理。

## 【任务描述】

三相异步电动机的定子串电阻减压起动控制要求如下。

1）按下起动按钮，三相异步电动机的定子回路串入起动电阻，开始减压起动，延时一段时间后，自动将起动电阻切除，开始全压运行。

2）按下停止按钮，三相异步电动机停止运行。

## 【任务实施】

### 5.2.1　定子串电阻减压起动控制方案 1

三相异步电动机定子串电阻减压起动控制方案 1 如图 5-3 所示，仿真可扫描二维码 5-2 观看。主电路中有两个交流接触器，当合上电源开关 QF 之后，如果 KM1 主触点闭合且 KM2 断电时，电阻 R 串入三相异步电动机定子回路，电动机串电阻减压起动。当 KM2 主触点闭合时，不管 KM1 状态如何，电阻 R 都被短接切除，电动机全压运行。

#### 1. 起动过程

合上电源开关 QF，按下起动按钮 SB2，接触器 KM1 线圈通电并自锁，KM1 主触点闭合，使电动机定子串电阻 R 开始减压起动。同时时间继电器 KT 线圈通电开始延时，等设定的延时时间一到，KT 的延时动作常开触点闭合，使 KM2 线圈通电，KM2 主触点闭合，起动电阻 R 被切除，电动机全压运行。

#### 2. 停止过程

按下停止按钮 SB1，接触器 KM1、KM2 和时间继电器 KT 均失电，KM1、KM2 主触点断开，电动机停止运行。

图 5-3 中，当电动机全压运行时，接触器 KM1、KM2 和时间继电器 KT 线圈都处于长期通电状态。而实际上，此时 KM1 和 KT 线圈的通电是没必要的，这样不仅会消耗电能，同时

也会缩短电器的使用寿命，并且会增加故障发生的概率。因此需要考虑对其进行改进，以避免上述现象的发生。

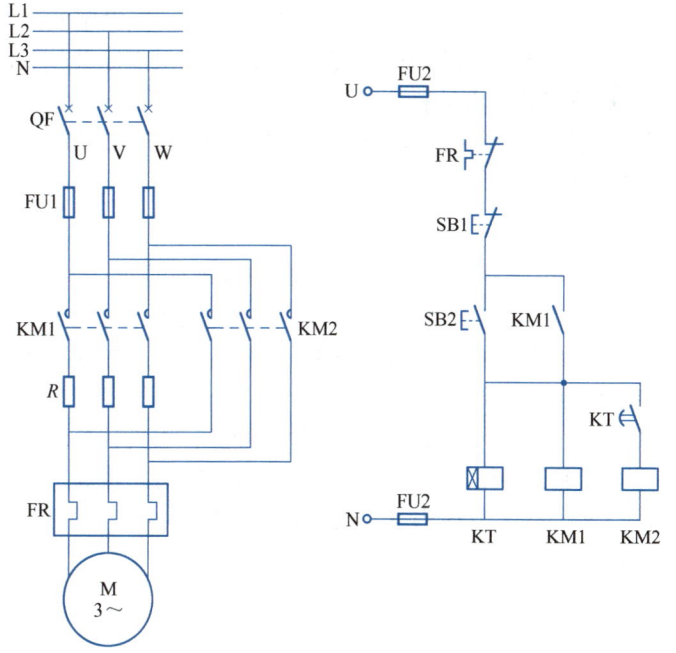

二维码 5-2　定子串电阻减压起动控制方案 1 仿真

图 5-3　定子串电阻减压起动控制方案 1

## 5.2.2　定子串电阻减压起动控制方案 2

三相异步电动机定子串电阻减压起动控制方案 2 如图 5-4 所示，仿真可扫描二维码 5-3 观看。主电路与方案 1 相同，控制电路有所区别。

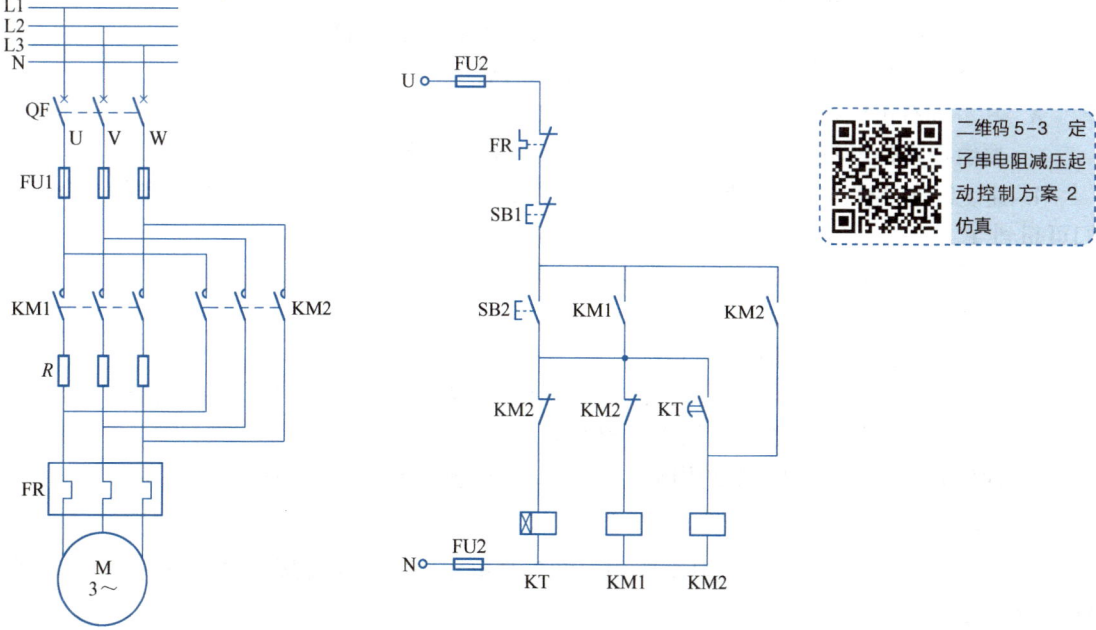

二维码 5-3　定子串电阻减压起动控制方案 2 仿真

图 5-4　定子串电阻减压起动控制方案 2

### 1. 起动过程

合上电源开关 QF，按下起动按钮 SB2，接触器 KM1 线圈通电并自锁，KM1 主触点闭合，使电动机定子串电阻 R 开始减压起动。同时时间继电器 KT 线圈通电开始延时，等设定的延时时间一到，KT 的延时动作常开触点闭合，使 KM2 线圈通电并自锁，KM2 常闭触点断开使 KT、KM1 失电，KM2 主触点闭合，起动电阻 R 被切除，电动机全压运行。

方案 2 中，当起动完毕后电动机全压运行时，只有 KM2 得电，KM1 和 KT 均已断电。这样做既能节约用电，又能延长 KM1 和 KT 的使用寿命，一举两得。

### 2. 停止过程

按下停止按钮 SB1，接触器 KM2 线圈断电，KM2 主触点断开，电动机停止运行。

这种起动方式不受电动机接线方式的限制，设备简单，常用于中、小型设备，也用于限制机床点动调整时的起动电流。但是，由于存在起动电阻，将使控制柜体积增大，电能损耗变大。对于大容量电动机，往往采用串接电抗器来实现减压起动。

说到节约用电，我们可从身边小事做起。白天光源充足时，尽量不开灯；人员较少时，尽量少开灯；努力做到人走灯灭，杜绝长明灯现象；使用空调时，应适当关闭门窗，将温度设置在 26℃ 以上；避免无人时空调、电风扇空转。除了节约用电，我们也要节约用水、节约粮食，杜绝浪费，为节能减排贡献一份自己的力量。

## 5.2.3　小试牛刀

### 一、多选题

1. 在电器完成工作使命后使其断电，这样做可以（　　）。

A. 节约用电　　　　　　　　　　　B. 延长电器的使用寿命

C. 让电路工作不正常　　　　　　　D. 影响下一次使用

2. 对于定子串电阻减压起动控制电路，下列描绘中（　　）是正确的。

A. 起动时定子回路串电阻　　　　　B. 起动完毕将电阻切除

C. 可减小起动电流　　　　　　　　D. 可提高功率因数

3. 三相异步电动机的正、反转控制电路带来的启示有（　　）。

A. 凡事都有正反两面　　　　　　　B. 要有辩证思维

C. 要懂得换位思考　　　　　　　　D. 做人一定要守时

4. 速度继电器在电动机被制动时才发挥作用，但在电动机起动时就已做好准备，由此我们可想到（　　）。

A. 养兵千日，用兵一时　　　　　　B. 机会总是留给有准备的人

C. 大道至简，贵在坚持　　　　　　D. 没必要，纯属浪费

5. 从熔断器身上能想到什么？（　　）

A. 短路保护　　　B. 大局意识　　　C. 无私奉献　　　D. 欠电压保护

6. 从时间继电器在电路中的作用上能想到（　　）。

A. 时间观念　　　B. 节约用电　　　C. 遵规守纪　　　D. 自由自在

### 二、简答题

1. 在定子串电阻减压起动控制电路中，对于主电路中两个交流接触器并联的相序有何要求？为什么？

2. 有人说，定子串电阻减压起动的目的是提高功率因数，这种说法对吗？为什么？

# 项目 6 | 两台电动机顺序起、停控制

## 项目要点

- 手动顺序起、停控制。
- 自动顺序起、停控制。

### 任务 6.1 | 按钮手动顺序起、停控制

## 【任务引入】

一个好的团队，成员们不能各干各的，为了达成共同的目标，一定要有团队协作精神。工作生活如此，生产实际也一样。有很多机电设备上都安装了多台电动机，为了满足工作安全可靠和加工工艺的要求，往往要求几台电动机的起动与停止必须按一定的先后顺序进行，这种控制方式称为电动机的顺序控制。

顺序控制按操作方式可分为按钮手动顺序控制和时间继电器自动顺序控制两种，按顺序要求的时间点可分为顺序起动控制和顺序停止控制。本任务介绍按钮手动顺序起、停控制。

## 【学习目标】

1）掌握两台电动机单向运转的按钮手动顺序起、停控制电路的工作原理。
2）理解两台电动机正、反转的按钮手动顺序起、停控制电路的工作原理。

## 【任务描述】

按钮手动顺序起、停的控制要求如下。

1）有两台电动机，分别为 M1 和 M2。

2）起动时必须先起动 M1，只有 M1 起动完毕之后 M2 才能起动；如果不按顺序操作，则电路没有反应。

3）M1 和 M2 都起动后，停车时必须先停 M2，M2 停完之后 M1 才能停；如果不按顺序操作，两台电动机都停不了（断开电源开关除外）。

4）设置必要的电气保护。

# 【任务实施】

## 6.1.1 单向运转顺序起、停控制

两台电动机单向运转的按钮手动顺序起、停控制电路如图6-1所示。从图中可看出，M1由交流接触器KM1控制单向运转，由热继电器FR1作长期过载保护；M2由交流接触器KM2控制单向运转，由热继电器FR2作长期过载保护；FU1作主电路的短路保护；FU2作控制电路的短路保护。

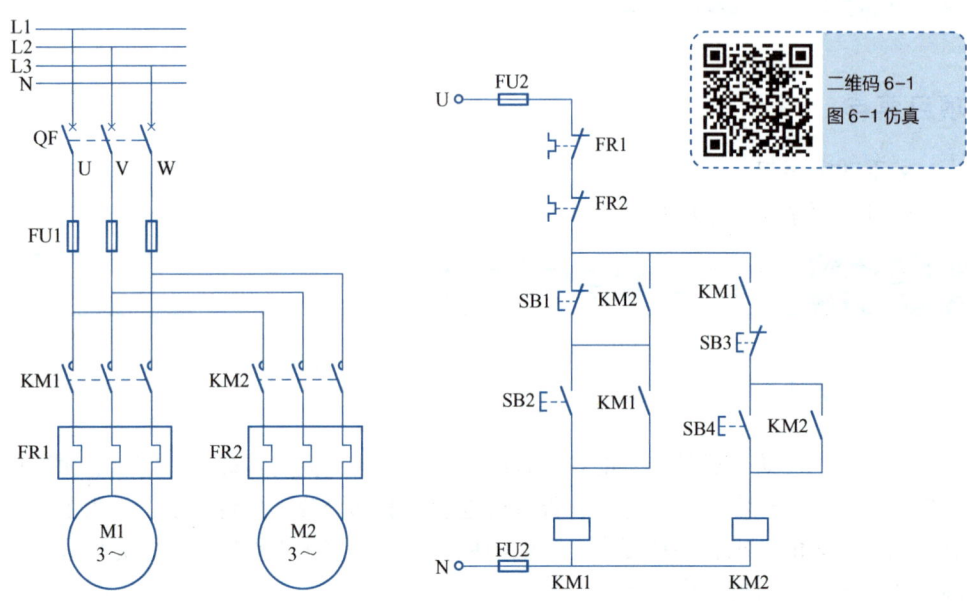

图6-1 两台电动机单向运转的按钮手动顺序起、停控制电路

控制电路是在两个自锁电路的基础上增加了两对触点，其动作原理如下。

### 1. 顺序起动控制

图6-1所示电路能实现顺序起动的关键是在KM2线圈通电支路中串入了KM1的辅助常开触点。在M1未起动即KM1线圈未得电时，由于KM1的辅助常开触点不通，所以即使按下SB4，也不能让KM2线圈得电，电动机M2也就无法起动。所以只能先按下SB2，使KM1线圈通电并自锁，KM1主触点吸合，M1先起动；这样串在KM2线圈支路的KM1辅助常开触点闭合后，再按下SB4，KM2线圈才能通电并自锁，KM2主触点吸合，电动机M2起动。

### 2. 顺序停止控制

图6-1所示电路还能实现顺序停止，关键是在SB1两端并联了KM2的辅助常开触点。KM2线圈通电后，并联在SB1两端的KM2的辅助常开触点吸合，使SB1失去作用，M1无法先停止；只有先按下SB3使KM2线圈失电，M2停止后，KM2的辅助常开触点复位，再按下SB1，方可使KM1线圈失电，M1停止。

两台电动机单向运转的按钮手动顺序起、停控制电路的仿真可扫描二维码6-1观看。

## 6.1.2 正、反转顺序起、停控制

两台电动机正、反转的按钮手动顺序起、停控制电路如图6-2所示。由主电路可看出，

M1 由 KM1 控制其正转，由 KM2 控制其反转；M2 由 KM3 控制其正转，由 KM4 控制其反转。

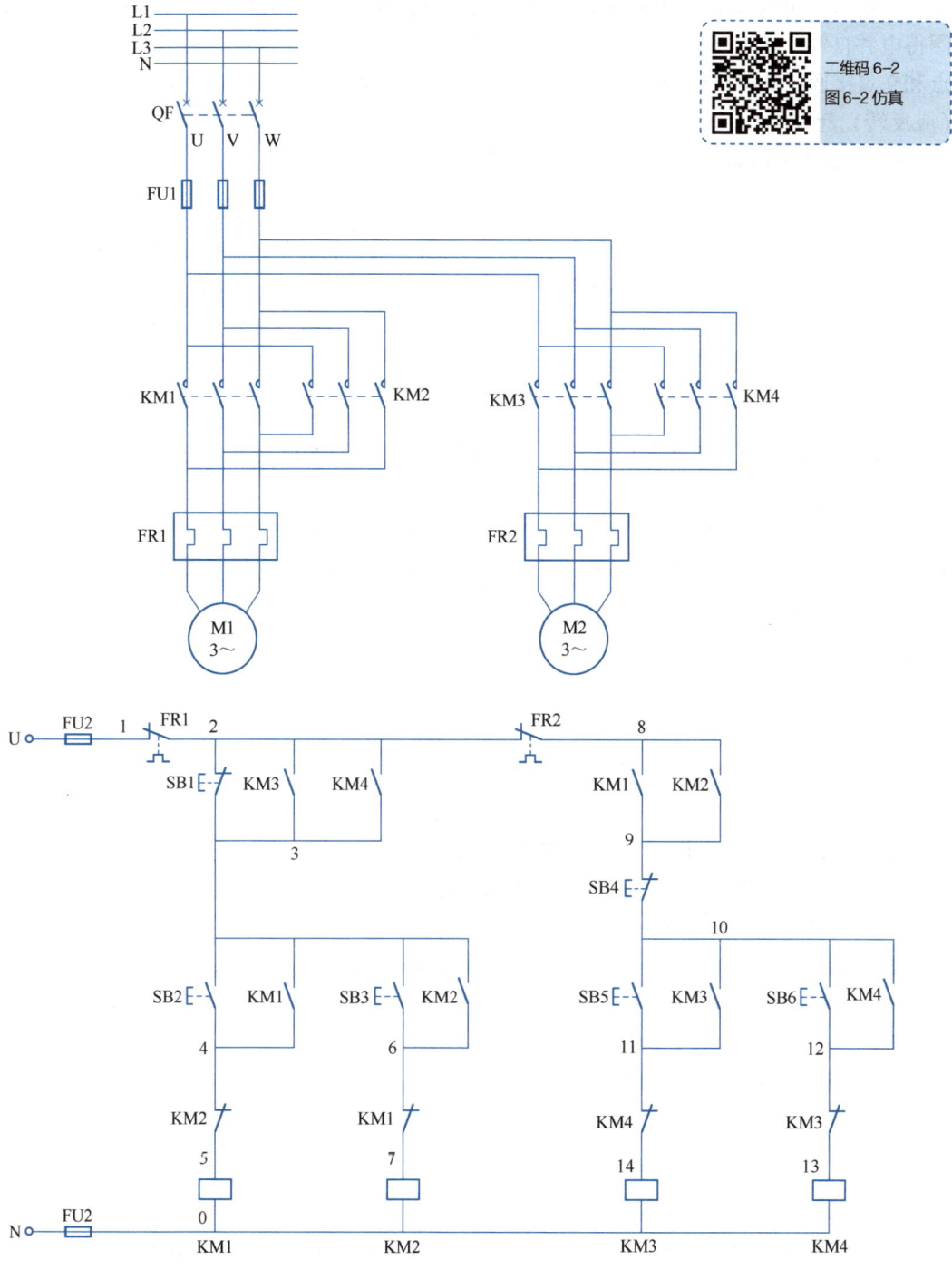

图 6-2　两台电动机正、反转的按钮手动顺序起、停控制电路

控制电路是在两个正、反转电路的基础上添加了 4 对触点，其动作原理如下。

### 1. 顺序起动控制

图 6-2 所示电路能实现顺序起动的关键是在 8 点和 9 点之间串入了 KM1 辅助常开触点和

KM2 辅助常开触点并联的组合。在 M1 未起动即 KM1 线圈和 KM2 线圈均未得电时，8 点和 9 点之间不通，所以 KM3 线圈和 KM4 线圈无法得电，M2 也就无法起动。当按下 SB2 使 KM1 线圈得电并自锁、M1 正转起动（或按下 SB3 使 KM2 线圈得电并自锁、M1 反转起动）之后，8 点和 9 点接通，此时再按 SB5（或 SB6），KM3（或 KM4）线圈就可以得电自锁，M2 方可正转（或反转）起动。

### 2. 顺序停止控制

图 6-2 所示电路能实现顺序停止的关键是在 SB1 两端并联了 KM3 和 KM4 的辅助常开触点。M2 正转（反转）起动后，KM3（KM4）线圈得电自锁，2 点和 3 点之间的 KM3（KM4）的辅助常开触点闭合，无法用 SB1 控制 M1 先停止；只有先按下 SB4 使 KM3（KM4）线圈失电、M2 停止，2 点和 3 点之间的 KM3（KM4）的辅助常开触点复位后，再按下 SB1，方可使 KM1（或 KM2）线圈失电、M1 停止。

### 3. 保护环节

M1 由热继电器 FR1 作长期过载保护；M2 由热继电器 FR2 作长期过载保护；FU1 作主电路的短路保护；控制电路由 FU2 作短路保护。

将 FR2 的常闭触点串在 2 点和 8 点之间，可以保证当 M2 长期过载时只停 M2。将 FR1 的常闭触点串在 1 点和 2 点之间，可以保证当 M1 长期过载时两台电动机都停止。

图 6-2 的仿真可扫描二维码 6-2 观看。

## 6.1.3 小试牛刀

### 一、单项选择题

1. 欲使接触器 KM1 动作后接触器 KM2 才能动作，需要（　　）。
A. 在 KM1 的线圈回路中串入 KM2 的常开触点
B. 在 KM1 的线圈回路中串入 KM2 的常闭触点
C. 在 KM2 的线圈回路中串入 KM1 的常开触点
D. 在 KM2 的线圈回路中串入 KM1 的常闭触点

2. 欲使接触器 KM1 断电后接触器 KM2 才能断电，需要（　　）。
A. 在 KM1 的停止按钮两端并联 KM2 的常开触点
B. 在 KM1 的停止按钮两端并联 KM2 的常闭触点
C. 在 KM2 的停止按钮两端并联 KM1 的常开触点
D. 在 KM2 的停止按钮两端并联 KM1 的常闭触点

### 二、改错题

某人设计的具有短路、过载保护的两台电动机顺序起、停控制电路如图 6-3 所示，要求 M1 起动之后 M2 方可起动，M2 停止之后 M1 才能停止。请指出来图中错误，并改正。

### 三、设计题

1. 试设计 3 台电动机顺序起、停控制电路，控制要求如下。
1）3 台电动机均为单向旋转；
2）起动时必须按照 M1→M2→M3 的顺序由按钮起动；
3）停车时必须按照 M3→M2→M1 的顺序由按钮停车；

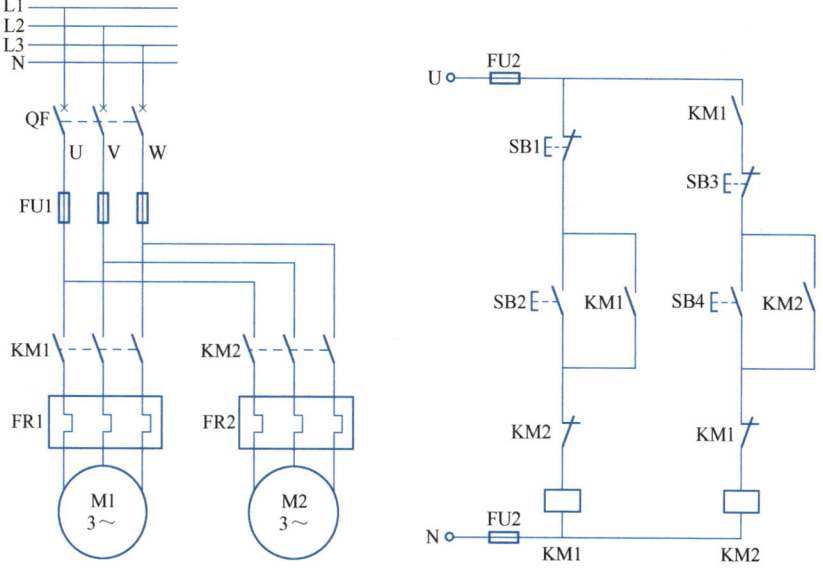

图 6-3 错误的顺序控制

4）设置必要的电气保护。

2. 设计由两台电动机控制一台机械设备的电路，控制要求如下。

1）M1 电动机可正、反转，M2 电动机单向运转；

2）M1 电动机起动工作后，M2 电动机才能起动工作；

3）M2 停止之后 M1 才能停止；

4）设置必要的电气保护。

## 任务6.2 自动顺序起、停控制

## 【任务引入】

传送带运输机广泛应用于采矿、冶金、化工、铸造、建材等行业的输送和生产流水线以及水电站建设工地和港口等生产部门，主要用来输送破碎后的物料。根据输送工艺要求，可单台输送，也可多台组成或与其他输送设备组成水平或倾斜的输送系统。

图 6-4 所示是四节传送带运输机示意图，料斗阀门由电磁阀 YV 控制，四节传送带 PD1、PD2、PD3、PD4 分别由电动机 M1、M2、M3 和 M4 拖动。控制要求如下。

1）起动时为了避免在前段运输传送带上造成物料堆积，要求逆物料流动方向按一定时间间隔顺序起动。其起动顺序为：PD1→PD2→PD3→PD4→YV。

2）停止时为了使运输传送带上不残留物料，要求顺物料流动方向按一定时间间隔顺序停止。其停止顺序为：YV→PD4→PD3→PD2→PD1。

从四节传送带运输机的控制要求上来看，实际上是几台电动机自动顺序起动和自动顺序停止的控制。本任务以两台电动机自动顺序起、停为例，介绍自动顺序起动和停止的控制方法。

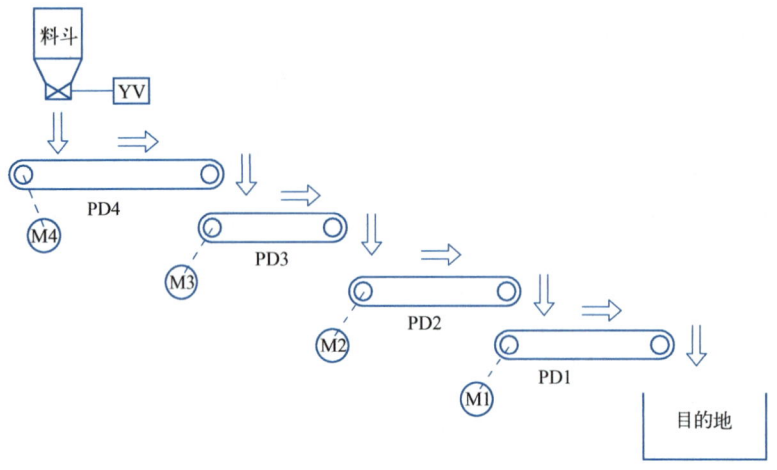

图 6-4 四节传送带运输机示意图

## 【学习目标】

1）掌握自动顺序起动和自动顺序停止的控制方法。
2）理解并掌握两台电动机自动顺序起动控制电路的工作原理。
3）理解并掌握两台电动机自动顺序停止控制电路的工作原理。

## 【任务实施】

### 6.2.1 两台电动机自动顺序起动控制

**1. 控制要求**

1）按下起动按钮，第一台电动机立即起动；延时一段时间后，第二台电动机自动起动。
2）按下停止按钮，两台电动机同时停止。

**2. 两台电动机自动顺序起动控制电路**

两台电动机自动顺序起动控制电路如图 6-5 所示。主电路中有两台电动机，其中 M1 由交流接触器 KM1 控制其起、停，由热继电器 FR1 作长期过载保护；M2 由交流接触器 KM2 控制其起、停，由热继电器 FR2 作长期过载保护。

**3. 两台电动机自动顺序起动控制电路动作原理**

（1）起动过程

合上电源开关 QF，按下起动按钮 SB2，交流接触器 KM1 线圈得电并自锁，KM1 主触点闭合，M1 起动；同时，时间继电器 KT 线圈通电，开始计时，等计时时间一到，KT 的延时动作常开触点闭合，使 KM2 线圈通电并自锁，KM2 主触点闭合，M2 起动。KM2 的常闭触点断开，KT 断电，这时 KT 已经完成工作使命，断电既能节约用电又可以延长它的使用寿命。

（2）停止过程

按下停止按钮 SB1，交流接触器 KM1 和 KM2 的线圈同时失电，KM1 和 KM2 主触点同时复位，M1 和 M2 同时停止。

图 6-5 的仿真可扫描二维码 6-3 观看。

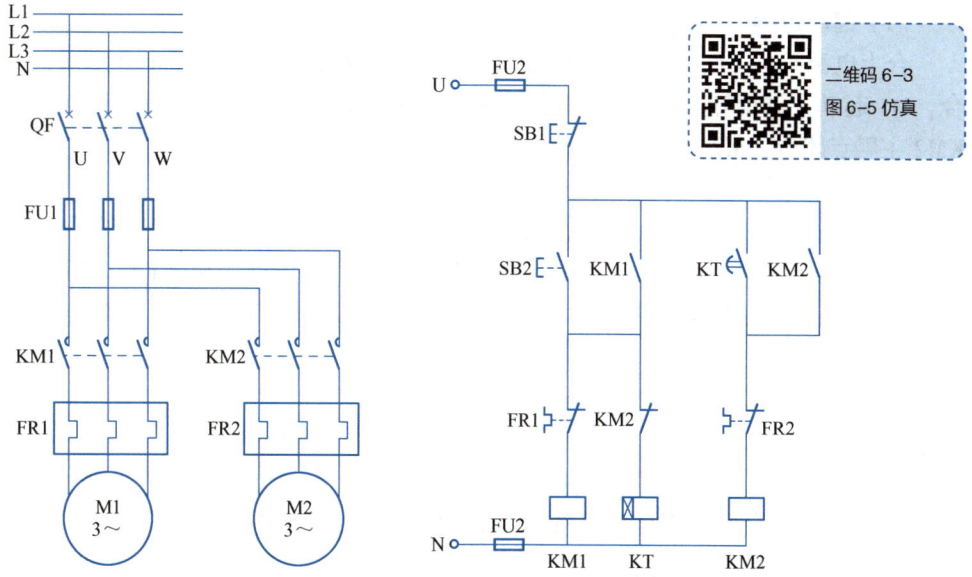

图 6-5　两台电动机自动顺序起动控制电路

## 6.2.2　两台电动机自动顺序停止控制

### 1. 控制要求

1）按下起动按钮，两台电动机同时起动。

2）按下停止按钮，第二台电动机立即停止；延时一段时间后，第一台电动机自动停止。

### 2. 两台电动机自动顺序停止控制电路

两台电动机自动顺序停止控制电路如图 6-6 所示，主电路与图 6-5 一致。

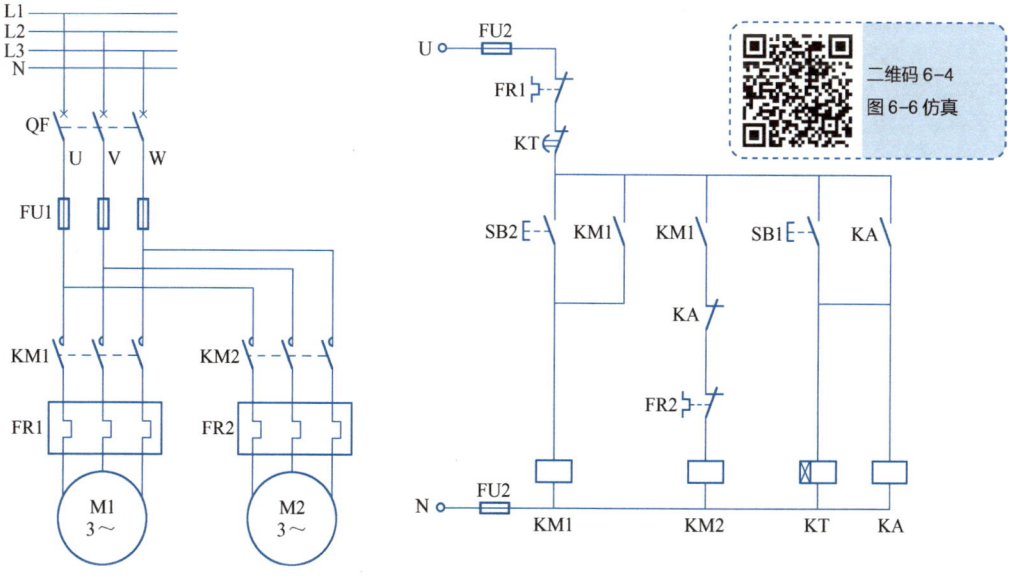

图 6-6　两台电动机自动顺序停止控制电路

### 3. 两台电动机自动顺序停止控制电路动作原理

（1）起动过程

合上电源开关 QF，按下起动按钮 SB2，交流接触器 KM1 线圈得电并自锁，KM1 主触点闭合，M1 起动；同时串联在 KM2 线圈支路的 KM1 辅助常开触点闭合，使得 KM2 线圈通电，KM2 主触点闭合，M2 起动。

（2）停止过程

按下停止按钮 SB1，中间继电器 KA 的线圈得电并自锁，同时时间继电器 KT 的线圈通电，开始延时。KA 线圈一得电，KA 的常闭触点断开，KM2 线圈失电，KM2 主触点复位，M2 停止运行。KT 的延时时间一到，KT 的常闭触点断开，KM1、KA 和 KT 均断电，KM1 主触点复位，M1 停止运行。

图 6-6 的仿真可扫描二维码 6-4 观看。

## 6.2.3 小试牛刀

1. 试设计 3 台电动机自动顺序起动控制电路，控制要求如下。

1）3 台电动机均为单向旋转。

2）起动时 M1 先起动，10 s 后 M2 自动起动，M2 运行 5 s 后 M3 自动起动。

3）停止时 M1、M2、M3 同时停止。

4）设置必要的电气保护。

2. 设计四节传送带运输机控制电路，控制要求见本任务的任务引入部分（此题偏难，选做）。

# 项目 7　PLC 简介

## 项目要点

- PLC 共性基本知识。
- S7-200 PLC 基本知识。

## 任务 7.1　PLC 共性基本知识

### 【任务引入】

前面 6 个项目学习的都是继电-接触器控制，从本项目开始将要学习另外一种控制方式——PLC 控制。那么，什么是 PLC？PLC 能做什么？PLC 怎么用？带着这些问题，本任务将为读者介绍 PLC 的产生和发展、硬件结构、分类、编程语言、工作方式等基本知识。

### 【学习目标】

1）了解 PLC 的产生和发展。
2）了解 PLC 的硬件结构。
3）掌握 PLC 的分类。
4）理解 PLC 的编程语言。
5）理解 PLC 的工作方式。

### 【相关知识】

#### 7.1.1　PLC 的产生和发展

**1. PLC 产生的背景**

继电-接触器控制系统简单易懂、操作方便、容易掌握、价格便宜、在一定范围内能满足控制要求，因而使用面甚广，在 20 世纪 60 年代末以前的工业控制领域中一直占主导地位。但是继电-接触器控制系统也有着明显的缺点：设备体积大、接线复杂、改接麻烦、可靠性差、灵活性差、功能少、难以实现较复杂的控制。

20 世纪 60 年代，计算机技术已开始应用于工业控制，计算机控制系统功能完善、灵活性强、通用性好。但由于计算机技术本身的复杂性、编程难度高、难以适应恶劣的工业环境以及价格昂贵等原因未能得到推广。

### 2. PLC 的问世

1968 年，美国通用汽车（GM）公司提出设想，把计算机技术和继电-接触器控制技术的优点结合起来，研制一种新型的工业控制装置——可编程逻辑控制器（Programmable Logic Controller，PLC），并提出了研制指标要求，即著名的"GM 十条"。其主要内容如下。

① 编程简单，可在现场修改程序。

② 维护方便，最好是插件式。

③ 可靠性高于继电器控制柜。

④ 体积小于继电器控制柜。

⑤ 可将数据直接送入管理计算机。

⑥ 在成本上可与继电器控制柜竞争。

⑦ 输入可以是交流 115 V。

⑧ 输出为交流 115 V、2 A 以上，能直接驱动电磁阀。

⑨ 在扩展时，原系统只需很小的变更。

⑩ 用户程序至少能扩展到 4 KB。

1969 年，美国数字设备（DEC）公司根据美国通用汽车（GM）公司的要求研制出世界上第一台 PLC，并在 GM 公司的汽车生产线上试用成功，从而开创了工业控制的新局面。

### 3. PLC 的主要生产厂家

自 DEC 公司研制出第一台 PLC 之后，日本、德国、法国等也相继开始研制 PLC，并得到了迅速的发展。目前，世界上有 200 多家 PLC 厂商，400 多个品种的 PLC 产品。著名的 PLC 生产厂家有美国的罗克韦尔公司、通用电气（GE）公司，日本的三菱公司、欧姆龙公司、松下公司，德国的西门子（SIEMENS）公司，法国的施耐德公司，中国台湾的台达集团等。

由于历史原因，我国 PLC 市场长期被西门子、三菱等国外厂商占据，国产 PLC 品牌渗透率仅在 10% 左右，具有广阔的国产品牌替代空间。

### 4. PLC 的应用

PLC 编程简单、功能强、性价比高，适应性强、可靠性高、抗干扰能力强，体积小、重量轻、功耗低，而且系统的设计、安装、调试和维护工作量小。随着微电子技术和计算机技术的迅猛发展，PLC 的功能也在不断完善，远程 I/O 和通信网络、数据处理以及图像显示也有了长足的发展，所有这些已经使 PLC 广泛应用于机械、电梯、汽车、纺织、冶金、电力、石油、市政、化工等行业，使之成为今天自动化技术的三大支柱（PLC、机器人和 CAD/CAM）之一。

### 5. PLC 的名称演变

早期的 PLC 仅有逻辑运算、定时等基本功能，主要用来取代传统的继电-接触器控制。随着科技的不断发展，PLC 还能进行模拟量控制、运动控制、数据处理、通信联网等，已远远超出逻辑控制范围，所以后来 PLC 更名为可编程控制器（Programmable Controller），简称 PC。但为了不与个人计算机（Personal Computer）的简称 PC 相混淆，常常还将可编程控制器简称为 PLC。

## 7.1.2 PLC 的硬件结构

PLC 实际上是一种特殊的工业控制计算机。它的硬件结构与计算机相似，主要由 CPU、存储器、输入单元和输出单元、电源和 I/O 扩展模块等部分组成，如图 7-1 所示。

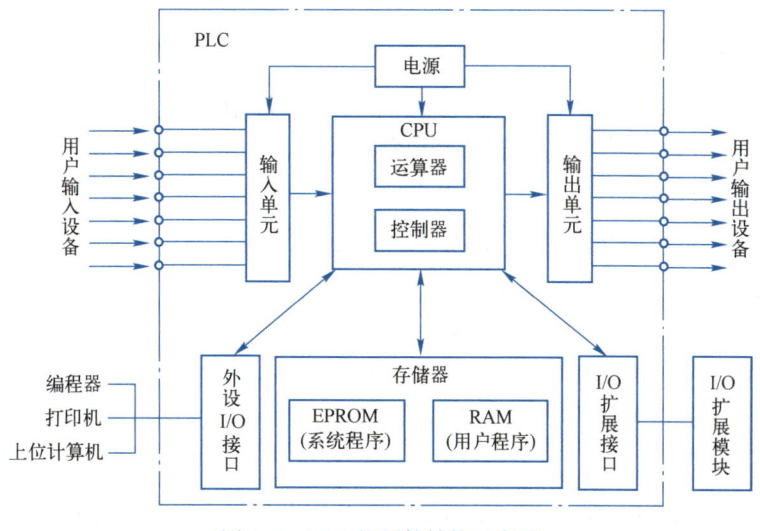

图 7-1　PLC 的硬件结构示意图

### 1. CPU

CPU（中央处理器）是 PLC 的核心，相当于人的大脑，它不断地采集输入信号，执行用户程序，刷新系统的输出。

### 2. 存储器

存储器用来存储系统程序、用户程序和数据，相当于人的心脏。系统程序是系统正常工作时所必需的程序，如系统诊断程序、键盘输入处理程序、指令解释程序、监控程序等。这些程序与用户无直接关系，已由 PLC 生产厂家直接固化进 EPROM 中，并且技术保密，用户看不到也无法修改。用户程序由用户设计，可修改，但需注意，PLC 只能保存一个用户程序。

### 3. 电源

电源的作用是把外部 220 V 的交流电转换成 PLC 内部电路需要的工作电压（直流 5 V、±12 V、24 V），并为外部输入元件提供 24 V 直流电源（仅供输入点使用），而驱动 PLC 负载的电源由用户提供。电源组件内还装有备用锂电池，以保证在断电时保存必要的信息。

### 4. 输入单元和输出单元

输入（Input）单元的作用是接收和采集从开关、按钮等用户输入设备发送来的现场控制信号，并将这些信号转换成 CPU 能接收和处理的数字信号。

输出（Output）单元接收经过 CPU 处理过的输出数字信号，并把它转换成电压或电流信号，以驱动接触器、电磁阀、指示灯、报警装置等用户输出设备。

为了让 PLC 能适应工业现场恶劣的条件，输入单元和输出单元中都采取了一系列的抗干扰措施。

### 5. I/O 扩展模块

PLC 一般都有与 CPU 模块相配的 I/O 扩展模块，用来扩展输入、输出点数，以便根据控制要求灵活组合系统。I/O 扩展模块内没有 CPU 和存储器，仅对 I/O 通道进行扩展，不能脱离 CPU 模块独立实现系统的控制要求。

### 7.1.3　PLC 的分类

#### 1. 按结构型式分

1）整体式：将电源、CPU、I/O 部件都集中在一个机箱内。

2）模块式：将 PLC 各部分分成若干个单独的模块。

#### 2. 按 I/O 总点数分

1）微型 PLC：也称为超小型 PLC，I/O 总点数在 64 点以下。

2）小型 PLC：I/O 总点数在 64~256 点之间。

3）中型 PLC：I/O 总点数在 256~2048 点之间。

4）大型 PLC：I/O 总点数在 2048~8192 点之间。

5）超大型 PLC：I/O 总点数在 8192 点以上。

#### 3. 按功能分

1）低档机：具有逻辑运算、定时、计数、移位以及自诊断、监控等基本功能。

2）中档机：比低档机多了模拟量输入/输出、算术运算、数据传送比较等功能。

3）高档机：比中档机多了矩阵运算等特殊功能函数运算、通信联网等功能。

### 7.1.4　PLC 的编程语言

　　PLC 有 5 种编程语言：梯形图、语句表、功能块图、顺序功能图和结构文本。本任务只介绍最常用的梯形图和语句表。

#### 1. 梯形图

　　梯形图（Ladder Diagram，LAD）是一种图形语言，是目前 PLC 应用最广、最受电气技术人员欢迎的一种编程语言。在梯形图中仍沿用了继电器线圈、常闭触点、常开触点、串并联等术语和图形符号，并增加了一些继电-接触器控制中没有的符号，因此梯形图与继电-接触器控制原理图相似，具有形象、直观、易懂等特点。在图 7-2 所示的 S7-200 PLC 的梯形图中，"-( )"为继电器线圈；"-||-"为常开触点；"-|/|-"为常闭触点；I0.1、I0.2、Q0.0 等为继电器的编号（地址），类似继电-接触器控制电路中的 SB、KM、FR 等文字符号。

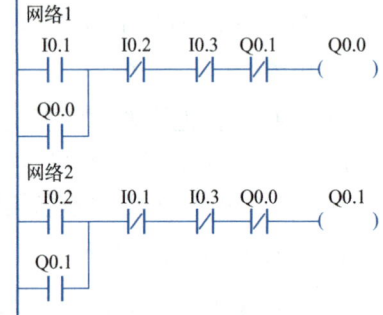

图 7-2　S7-200 PLC 的梯形图

　　在分析梯形图中继电器线圈得电与否时，可以想象左右两侧垂直"电源线"之间有一个左正右负的直流电源，S7-200 PLC 的梯形图中省略了右侧的垂直"电源线"，当图 7-2 中网络 1 的 I0.1 常开触点闭合，并且 I0.2、I0.3、Q0.1 常闭触点都闭合时，就有一个"电流"流过 Q0.0 线圈，Q0.0 就得电了，Q0.0 的常开触点就会闭合，Q0.0 的常闭触点就会断开。

　　尽管梯形图与继电-接触器控制电路在结构型式、元件符号及逻辑控制功能等方面是类似的，但它们又有很多不同之处。梯形图的主要特点如下。

　　1）梯形图按自上而下、从左至右的顺序排列。两侧的垂直公共线称为母线，左侧的称为左母线，右侧的则称为右母线。触点和线圈等组成的独立电路称为网络，每一网络起始于左母线，然后是触点的连接，最后终止于继电器线圈或右母线（有些 PLC 右母线可省略）。

 **注意**：左母线与线圈之间一定要有触点，而线圈与右母线之间则不能有任何触点。

2）梯形图中的继电器不是有形的物理继电器。每个继电器均为存储器中的一位，因此称为"软继电器"。当存储器相应位的状态为"1"时，表示该继电器线圈得电，其常开触点闭合、常闭触点断开。

3）梯形图是 PLC 形象化的编程手段，梯形图两端的母线并非实际电源的两端。因此，梯形图中流过的电流也不是实际的物理电流，而是假想的"能流"，是用户程序执行过程中满足输出条件的形象表示方式。

在网络中，程序的逻辑运算按从左到右的方向执行，与"能流"的方向一致。各网络按从上到下的顺序执行，执行完所有的网络后，下一个扫描周期返回到最上面的网络重新执行。

4）一般情况下，在梯形图中同一个编号的继电器线圈只能出现一次，而继电器的触点可无限次引用。

如果在同一程序段中，同一继电器的线圈使用了两次或多次，称为"双线圈输出"。对于"双线圈输出"，有些 PLC 将其视为语法错误，是绝对不允许的；有些 PLC 则将前面的输出视为无效，只有最后一次输出有效；而有些 PLC，只在含有跳转指令或子程序调用指令的梯形图中允许。

5）梯形图中，前面所有逻辑行的逻辑执行结果，将立即被后面逻辑行的逻辑操作使用。

6）PLC 总是按照从上到下、从左到右的顺序扫描梯形图。不存在不同逻辑行同时开始执行的情况，因此设计时可减少许多联锁环节，从而使梯形图大大简化。

**2. 语句表**

语句表（Statement List，STL）语言，就是用表示 PLC 各种功能的助记符和相应的器件编号组成的程序表达方式。例如 LD I0.1，像这样的每句助记符编程语言就是一条指令或程序。语句表语言比微机中使用的汇编语言更直观易懂，编程简单。但不同厂家制造的 PLC 所使用的助记符和器件编号不尽相同，所以对于同一个梯形图来说，写成对应的语句表也不尽相同。图 7-3 是西门子 S7-200 PLC 和图 7-2 所示梯形图相对应的语句表。实际上，语句表是单列纵向排开的，为了节省篇幅，本书采取两栏横排。语句表比较适合熟悉 PLC 和程序设计的、经验丰富的程序员使用。

| 网络1 | 网络2 |
| --- | --- |
| LD I0.1 | LD I0.2 |
| O Q0.0 | O Q0.1 |
| AN I0.2 | AN I0.1 |
| AN I0.3 | AN I0.3 |
| AN Q0.1 | AN Q0.0 |
| = Q0.0 | = Q0.1 |

图 7-3 语句表

## 7.1.5 PLC 的工作方式

PLC 采用循环扫描的工作方式，每个周期中与用户有关的包括输入采样、程序执行和输出刷新 3 个阶段。

**1. 输入采样阶段**

PLC 以扫描方式按顺序将所有输入端的状态读入到输入状态寄存器中存储，这一过程称为采样。在本工作周期内这个采样结果的内容不会改变，而且将在 PLC 执行程序时被使用。

### 2. 程序执行阶段

PLC 按顺序对程序进行扫描，即从上到下、从左到右地扫描每条指令，并从相应的数据存储区读取所需的数据进行运算、处理，再将程序执行的结果写入输出状态寄存器中保存。但这个结果在全部程序未执行完毕之前不会被送到输出端口上。

### 3. 输出刷新阶段

在所有用户程序执行完毕后，PLC 将输出映像寄存器中的内容送入输出锁存器中，通过一定的方式输出，驱动外部负载。

PLC 重复执行输入采样、程序执行、输出刷新 3 个阶段，每重复一次的时间称为一个扫描周期。PLC 的一个扫描周期一般为 1~100 ms。

## 7.1.6 小试牛刀

### 一、填空题

1. PLC 的硬件结构主要由_____、_____、_____、外设接口、电源等组成。

2. I/O 总点数是指_____和_____的数量之和。

3. PLC 按 I/O 总点数可分为_____、_____、_____、_____和_____5 种；按结构型式分类有_____和_____两种；按功能分类有_____、_____和_____3 种。

4. PLC 的每个扫描周期中对输入、输出的处理包括_____、_____和_____3 个阶段。

5. PLC 扫描程序时是按_____、_____的顺序来扫描的。

### 二、单项选择题

1. PLC 是（　　）的简称。

A. Programming Logic Controller    B. Programmable Logic Controller

C. Programmable Controller      D. Personal Computer

2. 世界上第一台 PLC 是由（　　）公司研制成功的。

A. GE     B. DEC     C. GM     D. SIEMENS

3. 微型 PLC 的 I/O 总点数在（　　）点以下。

A. 32     B. 64     C. 128     D. 256

4. 超大型 PLC 的 I/O 总点数在（　　）点以上。

A. 1024     B. 2000     C. 2048     D. 8192

5. 某 PLC 的 I/O 点数为 3072 点，那么该 PLC 属于（　　）。

A. 小型 PLC    B. 中型 PLC    C. 大型 PLC    D. 超大型 PLC

6. 下面哪个不是 PLC 常用的分类方式？（　　）

A. I/O 点数    B. 结构型式    C. PLC 功能    D. PLC 体积

7. PLC 的工作方式是（　　）工作方式。

A. 等待     B. 中断     C. 扫描     D. 循环扫描

8. PLC 的核心是（　　）。

A. CPU     B. 存储器     C. 输入/输出部分   D. 接口电路

9. 国内外 PLC 的各生产厂家都把（　　　）作为第一用户编程语言。

A. 梯形图        B. 指令表        C. 逻辑功能图      D. C 语言

10. 现代工业控制的三大支柱是（　　　）。

A. PLC、机械手和单片机           B. PLC、机器人和 CAD/CAM

C. 单片机、变频器和 PLC          D. 传感器、变频器和可编程控制器

## 任务 7.2　S7-200 PLC 基本知识

### 【任务引入】

德国西门子（SIEMENS）公司生产的 PLC 几乎占据了我国 PLC 市场份额的一半，因此学好西门子 PLC 对日后就业会有很大帮助。本书以西门子 S7-200 CPU224 型 PLC 为主要讲授对象，介绍西门子 PLC 的常用指令和编程方法。

### 【学习目标】

1）简单认识 CPU224 型 PLC。

2）了解扩展模块的连接、种类。

3）了解 S7-200 PLC 的数据长度和编址方式。

### 【任务实施】

#### 7.2.1　CPU224 型 PLC

**1. 外部结构及各部件作用**

CPU224 型 PLC 外部结构及各部件作用如图 7-4 所示。

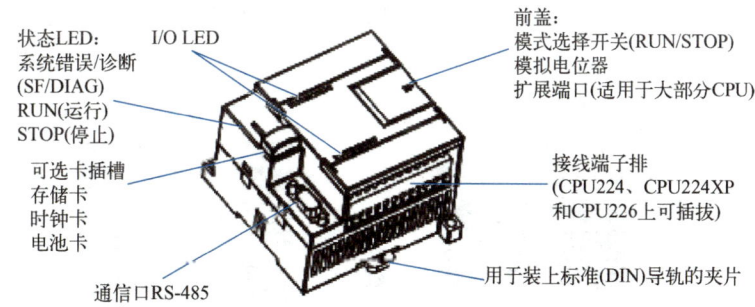

图 7-4　CPU224 型 PLC 外部结构及各部件作用示意图

**2. 输入电路接线**

CPU224 型 PLC 输入电路接线如图 7-5 所示。CPU224 模块有 14 个输入点，分为两组，编号地址为 I0.0~I0.7，I1.0~I1.5。注意输入点编号没有 I1.6 和 I1.7。

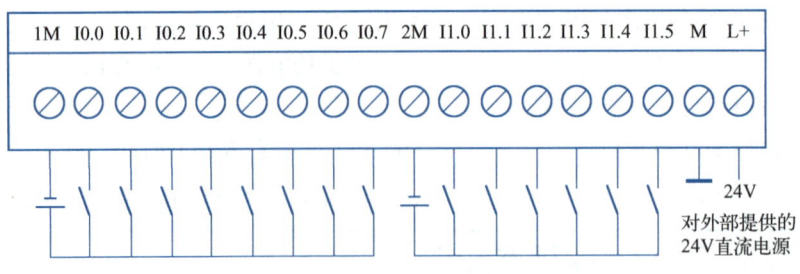

图 7-5 CPU224 型 PLC 输入电路接线图

### 3. 继电器输出电路接线

CPU224 型 PLC 继电器输出电路接线如图 7-6 所示。CPU224 模块有 10 个输出点,分为 3 组,编号地址为 Q0.0~Q0.7, Q1.0~Q1.1。注意 Q1.2~Q1.7 地址无效。

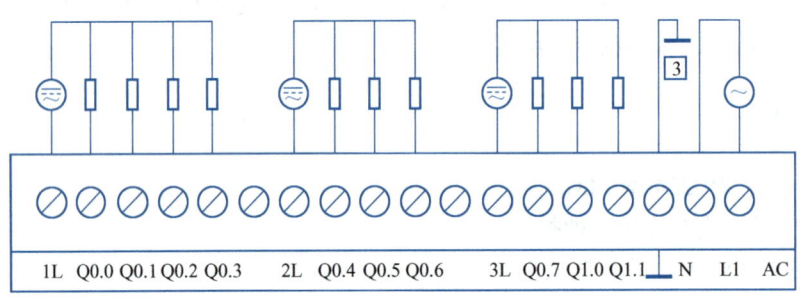

图 7-6 CPU224 型 PLC 继电器输出电路接线图

## 7.2.2 扩展模块

### 1. 扩展模块的连接

扩展模块内没有 CPU,不能单独使用。连接时 CPU 模块放在最左侧,扩展模块用扁平电缆与其相连,如图 7-7 所示。如果还需扩展,可将第 2 个扩展模块的连接器插在第 1 个扩展模块的连接插槽中,就像火车头后面挂了好多节车厢一样。CPU224 型 PLC 最多可连接 7 个扩展模块。

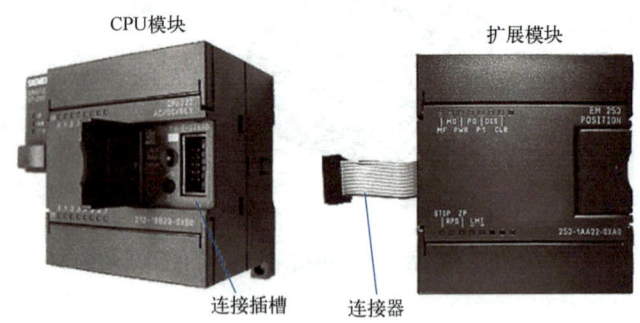

图 7-7 CPU 与扩展模块的连接

### 2. 扩展模块的种类

S7-200 PLC 的扩展模块有数字量扩展模块,模拟量扩展模块,热电偶、热电阻扩展模块,通信模块，称重模块，位置控制模块等。

### 3. 数字量扩展模块

数字量扩展模块见表 7-1。

**表 7-1  数字量扩展模块**

| 类　型 | 型　号 | 各组输入点数 | 各组输出点数 |
|---|---|---|---|
| 输入扩展模块<br>EM221 | EM221 DC 24 V 输入 | 4, 4 | — |
| | EM221 AC 230 V 输入 | 8 点相互独立 | — |
| 输出扩展模块<br>EM222 | EM222 DC 24 V 输出 | — | 4, 4 |
| | EM222 继电器输出 | — | 4, 4 |
| | EM222 AC 230 V 双向晶闸管输出 | — | 8 点相互独立 |
| 输入/输出<br>扩展模块<br>EM223 | EM223 DC 24 V 输入/继电器输出 | 4 | 4 |
| | EM223 DC 24 V 输入/DC 24V 输出 | 4, 4 | 4, 4 |
| | EM223 DC 24 V 输入/DC 24V 输出 | 8, 8 | 4, 4, 8 |
| | EM223 DC 24 V 输入/继电器输出 | 8, 8 | 4, 4, 4, 4 |

### 4. 模拟量扩展模块

模拟量扩展模块见表 7-2。

**表 7-2  模拟量扩展模块**

| 型　号 | 点　数 |
|---|---|
| EM231 | 4 路模拟量输入 |
| EM232 | 2 路模拟量输出 |
| EM235 | 4 路模拟量输入，1 路模拟量输出 |

## 7.2.3  S7-200 PLC 的数据长度和编址方式

### 1. 存储区的划分

PLC 内部的数据存储区根据编程元件的功能不同，分成了 13 个区域，如输入继电器区（I区）、输出继电器区（Q 区）、中间继电器区（M 区）、定时器区（T 区）等，如图 7-8 所示。

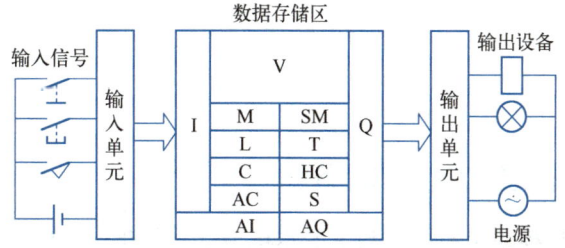

图 7-8  S7-200 PLC 的数据存储区

### 2. 数据长度

在 S7-200 PLC 中，数据在存储器中存取的方式可以按位、字节、字或双字来进行。如

图 7-9 所示。这里先简单介绍，后面任务 10.1 中有详细介绍。

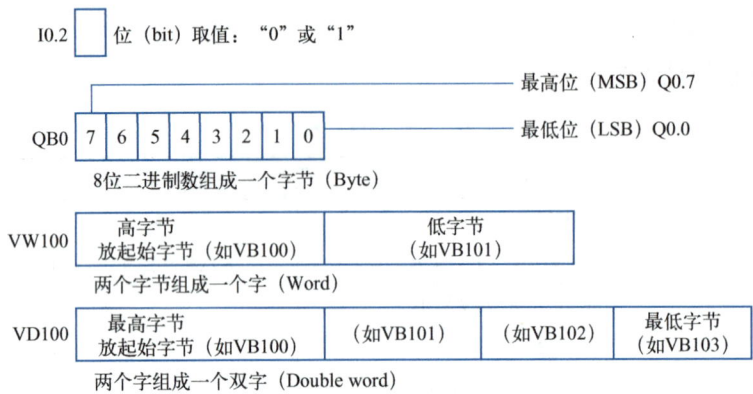

图 7-9  S7-200 PLC 的数据长度

### 3. 编址方式

（1）位编址

格式：区域标志符+字节号 . 位号，如 I0.0、Q2.0、M1.2 等。小数点右边的位号按八进制数编排，只能是 0~7 这 8 个数字。

（2）字节编址

格式：区域标志符+B+字节号，如 IB0、QB2、VB20 等。字节地址按十进制数编排。

（3）字编址

格式：区域标志符+W+起始字节号，例如 VW100 表示由 VB100 和 VB101 这两个字节组成的字。

（4）双字编址

格式：区域标志符+D+起始字节号，例如 VD100 表示由 VB100~VB103 这 4 个字节组成的双字。

## 7.2.4  S7-200 PLC 中的常数

S7-200 PLC 的许多指令中会用到常数。常数的数据长度可以是字节、字和双字。CPU 以二进制的形式存储常数，书写常数可以用二进制、十进制、十六进制等多种形式。书写格式举例如下。

十进制常数：1234

十六进制常数：16#3AC6

二进制常数：2#1010 0001 1110 0000

## 7.2.5  本机 I/O 与扩展 I/O 的地址分配

S7-200 PLC 的 CPU 模块上有一定数量的本机 I/O，本机 I/O 有固定的地址。也可以用扩展 I/O 模块来增加 I/O 点数，扩展模块安装在 CPU 模块的右边。

I/O 模块分为数字量输入、数字量输出、模拟量输入和模拟量输出 4 类。CPU 分配给数字量 I/O 模块的地址以字节为单位，一个字节由 8 个数字量 I/O 点组成。扩展模块 I/O 点的字节地址由 I/O 的类型和模块在同类 I/O 模块链中的位置来决定。以图 7-10 中的数字量输出为例，分配给 CPU 模块的字节地址为 QB0 和 QB1，分配给 0 号扩展模块的字节地址为 QB2，分配给 3 号扩展模块的字节地址为 QB3 等。

某个模块的数字量 I/O 点如果不是 8 的整数倍，最后一个字节中未用的位（例如图 7-10 中的 I1.6 和 I1.7）不会分配给 I/O 链中的后续模块。

模拟量扩展模块以 2 点（4 字节）递增的方式来分配地址，所以图 7-10 中 2 号扩展模块的模拟量输出的地址应为 AQW4。虽然未使用 AQW2，但它不能分配给 2 号扩展模块。

| | 模块0 | 模块1 | 模块2 | 模块3 | 模块4 |
|---|---|---|---|---|---|
| CPU224XP | 4输入 4输出 | 8输入 | 4AI 1AO | 8输出 | 4AI 1AO |

| | | | | | | | | |
|---|---|---|---|---|---|---|---|---|
| I0.0 | Q0.0 | I2.0 | Q2.0 | I3.0 | AIW4 | AQW4 | Q3.0 | AIW12 AQW8 |
| I0.1 | Q0.1 | I2.1 | Q2.1 | I3.1 | AIW6 | | Q3.1 | AIW14 |
| ⋮ | ⋮ | I2.2 | Q2.2 | ⋮ | AIW8 | | ⋮ | AIW16 |
| I1.5 | Q1.1 | I2.3 | Q2.3 | I3.7 | AIW10 | | Q3.7 | AIW18 |
| AIW0 | AQW0 | | | | | | | |
| AIW2 | | | | | | | | |

图 7-10　CPU 224XP 的 I/O 地址分配举例

## 7.2.6　小试牛刀

### 一、填空题

1. S7-200 CPU224 型 PLC 的主机单元具有＿＿＿＿个输入点，＿＿＿＿个输出点。

2. S7-200 PLC 中，输入继电器的标识符是＿＿＿＿，输出继电器的标识符是＿＿＿＿。

3. S7-200 PLC 的编址方式有＿＿＿＿编址、＿＿＿＿编址、＿＿＿＿编址和＿＿＿＿编址。

### 二、单项选择题

1. S7-200 系列 PLC 中，CPU224 型 PLC 本机 I/O 点数为（　　）。

A. 14/10　　　　　　B. 8/16　　　　　　C. 24/16　　　　　　D. 14/16

2. S7-200 系列 PLC 中，CPU224 型 PLC 本机 I/O 上无（　　）。

A. I1.3　　　　　　B. I0.6　　　　　　C. Q1.5　　　　　　D. Q0.7

3. 下列哪项属于位寻址？（　　）。

A. VB10　　　　　　B. VW10　　　　　　C. ID0　　　　　　D. I0.2

4. 下列哪项属于字寻址？（　　）。

A. VB10　　　　　　B. VW10　　　　　　C. ID0　　　　　　D. I0.2

5. CPU224 型 PLC 最多可连接（　　）个扩展模块。

A. 1　　　　　　　B. 2　　　　　　　C. 7　　　　　　　D. 10

6. 下列地址中（　　）是非法地址。

A. I0.0　　　　　　B. I0.8　　　　　　C. Q1.5　　　　　　D. Q8.6

7. 一个双字由相邻的（　　）个字节组成。

A. 2　　　　　　　B. 4　　　　　　　C. 8　　　　　　　D. 12

8. 一个双字占（　　）位。

A. 2　　　　　　　B. 16　　　　　　　C. 32　　　　　　　D. 8

# 项目 8    S7-200 PLC 基本指令应用实例

## 项目要点

- S7-200 PLC 常用编程元件。
- S7-200 PLC 基本指令。
- 经验设计法。
- 继电器电路移植法。

## 任务 8.1　三路简易抢答器的控制

### 【任务引入】

在电视上经常能看到一些知识竞赛类的节目，看着别人在台上闪闪发光，小伙伴们有没有羡慕他们呢？机会总是留给有准备的人，有关电气控制与 PLC 类的省级、国家级的技能大赛也有很多，如果平时注意知识和技能的积累和锻炼，不断提升自己，我们也有一展身手的机会。

本任务以最简单的三路简易抢答器为例，介绍 PLC 中最基本的两种编程元件（输入继电器和输出继电器）和简易抢答器的梯形图程序设计方法。

### 【学习目标】

1）掌握输入继电器的使用方法。
2）掌握输出继电器的使用方法。
3）掌握自锁电路的设计方法。
4）掌握互锁电路的设计方法。
5）初步了解编程软件的使用方法。
6）初步了解仿真软件的使用方法。

### 【任务描述】

1）有 3 个抢答席和 1 个主持人席，每个抢答席上各有 1 个抢答按钮（分别为 SB1、SB2 和 SB3）和 1 盏抢答指示灯（分别为 L1、L2 和 L3），主持人席上有 1 个答题开关 S。

2）3 组选手在主持人提完问题并合上答题开关 S 后方允许抢答，如果答题开关 S 没合上，即使参赛者拍下抢答按钮也没反应。

3）允许抢答后，第一个拍下抢答按钮的抢答席上的指示灯点亮（维持）；此后另外两个抢答席即使再拍各自的抢答按钮，其指示灯也不会点亮。

4）一轮抢答结束后，断开答题开关S，则指示灯熄灭；再合上答题开关S，又可以进行下一轮抢答比赛。

## 【任务分析】

从控制要求中可以看出，此任务实际上就是用1个开关和3个按钮去控制3盏灯。通过前面的学习可知，在PLC的输入端接上按钮、开关等输入设备，在PLC的输出端接上指示灯、交流接触器的线圈等输出设备，然后把梯形图程序下载到PLC内部，就可以利用PLC的输入设备来控制输出设备了。至于如何控制，要看梯形图程序如何设计。

本任务中可以把3个按钮和1个开关接在PLC的输入端，把3盏指示灯接在PLC的输出端。那么，PLC会识别这些设备吗？它如何知道拍下了哪个按钮？它如何控制指示灯点亮呢？

实际上，与PLC输入端、输出端直接发生联系的内部编程元件是输入继电器和输出继电器，任何一个控制任务都要用到这两个编程元件。

## 【相关知识】

### 8.1.1　输入继电器

输入继电器是PLC接收外部信号的窗口。每一个输入继电器的线圈都与相应的PLC输入端相连，并提供无数对常开触点和常闭触点供编程时使用。

图8-1是编号为I0.1的输入继电器的等效电路。点画线左边为输入单元等效电路，点画线右边为内部的梯形图（只截取了局部）。由图8-1可知，编号为I0.1的PLC输入端子与外部的一个按钮SB1连接，当按钮SB1按下时，输入单元等效电路中的I0.1的线圈接通，梯形图中的I0.1的常开触点闭合，常闭触点断开。

编号范围：I0.0~I15.7共128点。

功能：专门用来接收从外部开关发送来的信号。

使用输入继电器时，应注意以下几点。

① 只能由外部信号所驱动，不能在梯形图内部由程序指令来驱动。

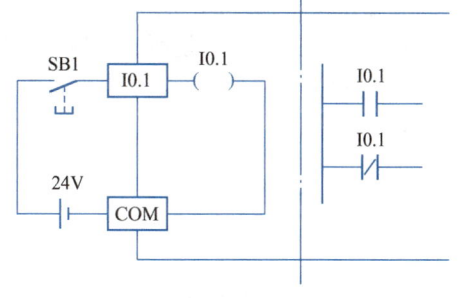

图8-1　输入继电器等效电路

② 梯形图中只能出现输入继电器的触点，而不能出现输入继电器的线圈（输入继电器"线圈"在输入单元中由PLC外部开关控制）。

③ 可提供无数对常开、常闭触点供梯形图内部使用。梯形图内部的触点不是真正物理意义上的触点，而是一个二进制存储单元，存1时表示得电、常开触点闭合，存0时表示断电。

④ 在使用过程中不是所有的输入点编号都可以用，要看硬件配置。

### 8.1.2 输出继电器

输出继电器是 PLC 用来把内部控制信号传送给负载（执行机构）的元件，每个输出继电器有且仅有一对供外部输出负载使用的常开触点与相应的 PLC 输出端相连，当该线圈通电时，输出端的常开触点闭合，将连接在该端的负载电路接通。

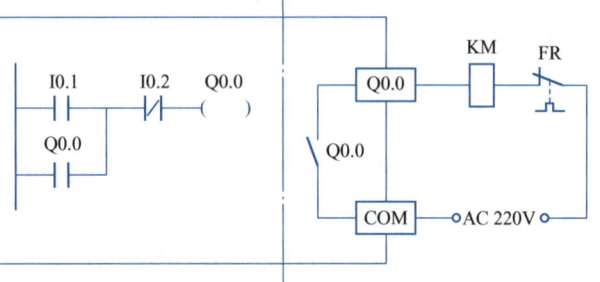

输出继电器 Q0.0 的等效电路如图 8-2 所示。当输入端 I0.1 外接的按钮按下时，I0.1 的线圈得电，梯形图中的 I0.1 的常开触点就会闭合；输入端 I0.2 外接的按钮未按下时，I0.2 的线圈未得电，梯形图中 I0.2 的常闭触点保持原来的闭合状态；这样"能流"（不是真正的电流，而是假想的，只能从左母线往右流）就可以从左母线经过 I0.1 的常开触点和 I0.2 的常闭触点流到输出继电器 Q0.0 的线圈，使输出继电器 Q0.0 得电，并联在 I0.1 常开触点上的 Q0.0 的常开触点闭合，实现自锁，这样 I0.1 的常开触点断开后，Q0.0 的线圈也能维持得电。输出端 Q0.0 的常开触点（真正的微型继电器触点）闭合，接在 Q0.0 端子上的交流接触器线圈 KM 即可通电，去控制电动机起动。

图 8-2　输出继电器等效电路

编号范围：Q0.0~Q15.7 共 128 点。

功能：专门用来将输出信号传送给外部负载。

使用输出继电器时，应注意以下几点。

① 一个输出继电器仅有一对常开触点供输出端使用。

② 可提供无数对常开、常闭触点供梯形图内部使用。

③ 输出继电器线圈的通断状态只能在程序内部用指令驱动。

④ 在使用过程中不是所有的输出点编号都可以用，也要看硬件配置。

以上介绍的两种编程元件（也叫作软继电器）都是和用户有联系的，因而又称为 PLC 与外部联系的窗口。

## 【任务实施】

### 8.1.3 三路简易抢答器的控制程序设计

#### 1. I/O 分配

三路简易抢答器 I/O 分配见表 8-1。

表 8-1　三路简易抢答器 I/O 分配表

| 输　　　入 | | | | 输　　　出 | | |
|---|---|---|---|---|---|---|
| S | SB1 | SB2 | SB3 | L1 | L2 | L3 |
| I0.0 | I0.1 | I0.2 | I0.3 | Q0.1 | Q0.2 | Q0.3 |

## 2. I/O 接线图

三路简易抢答器的 I/O 接线图如图 8-3 所示。

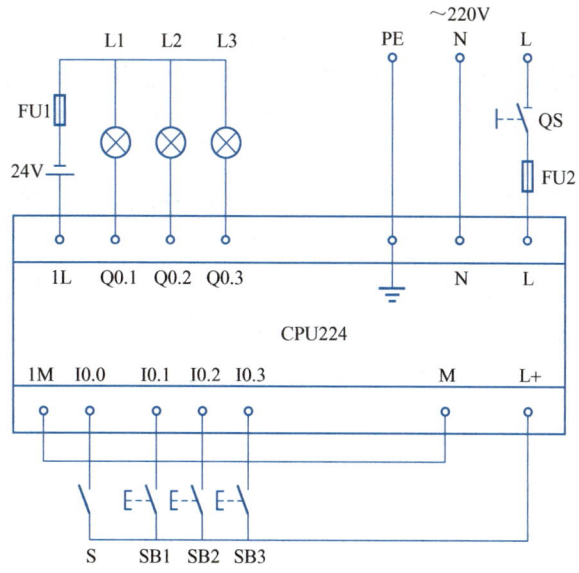

图 8-3　三路简易抢答器的 I/O 接线图

## 3. 梯形图程序

三路简易抢答器的梯形图程序如图 8-4 所示。程序设计方法可扫描二维码 8-1 观看。

二维码 8-1　三路简易抢答器梯形图设计

图 8-4　三路简易抢答器梯形图

## 4. 工作原理

下面把 I/O 接线图和梯形图结合起来分析三路简易抢答器的工作原理。当把 3 个按钮、一个开关和 3 盏指示灯按图 8-3 所示的 I/O 接线图连接完毕，把图 8-4 所示的梯形图也下载到 PLC 中之后，三路简易抢答器控制系统就可以开始工作了。

当答题开关 S 还没合上时（也就是还不允许答题时），和 S 相连接的 PLC 的 I0.0 输入端子没有接通，I0.0 的线圈没有得电，梯形图里 3 个网络中串联的 I0.0 的常开触点为断开状态，3 个输出继电器线圈都无法得电。

当答题开关 S 合上时（也就是允许抢答了），I0.0 输入端子接通，梯形图里 3 个网络中串联的 I0.0 的常开触点全部闭合。假设一号选手率先拍下 SB1，和 SB1 相连接的 PLC 的 I0.1 输入端子接通，梯形图中网络 1 第 1 行第 1 列的 I0.1 的常开触点闭合，则输出继电器 Q0.1 的线圈就可以得电并自锁，连接在 PLC 输出端 Q0.1 上的一号指示灯 L1 即可通电点亮，表示一号选手抢答成功。

一号选手抢答成功后，串联在网络 2 和网络 3 中的 Q0.1 的常闭触点断开，实现了互锁，这时再按下 SB2（或者 SB3）也不会点亮 L2（或者 L3）了。

答题结束后，断开答题开关 S，则 I0.0 常开触点复位，Q0.1 断电，L1 灭。这时主持人可以提出下一轮问题。等再将答题开关 S 合上时，方可进行下一轮抢答。

二号选手和三号选手抢答时的情况读者可自行分析。

## 【知识拓展】

### 8.1.4  编程软件的使用

#### 1. 计算机配置要求

V4.0 STEP 7 –Micro/WIN 编程软件有 SP3、SP4、SP5、SP6 等版本，目前最新的为 SP9 版本。安装 V4.0 STEP 7 –Micro/WIN SP9 时要求计算机上不能有其他 SP 版本，如果先前已经安装了其他版本，需要先将其他版本卸载后再安装 SP9。

#### 2. V4.0 STEP 7–Micro/WIN SP9 编程软件的安装步骤

将"win7 系统可安装的 s7-200 编程软件 sp9 下载"压缩文件解压，双击"4.0.9.25_Individual"文件夹，再双击"Disk1"文件夹，找到"setup"应用程序即可开始安装。选择安装语言为 English，然后在陆续出现的界面上单击"Next""Yes""OK"按钮，最后单击"Finish"按钮，完成安装。详细安装步骤见二维码视频 8-2。

二维码 8-2 编程软件的安装

#### 3. V4.0 STEP 7–Micro/WIN SP9 编程软件的汉化

编程软件的汉化步骤见二维码视频 8-3。

#### 4. STEP 7–Micro/WIN 的主界面

编程软件的主界面简介见二维码视频 8-4。

#### 5. 输入程序

如何在编程软件中输入程序见二维码视频 8-5。

二维码 8-3 编程软件的汉化

二维码 8-4 编程软件的主界面

二维码 8-5 输入程序

输入完程序之后，如果有实操条件，接下来就该对程序进行编译、下载、运行和监控了。详细的操作步骤见实验指导书。这里只介绍无实操条件下如何利用仿真软件进行测试。

## 8.1.5　仿真软件的使用

### 1. 编译

编译的详细操作步骤见二维码视频 8-6。

### 2. 导出

导出的详细操作步骤见二维码视频 8-7。

### 3. 打开仿真软件

如何打开仿真软件见二维码视频 8-8。

二维码 8-6　编译

二维码 8-7　导出

二维码 8-8　打开仿真软件

### 4. 在仿真软件中进行硬件配置

硬件配置的详细操作步骤见二维码视频 8-9。

### 5. 装载程序

装载程序的详细操作步骤见二维码视频 8-10。

### 6. 仿真运行

仿真运行的详细操作步骤见二维码视频 8-11。

二维码 8-9　硬件配置

二维码 8-10　装载程序

二维码 8-11　仿真运行

## 8.1.6　小试牛刀

### 一、单项选择题

1. S7-200 系列 PLC 中输入继电器位地址采用（　　）进制数字进行编号。

A. 二　　　　　　　B. 八　　　　　　　C. 十　　　　　　　D. 十六

2. PLC 内部编程元件中只能由外部信号驱动的是（　　）。

A. 输入继电器　　　B. 输出继电器　　　C. 定时器　　　　　D. 计数器

3. PLC 中一个输出继电器可以提供（　　）常开触点供外部使用。

A. 一对　　　　　　B. 两对　　　　　　C. 无限对

4. 下列哪种编程语言不是 STEP 7-Micro/WIN 编程软件所采用的？（　　）

A. 梯形图　　　　　B. 语句表　　　　　C. C 语言　　　　　D. 功能块图

5. S7-200 型 PLC 的梯形图中不允许出现以下哪个地址编号？（　　）

A. I1.3　　　　　　B. M0.6　　　　　　C. Q0.8　　　　　　D. T37

6. PLC 等效的输出继电器由什么驱动？（　　）

A. 输入信号　　　　B. 外部信号　　　　C. 程序内部指令　　D. 定时器信号

7. 下列对 PLC 软继电器的描述正确的是（　　　）。

A. 有无数对常开和常闭触点供编程时使用　B. 只有两对常开和常闭触点供编程时使用

C. 不同型号的 PLC 的情况可能不一样　　　D. 以上说法都不正确

8. 输出继电器的常开触点在梯形图中可以使用多少次？（　　　）

A. 1 次　　　　　　　B. 10 次　　　　　　C. 100 次　　　　　　D. 无限次

9. 在 STEP 7-Micro/WIN 编程软件中，快捷按钮 ☑ 的功能是（　　　）。

A. 正确　　　　　　　B. 编译　　　　　　C. 全部编译　　　　　D. 编辑

10. 在 STEP 7-Micro/WIN 编程软件中，快捷按钮 ▾ 的功能是（　　　）。

A. 下载　　　　　　　B. 上载　　　　　　C. 运行　　　　　　　D. 停止

## 二、设计实操题

模仿三路简易抢答器的梯形图程序，设计出九路简易抢答器的梯形图程序并加以实操验证。具体要求和实验步骤详见实验指导书实验 1。

## 任务 8.2　四路 LED 抢答器的控制

## 【任务引入】

七段 LED 数码管在生活中随处可见，比如十字路口的交通灯倒计时器和数字钟的时间显示器等都用到了它。本任务仍以抢答器为例，介绍用 LED 显示抢答组对应数字的控制方法。

## 【学习目标】

1）掌握七段 LED 数码管的基本知识。

2）掌握中间继电器的使用方法。

3）掌握控制电路的设计方法。

4）掌握输出电路的设计方法。

## 【任务描述】

四路 LED 抢答器的控制要求如下。

1）可供 4 个竞赛组进行竞赛，每组各有 1 个抢答按钮，分别为 SB1、SB2、SB3 和 SB4。

2）第 1 个按下抢答按钮的组可以答题，后按下的无效。

3）抢答器设有复位按钮 SB0，复位后可重新抢答。

4）由 LED 数码管显示抢答的组号码，即当第 1 组抢答成功时 LED 显示数字"1"，当第 2 组抢答成功时 LED 显示数字"2"……依此类推。

## 【任务分析】

从四路 LED 抢答器的控制要求中可以看出，此任务是用 5 个按钮（4 个抢答按钮和 1 个复位按钮）去控制 1 个 LED 数码管显示不同的数字。我们对 LED 数码管虽然并不陌生，但是编程控制它，以前应该没有做过吧？接下来就介绍 LED 数码管的基本知识。

# 【相关知识】

## 8.2.1 LED 数码管简介

七段 LED 数码管的外形如图 8-5a 所示，它由 a、b、c、d、e、f、g 和小数点共八段发光二极管组成，由于小数点很少使用，故常称为七段 LED 数码管。

七段 LED 数码管有共阴极和共阳极两种接法。共阴极接法的 LED 数码管，如图 8-5b 所示。当各段输入高电平时导通发光，输入低电平时不导通不发光。

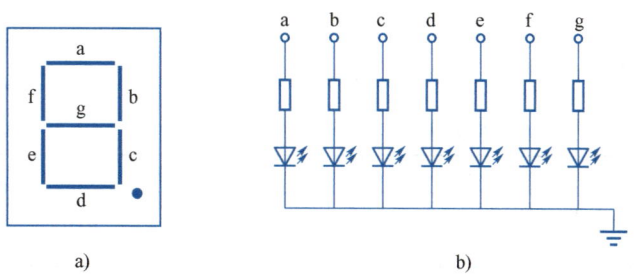

图 8-5 LED 数码管

a）外形示意图　b）共阴极接法

选择不同字段发光，可显示出不同的数字。七段 LED 数码管显示的十六进制数字字形见表 8-2。

表 8-2 七段 LED 数码管显示的十六进制数字与字形对照表

| 十六进制数字 | 0 | 1 | 2 | 3 | 4 | 5 | 6 | 7 |
|---|---|---|---|---|---|---|---|---|
| 字形 | $0$ | $I$ | $2$ | $3$ | $4$ | $5$ | $6$ | $7$ |
| 十六进制数字 | 8 | 9 | A | b | C | d | E | F |
| 字形 | $8$ | $9$ | $A$ | $b$ | $C$ | $d$ | $E$ | $F$ |

根据七段 LED 数码管的外形示意图和显示数字与字形对照表可以得出七段 LED 数码管显示数字与输出对照表，见表 8-3。

表 8-3 七段 LED 数码管显示的十六进制数字与输出对照表

| 输　　出 | 十六进制 | | | | | | | | | | | | | | | |
|---|---|---|---|---|---|---|---|---|---|---|---|---|---|---|---|---|
| | 0 | 1 | 2 | 3 | 4 | 5 | 6 | 7 | 8 | 9 | A | b | C | d | E | F |
| a 段 | + | − | + | + | − | + | + | + | + | + | + | − | + | − | + | + |
| b 段 | + | + | + | + | + | − | − | + | + | + | + | − | − | + | − | − |
| c 段 | + | + | − | + | + | + | + | + | + | + | + | I | + | + | − | − |
| d 段 | + | − | + | + | − | + | + | − | + | + | − | + | + | + | + | − |
| e 段 | + | − | + | − | − | − | + | − | + | − | + | + | + | + | + | + |
| f 段 | + | − | − | − | + | + | + | − | + | + | + | + | − | − | + | + |
| g 段 | − | − | + | + | + | + | + | − | + | + | + | + | − | + | + | + |

注：表中"+"表示得电、亮；"−"表示断电，不亮。

## 8.2.2 中间继电器

中间继电器用来保存中间操作状态和控制信息，其作用相当于继电器控制电路中的中间继电器。其地址编号范围为 M0.0～M31.7，共 256 点。

中间继电器与硬件配置无关，没有输入/输出端与之相对应，256 个中间继电器均可在梯形图程序中使用。

中间继电器一般用在输入继电器无法或不方便直接控制输出继电器的场合。这时可以用输入继电器先控制中间继电器的线圈，再用中间继电器的触点去控制输出继电器的线圈。

## 【任务实施】

### 8.2.3　四路 LED 抢答器的控制程序设计

#### 1. I/O 分配

四路 LED 抢答器的 I/O 分配情况见表 8-4。

表 8-4　四路 LED 抢答器 I/O 分配

| 输　　入 | | 输　　出 | | | | | | |
|---|---|---|---|---|---|---|---|---|
| 复位按钮 | 一号按钮~四号按钮 | a | b | c | d | e | f | g |
| I0.0 | I0.1~I0.4 | Q0.0 | Q0.1 | Q0.2 | Q0.3 | Q0.4 | Q0.5 | Q0.6 |

#### 2. I/O 接线图

四路 LED 抢答器的 I/O 接线图如图 8-6 所示。

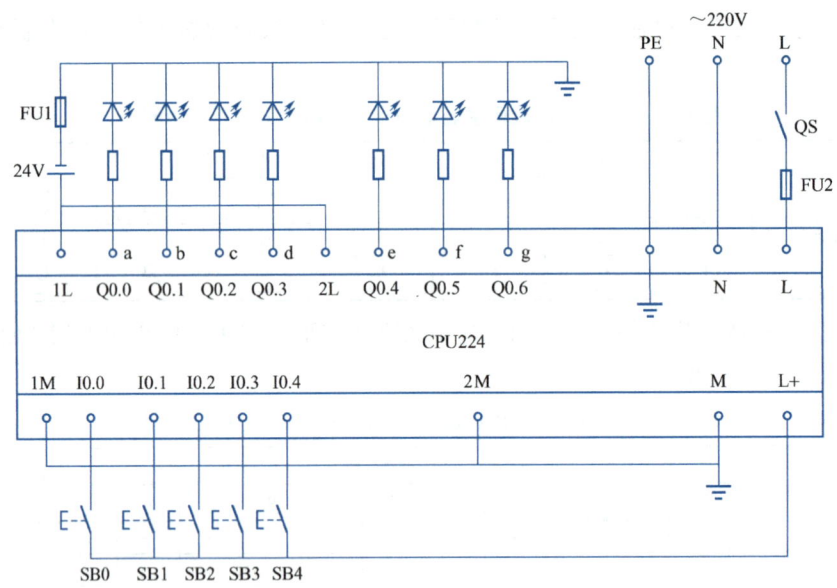

图 8-6　四路 LED 抢答器的 I/O 接线图

#### 3. 梯形图程序

四路 LED 抢答器控制的梯形图设计思路分两步。第一步先用输入继电器控制 4 个中间继电器，第 1 组抢答成功时 M0.1 得电，第 2 组抢答成功时 M0.2 得电，第 3 组抢答成功时 M0.3 得电，第 4 组抢答成功时 M0.4 得电，此部分称为梯形图的控制电路。第二步是用 4 个中间继电器控制七段输出，此部分称为梯形图的输出电路。两部分设计方法不同，视频讲解可分别扫描二维码 8-12 和二维码 8-13 观看。

图 8-7 所示的梯形图为四路 LED 抢答器的控制电路部分。因 1 个抢答按钮只对应 1 个中

间继电器，而且只能有 1 个中间继电器得电，所以四路 LED 抢答器的控制电路和上个任务中三路简易抢答器的梯形图类似，只要考虑好自锁、互锁和复位即可。不同的是上个任务是用输入继电器直接控制输出继电器，本任务是先用输入继电器控制中间继电器。另外需要说明的是，上个任务中用的是答题开关，梯形图中对应的是常开触点；本任务中用的是复位按钮，梯形图中对应的是常闭触点。

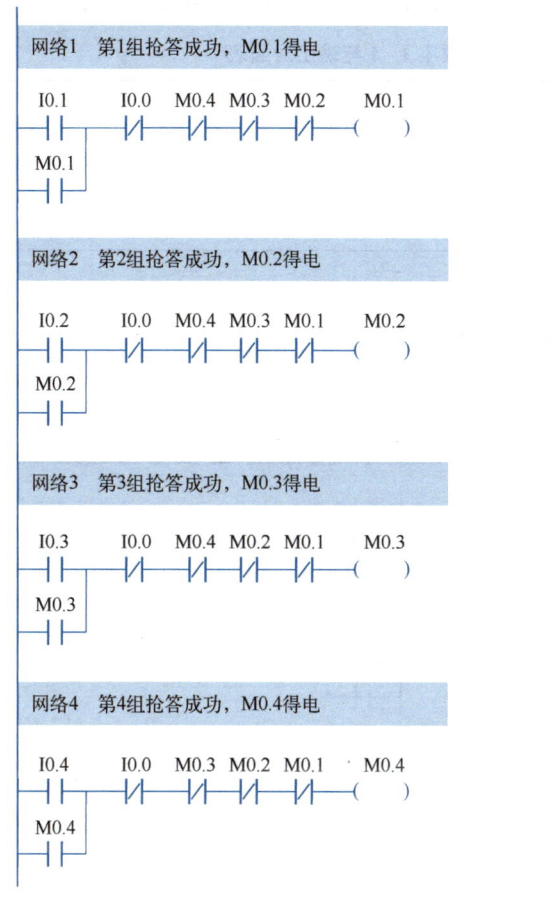

二维码 8-12
LED 控制电路
设计

二维码 8-13
LED 输出电路
设计

图 8-7　四路 LED 抢答器梯形图的控制电路

当第 1 组率先抢答时，即按下 SB1 时，I0.1 常开触点闭合，M0.1 线圈得电自锁，M0.1 的常闭触点断开，其他 3 个中间继电器无法得电，表示第 1 组抢答成功。等答题结束后，按下复位按钮 SB0，I0.0 的常闭触点断开，M0.1 断电解除自锁。松开复位按钮后，I0.0 的常闭触点也复位，可以开始下一轮抢答。

同样道理，第 2 组抢答成功时 M0.2 得电，第 3 组抢答成功时 M0.3 得电，第 4 组抢答成功时 M0.4 得电。

常用的 LED 输出电路的设计方法有 3 种：亮常开并联法、灭常闭串联法和译码复位法。图 8-8 所示的梯形图为用亮常开并联法设计的四路 LED 抢答器的输出电路部分。

这种方法首先从表 8-3 中抽出需要的部分，因为四路 LED 抢答器只显示 1~4 这 4 个数字，所以只需看这 4 列，然后把代表这 4 个数字的中间继电器也一并列出来，形成了表 8-5。

亮常开并联法通过查表 8-5 中"+"的个数和位置来决定 LED 数码管每一段输出线圈左

边并联的常开触点的数量和地址。比如 a 段，通过查表 8-5 中 a 这一行，不难发现，在 1~4 这 4 个数字中，当显示 2 和 3 时 a 段亮，控制电路中代表这两个数字的中间继电器分别为 M0.2 和 M0.3，输出电路中 Q0.0（驱动 a 段）线圈的左边就是这两个中间继电器的常开触点并联。再看 b 段，通过查表 8-5 中 b 这一行，可以发现，显示 1、2、3、4 时 b 段都亮，控制电路中代表这 4 个数字的中间继电器分别为 M0.1、M0.2、M0.3 和 M0.4，输出电路中 Q0.1（驱动 b 段）线圈的左边就是这 4 个中间继电器的常开触点并联。其他各段不再赘述，读者可自行分析。

表 8-5　LED 显示数字 1~4 与输出对照表

| 继　电　器 | M0.1 | M0.2 | M0.3 | M0.4 |
|---|---|---|---|---|
| 数字 | 1 | 2 | 3 | 4 |
| a 段 | − | + | + | − |
| b 段 | + | + | + | + |
| c 段 | + | − | + | + |
| d 段 | − | + | + | − |
| e 段 | − | + | − | − |
| f 段 | − | − | − | + |
| g 段 | − | + | + | + |

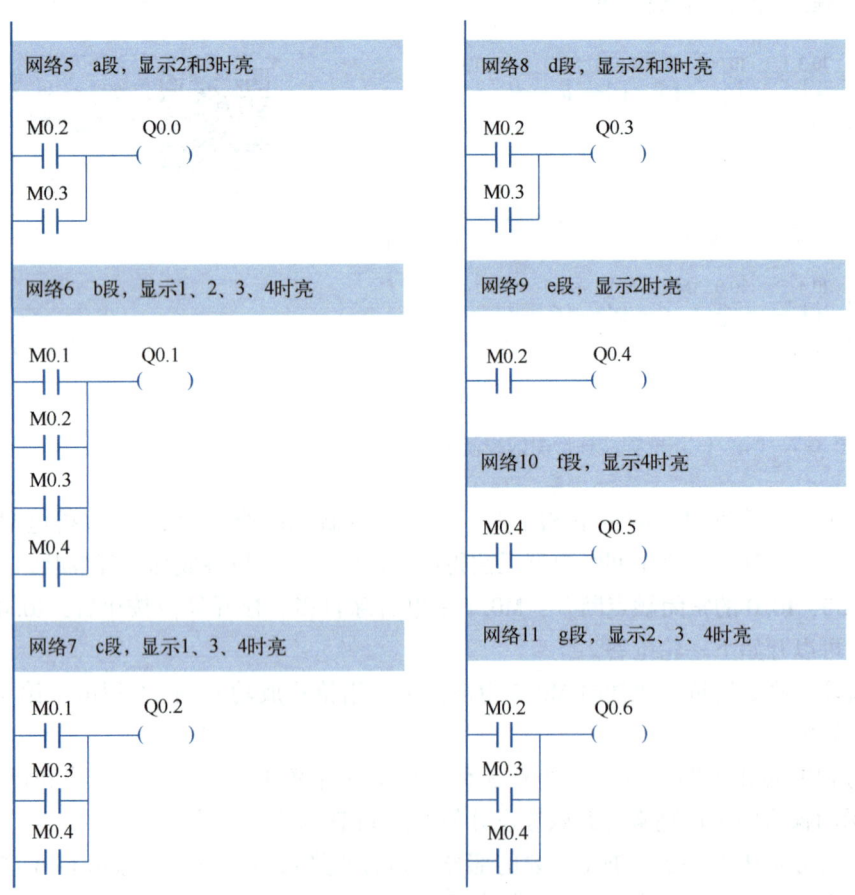

图 8-8　四路 LED 抢答器梯形图的输出电路

**4. 工作原理**

当第 1 组率先按下抢答按钮 SB1 时，I0.1 常开触点闭合，M0.1 线圈得电自锁，M0.1 常开触点（网络 6 和 7）闭合，Q0.1 和 Q0.2 得电，驱动 b 段和 c 段点亮，LED 显示数字"1"。

按下复位按钮 SB0 后，M0.1 线圈断电，其常开触点也复位，所有的中间继电器和输出继电器都断电，可以开始下一轮抢答。

当第 2 组率先按下抢答按钮 SB2 时，I0.2 常开触点闭合，M0.2 线圈得电自锁，M0.2 常开触点（网络 5、6、8、9 和 11）闭合，Q0.0、Q0.1、Q0.3、Q0.4 和 Q0.6 得电，驱动 a 段、b 段、d 段、e 段、g 段点亮，LED 显示数字"2"。

再次复位后，当第 3 组率先按下抢答按钮 SB3 时，I0.3 常开触点闭合，M0.3 线圈得电自锁，M0.3 常开触点（网络 5、6、7、8 和 11）闭合，Q0.0、Q0.1、Q0.2、Q0.3 和 Q0.6 得电，驱动 a 段、b 段、c 段、d 段、g 段点亮，LED 显示数字"3"。

同样，当第 4 组率先按下抢答按钮 SB4 时，I0.4 常开触点闭合，M0.4 线圈得电自锁，M0.4 常开触点（网络 6、7、10 和 11）闭合，Q0.1、Q0.2、Q0.5 和 Q0.6 得电，驱动 b 段、c 段、f 段、g 段点亮，LED 显示数字"4"。

## 8.2.4　小试牛刀

**一、单项选择题**

1. 若要使七段 LED 数码管显示数字 5，则（　　）几段点亮。

A. a–b–c–d–e　　　　　　　　B. a–c–d–e–g

C. a–c–d–f–g　　　　　　　　D. b–c–e–f–g

2. 七段 LED 数码管的 c–d–e–f–g 几段点亮，则显示的是（　　）。

A. 十进制数字 6　　　　　　　B. 十六进制数字 B

C. 十六进制数字 b　　　　　　D. 乱码，不是数字

3. 下面几项有关中间继电器的说法中，不正确的是（　　）。

A. 标识符为 M　　　　　　　　B. 一共有 256 个

C. 与硬件无关　　　　　　　　D. 若 I0.1 开关坏了，则 M0.1 就不能用了

**二、实操题**

1. 九路 LED 抢答器控制。

2. 3–8 译码显示器控制。

控制要求详见实验指导书实验 2。

## 任务 8.3　"天塔之光"彩灯控制

## 【任务引入】

在实际控制系统中，有相当多的要求都与时间有关，都是按时间段自动去完成某项工作。在 PLC 中，时间的长短是用定时器这个编程元件来控制的。本任务就以"天塔之光"彩灯控制为例，介绍定时器及其使用方法。

## 【学习目标】

1) 进一步掌握输入继电器和输出继电器的使用。

2) 理解并掌握通电延时定时器的原理及使用方法。

3) 学习简单梯形图的设计和修改方法。

## 【任务描述】

"天塔之光"彩灯排列位置如图 8-9a 所示。其控制要求如下。

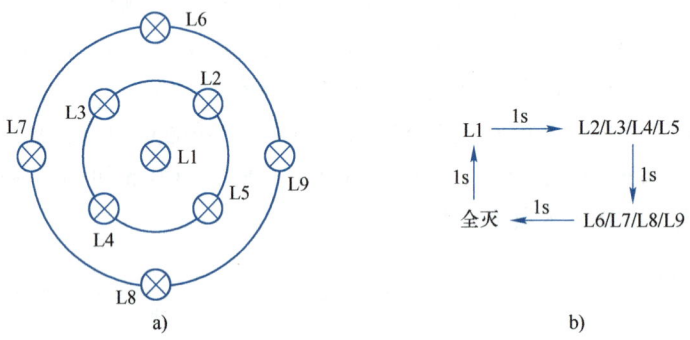

图 8-9　"天塔之光"彩灯

a) 排列示意图　b) 点亮次序示意图

启动开关 S 闭合后，首先是 L1 亮（其他灯都不亮）；1 s 后 L1 灭，L2、L3、L4、L5 这 4 个小圈中的灯亮；再隔 1 s，L2、L3、L4、L5 灭，大圈中的 L6、L7、L8、L9 亮；1 s 后全灭；全灭 1 s 后 L1 再亮，开始下一轮循环，即 9 盏彩灯按"花开"方式循环点亮，如图 8-9b 所示。

断开启动开关 S，所有灯全灭。

## 【任务分析】

从控制要求来看，启动开关 S 是输入设备，9 盏彩灯是被控对象，属于输出设备，控制要求中的 1 s 的时间则需要通过另一种新的编程元件——定时器来进行控制。

## 【相关知识】

### 8.3.1　定时器

#### 1. 定时器的分类

按分辨率来分，有 1 ms、10 ms、100 ms 3 种定时器。

按工作方式来分，有通电延时定时器（TON）、断电延时定时器（TOF）和保持型通电延时定时器（TONR）3 种。

#### 2. 定时器状态描述

S7-200 系列 PLC 的定时器是对内部时钟累计时间增量计时的。每个定时器均有一个当前值寄存器、一个预置值寄存器和一个定时器位。

定时器的预置值寄存器是 16 位的，用来存放设定值，设定值是 16 位有符号整数 $1 \sim 32767$（注：$2^{15}-1=32767$）。一旦设定好设定值就不会再变了。

定时器的当前值寄存器用来存储定时器累计的时基增量值，存储值是 16 位有符号整数 $1 \sim 32767$。当前值在程序运行过程中是不断变化的。

定时器位用来描述定时器延时动作触点的状态。定时器位为 ON 时，梯形图中对应的常开触点闭合，常闭触点断开；定时器位为 OFF 时，梯形图中对应的常开触点断开，常闭触点闭合。定时器没有瞬动触点。

### 3. 定时器编号与定时范围

定时器的编号范围为 T0~T255。但是不同的分辨率、不同的定时器类型，编号也不一样，不能随便乱用。定时器的编号与定时范围见表 8-6。

表 8-6　定时器编号与定时范围

| 定时器类型 | 分辨率/ms | 最大定时范围/s | 定时器编号 |
|---|---|---|---|
| TONR | 1 | 32.767 | T0, T64 |
| | 10 | 327.67 | T1~T4, T65~T68 |
| | 100 | 3276.7 | T5~T31, T69~T95 |
| TON TOF | 1 | 32.767 | T32, T96 |
| | 10 | 327.67 | T33~T36, T97~T100 |
| | 100 | 3276.7 | T37~T63, T101~T255 |

注：TOF 和 TON 的编号范围虽然相同，但不能重复使用。

### 4. 定时时间

S7-200 系列 PLC 的定时器的定时时间等于设定值与分辨率的乘积，比如 T37 为 100 ms 定时器，如果设定值为 10，则可定时 1 s。

### 5. 通电延时定时器（TON）工作原理

下面以图 8-10 所示的定时器电路为例来介绍通电延时定时器（TON）的工作原理。

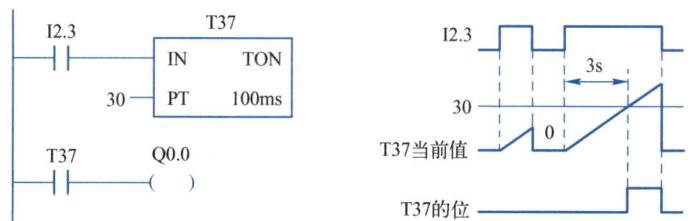

图 8-10　TON 原理示意图

当 I2.3 闭合时，T37 的使能输入端（IN）接通，T37 开始定时，T37 的当前值从 0 开始每隔 100 ms 自动增 1。如果当前值还没增加到预设值（PT 端的数字 30）时，使能输入端 IN 就断开了，则当前值立刻变为 0。所以使用 TON 定时器时，一定要使 IN 端接通的时间大于定时时间。当 I2.3 再次接通时，T37 的当前值又从 0 开始每隔 100 ms 自动增 1，当前值增加到 30（设定值）时，T37 定时器位变为 ON，梯形图中对应的 T37 的常开触点闭合，Q0.0 线圈得电。

达到设定值后，当前值继续增大，直到最大值 32767 时停止。

输入电路断开时，定时器自动复位，当前值被清零，定时器位变为 OFF。

### 6. 断电延时定时器（TOF）工作原理

如图 8-11 所示，使能输入端接通时，定时器当前值被清零，同时定时器位变为 ON。当输入端断开时，当前值从 0 开始增加，当达到设定值时，定时器位变为 OFF，当前值保持不变，对应梯形图中定时器的常开触点断开，常闭触点闭合。

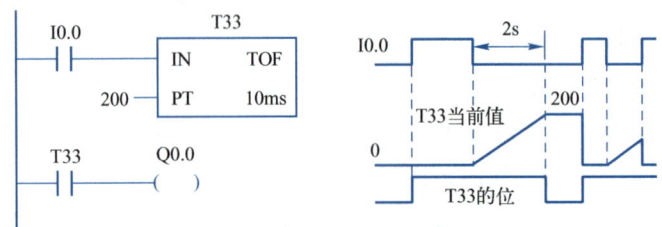

图 8-11　TOF 原理示意图

### 7. 保持型通电延时定时器（TONR）工作原理

如图 8-12 所示，输入端接通时开始定时，定时器当前值从 0 开始增加；当未达到定时时间而输入端断开时，定时器当前值保持不变；当输入端再次接通时，当前值继续增加，达到设定值时，定时器位变为 ON。当 I0.3 接通时，定时器 T2 被复位（复位指令 R 详见本书 9.1.3 节）

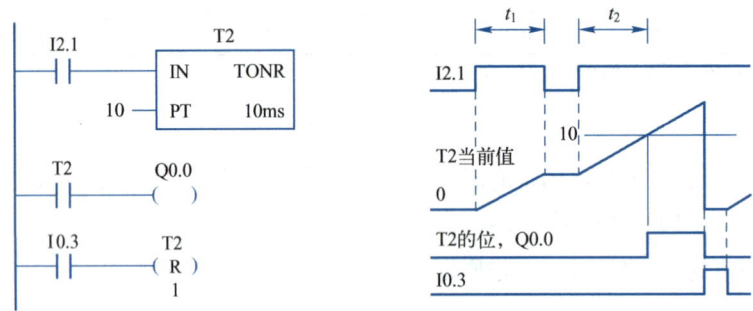

图 8-12　TONR 原理示意图

## 【任务实施】

### 8.3.2 "天塔之光"彩灯"花开"控制

#### 1. I/O 分配

"天塔之光"彩灯控制的 I/O 分配见表 8-7。

表 8-7　"天塔之光"彩灯控制的 I/O 分配表

| 输　入 | 输　出 | | | | | | | | |
|---|---|---|---|---|---|---|---|---|---|
| 启动开关 S | L1 | L2 | L3 | L4 | L5 | L6 | L7 | L8 | L9 |
| I0.0 | Q0.1 | Q0.2 | Q0.3 | Q0.4 | Q0.5 | Q0.6 | Q0.7 | Q2.0 | Q2.1 |

### 2. I/O 接线图

"天塔之光"彩灯控制的 I/O 接线图如图 8-13 所示,硬件配置选择了 CPU224 模块和扩展模块 EM223。

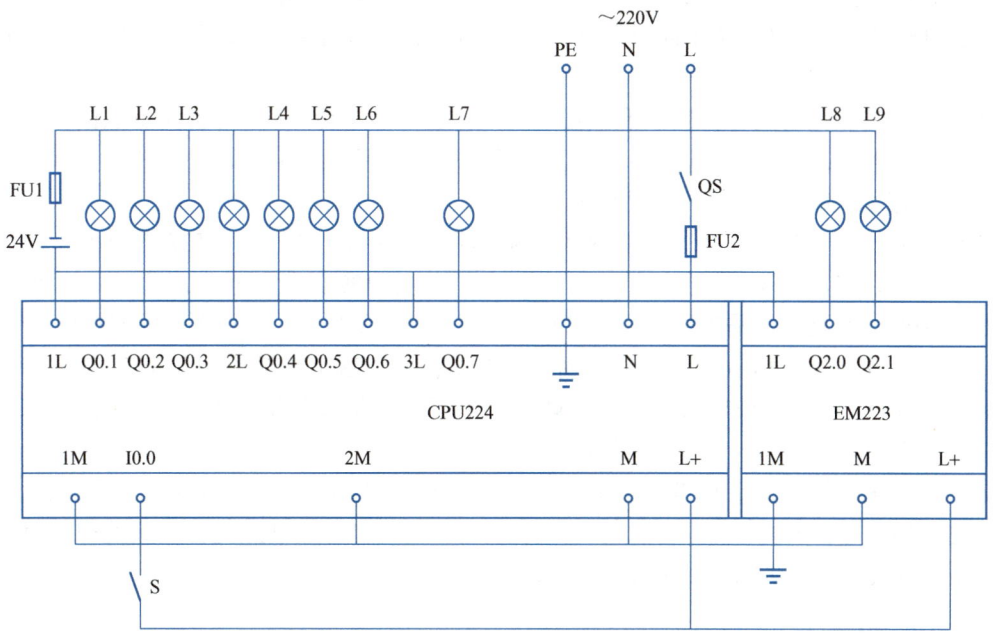

图 8-13　"天塔之光"彩灯控制的 I/O 接线图

### 3. 梯形图程序

"天塔之光"彩灯控制的梯形图如图 8-14 所示,设计方法可扫二维码 8-14 观看。

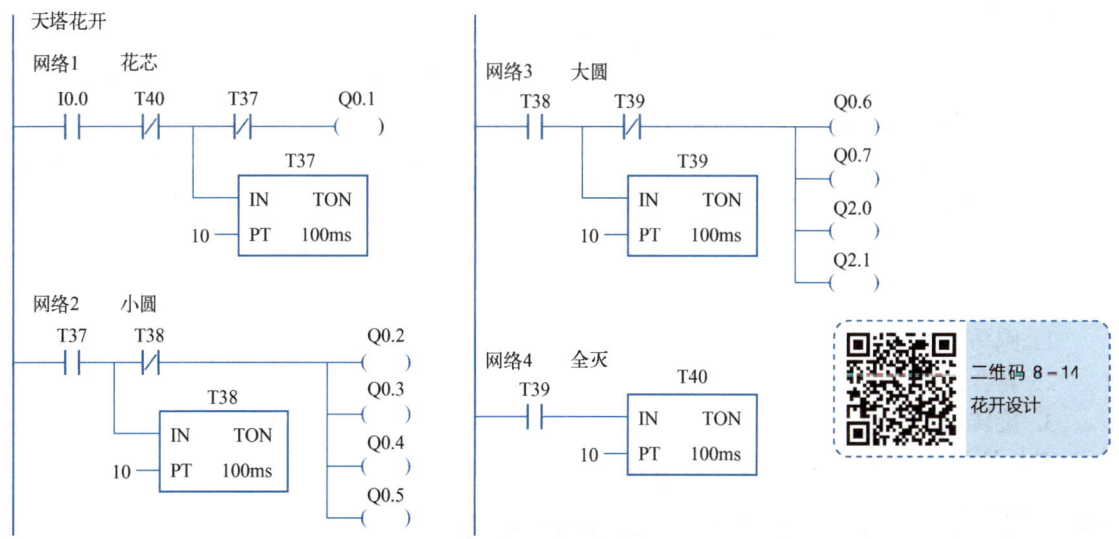

图 8-14　"天塔之光"彩灯控制梯形图

### 4. 工作原理

当启动开关 S 闭合时,I0.0 常开触点闭合,从网络 1 可以看出,Q0.1 线圈得电,驱动 L1 (花芯)点亮,同时 T37 开始定时,1s 后定时时间到,T37 的常闭触点断开,Q0.1 断电,L1

灭，同时网络 2 中的 T37 的常开触点闭合，使 Q0.2、Q0.3、Q0.4 和 Q0.5 同时得电，驱动 L2、L3、L4 和 L5 也就是小圆中的 4 盏灯同时点亮。

小圆中 4 盏灯亮的同时，T38 开始定时，1s 后定时时间到，T38 的常闭触点断开，Q0.2、Q0.3、Q0.4 和 Q0.5 同时失电，L2、L3、L4 和 L5 灭，而网络 3 中的 T38 的常开触点闭合，使得 Q0.6、Q0.7、Q2.0 和 Q2.1 同时得电，驱动 L6、L7、L8 和 L9 也就是大圆中的 4 盏灯同时点亮。

大圆中 4 盏灯亮的同时，T39 开始定时，1s 后定时时间到，T39 的常闭触点断开，Q0.6、Q0.7、Q2.0 和 Q2.1 同时失电，L6、L7、L8 和 L9 灭。而网络 4 中的 T39 的常开触点闭合，T40 又开始定时，此时 9 盏灯为全灭状态。

T40 定时 1s 后，网络 1 中的 T40 的常闭触点断开，使得 T37 断电，T37 常开触点复位，又使得 T38 断电，T38 的常开触点复位，又使得 T39 断电，T39 的常开触点复位，又使得 T40 断电。也就是说，在这个扫描周期，几个定时器全部都断电复位了。在接下来的扫描周期里，因为 T37、T38、T39 和 T40 在上个扫描周期都断电了，所以这个扫描周期里 T37、T38、T39 和 T40 的常闭触点都是闭合的，那么 Q0.1 就又得电了，于是又开始了下一个"花芯"→"小圆"→"大圆"→全灭的"花开"式循环点亮。

当启动开关 S 断开时，I0.0 常开触点断开，使得 T37 断电，T37 常开触点复位，又使得 T38 断电，T38 的常开触点复位，又使得 T39 断电，T39 的常开触点复位，又使得 T40 断电，所有的输出继电器也全部断电，9 盏灯全灭。

### 8.3.3 小试牛刀

**一、单项选择题**

1. 定时器的地址编号范围为（　　）。

A. T1~T256　　　　B. T0~T255　　　　C. T1~T512　　　　D. T0~T511

2. 定时器设定值 PT 采用的寻址方式是（　　）。

A. 位寻址　　　　B. 字寻址　　　　C. 双字寻址　　　　D. 字节寻址

3. S7-200 系列 PLC 中，定时器 T37 的定时范围为（　　）s。

A. 1~32767　　　　B. 0.1~3276.7　　　　C. 0.01~327.67　　　　D. 0.001~3276.7

4. S7-200 系列 PLC 中，下面哪个指令不是定时器指令？（　　）

A. TOF　　　　B. TONR　　　　C. CTUD　　　　D. TON

**二、设计实操题**

1. 跑马灯控制

2. 花合控制

3. 旋转风车控制

具体控制要求详见实验指导书实验 3。

## 任务8.4 正、反转控制电路的 PLC 改造

## 【任务引入】

研制 PLC 的初衷就是用它取代继电器控制柜。不管现在的 PLC 功能有多强大，可以实现

多么复杂的现代控制，都不要忘了当时研制 PLC 的初心。目前，仍有不少 PLC 厂家致力于微型 PLC 的推广，以期取代最小的继电-接触器控制系统。

继电-接触器控制系统经过长期使用和考验，已被证明能完成控制要求，而梯形图又与继电器控制电路有很多相似之处，所以可根据继电器控制电路来设计梯形图程序，即用 PLC 的外部硬件接线和梯形图程序来实现继电-接触器控制系统的功能，这种方法叫作继电器电路移植法。

本任务以读者比较熟悉的三相异步电动机正、反转控制电路的 PLC 改造为例，介绍一下继电器电路移植法。

## 【学习目标】

1）熟悉用继电器电路移植法设计梯形图。

2）理解常闭触点输入的两种处理方法。

## 【任务描述】

将图 8-15 所示的接触器控制的三相异步电动机正、反转控制电路改造成由 PLC 控制，其功能不变。

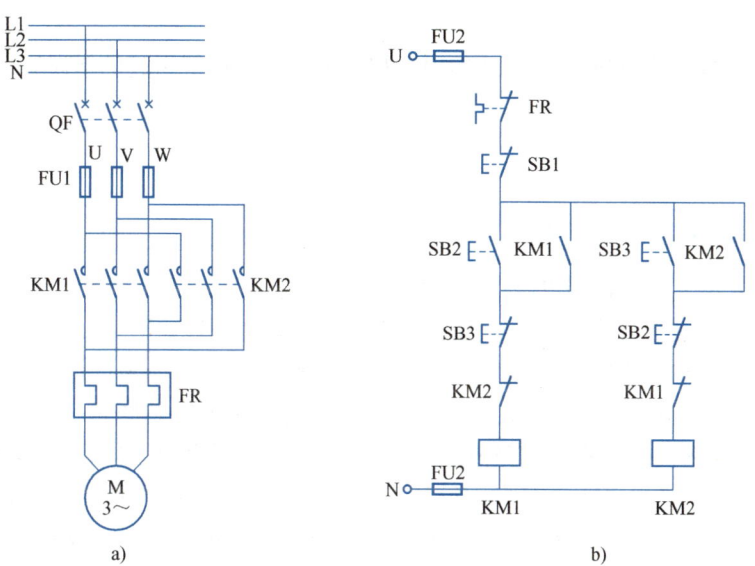

图 8-15　三相异步电动机的正、反转控制

a）正、反转控制主电路　b）按钮-接触器双重联锁正、反转控制电路

## 【相关知识】

### 8.4.1　继电器电路移植法的一般步骤

1）认真研究继电器控制电路及有关资料，深入理解控制要求。

2）对继电器控制电路中用到的低压电器进行分析、归纳。

继电器控制电路中的交流接触器（KM）、电磁阀（YV）、电磁铁（YC）等执行电器一般用 PLC 的输出继电器来控制，它们的线圈接在 PLC 的输出端。

按钮（SB）、限位开关（SQ）、转换开关（SA）、速度继电器（KS）等用来提供控制命令和反馈信号，它们的触点接在 PLC 的输入端，一般使用常开触点。

中间继电器（KA）和时间继电器（KT）的功能通过 PLC 内部的中间继电器和定时器来完成，它们与 PLC 的外部接线无关。

如果对过载无特殊要求，可将热继电器（FR）的常闭触点接在 PLC 的输出端直接通断电源更为可靠，梯形图中不再考虑。如果对过载有特殊要求，则要将热继电器的常开触点接在 PLC 的输入端。

熔断器（FU）接在 PLC 外部即可，梯形图中不考虑。

3）PLC 的选型。PLC 的选型应从 I/O 点数（通常根据统计的 I/O 点数，增加 10%～20% 的可扩展余量）、电源模块、通信组网能力等方面综合考虑。PLC 选型的基本原则是在满足功能要求、保证可靠性、维护方便的前提下，力求最佳的性价比。选择时主要考虑合理的结构类型、安装方式、相应的功能要求、响应速度要求、系统可靠性要求、模型尽可能统一等因素。

4）分配 I/O 地址，作出 PLC 的 I/O 接线图。要特别注意对原继电器控制电路中作为输入设备的常闭触点的处理。

5）用 PLC 的软继电器符号和 I/O 编号取代原继电器控制电路中的电气符号，画出梯形图草图。

6）整理梯形图（注意避免因 PLC 的周期扫描工作方式可能引起的错误）。

## 【任务实施】

### 8.4.2　正、反转控制电路的 PLC 改造

1）认真研究正、反转控制电路，深入理解控制要求。

图 8-15 所示三相异步电动机正、反转控制电路的动作原理如下。

合上开关 QF，按下正转起动按钮 SB2，KM1 线圈得电自锁，KM1 主触点闭合，电动机正转。如需反转，不必按停止按钮，直接按下 SB3（注意一定要按到底），则 SB3 的常闭触点先断开，使 KM1 线圈断电、KM1 所有触点复位，然后 SB3 的常开触点闭合，KM2 线圈就可以通电自锁了，于是电动机由正转直接变为反转。同理，再按下 SB2 可以使电动机由反转改为正转。这种电路正转、反转直接转换即可，操作比较方便，常称为"正—反—停"控制电路。

2）对继电器控制电路中用到的低压电器进行分析、归纳。

3 个输入设备：SB1、SB2 和 SB3；

2 个输出设备：正向接触器 KM1 和反向接触器 KM2。

对过载无特殊要求，FR 放在 PLC 外部考虑。

3）PLC 选型。本任务就选择 S7-200 PLC 的 CPU224，CPU 模块上自带 14 个输入点和 10 个输出点。

4）分配 I/O 地址，作出 PLC 的 I/O 接线图。

将归纳出的输入/输出设备进行 PLC 的 I/O 编号，并作出输入/输出的接线图，如图 8-16 所示。这里特别要说明的是，接线图中需将原停止按钮 SB1 的常闭触点改为常开触点。另外，为确保在任何情况（例如某一接触器的主触点熔焊）下两个接触器都不会同时接通，在 PLC

的外部设置了由 KM1 和 KM2 常闭触点实现的硬件互锁。

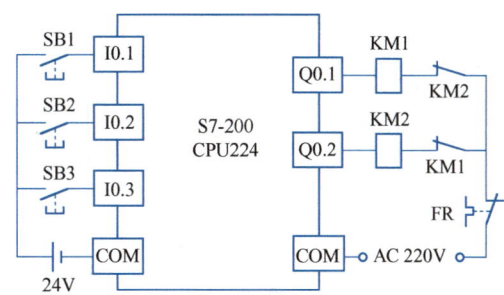

图 8-16  PLC 控制的三相异步电动机正、反转的 I/O 接线图

5) 用 PLC 的软继电器符号和输入/输出编号取代原来的电气符号, 画出梯形图草图, 如图 8-17 所示。

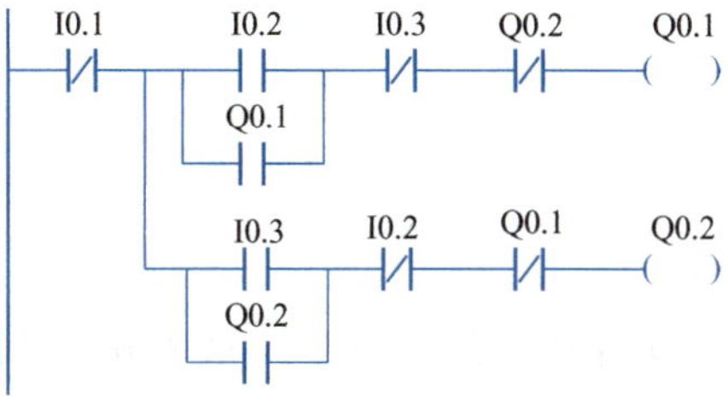

图 8-17  PLC 控制的三相异步电动机正、反转的梯形图草图

6) 整理梯形图, 如图 8-18 所示。一般情况下尽量一个线圈占一个网络, 触点的编排要"上重下轻""左重右轻"(详细讲解可参考实验指导书附录 B)。

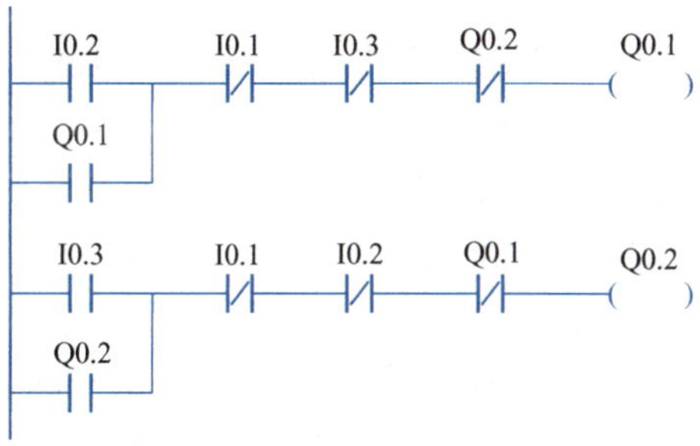

图 8-18  PLC 控制的三相异步电动机正、反转的梯形图

## 8.4.3  PLC 控制的三相异步电动机正、反转工作原理

将接触器控制的三相异步电动机正、反转电路改造成由 PLC 控制, 最终成果如图 8-19 所示。保留原来的主电路, 按 I/O 接线图接线, 把梯形图程序下载到 PLC 中, 改造就完成了。

那么 PLC 控制的三相异步电动机正、反转电路是如何工作的呢?

先看图 8-19a, 按下正转起动按钮 SB2, I0.2 得电; 再看图 8-19b, I0.2 常开触点闭合, Q0.1 得电自锁; 再看图 8-19a, KM1 得电; 再看图 8-19c, KM1 主触点闭合, 电动机正转。

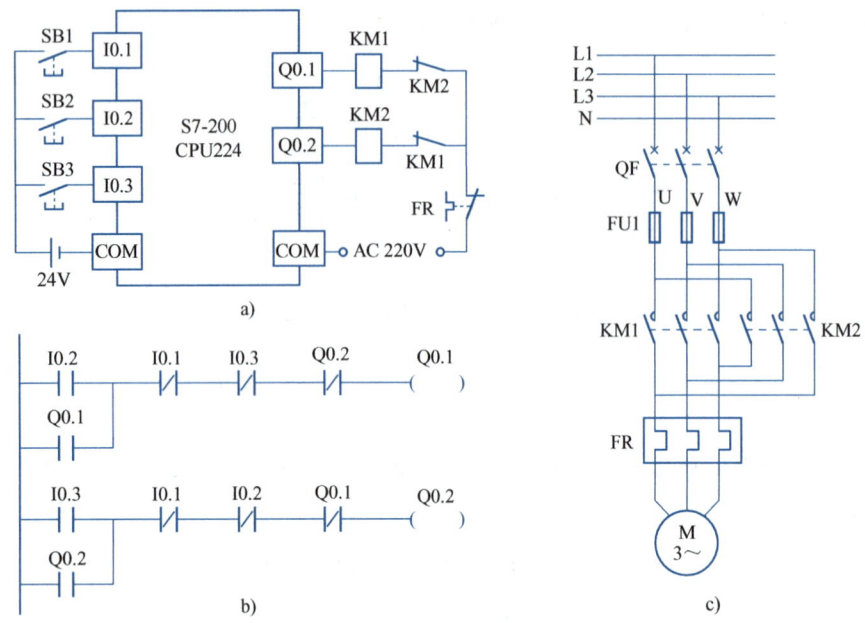

图 8-19 改造成果

a) I/O 接线图  b) 梯形图  c) 主电路

按下停止按钮 SB1, I0.1 得电, I0.1 常闭触点断开, Q0.1 断电, KM1 失电, 电动机停止。

反转的工作原理与正转类似, 读者可以自己分析。

## 【知识拓展】

### 8.4.4 常闭触点输入的处理

PLC 是继电器控制柜 (盘) 的理想替代物, 但在改造过程中必须注意对作为 PLC 输入信号的常闭触点的处理。

我们还以正、反转控制电路的 PLC 改造为例, 如果 I/O 接线时仍沿用继电器控制的习惯, 正转起动按钮 SB2 和反转起动按钮 SB3 选用常开形式, 而停止按钮 SB1 选用常闭形式, 如图 8-20a 所示, 此时如果直接将图 8-20b 所示的梯形图下载到 PLC, 运行程序时会发现输出继电器 Q0.1 和 Q0.2 都无法接通, 电动机不能起动。这是由于图 8-20a 中的停止按钮 SB1 的输入为常闭形式, 在没有按下 SB1 时此触点始终保持闭合状态, 即输入继电器 I0.1 始终得电, 图 8-20b 所示梯形图中的 I0.1 的常闭触点一直处于断开状态, 所以 Q0.1 和 Q0.2 都无法得电。

那么怎么处理这种情况呢? 这里介绍两种处理方法。

#### 1. 方法 1: 外闭内开

如果 I/O 接线时停止按钮 SB1 选用常闭形式, 则必须将梯形图中的 I0.1 触点形式改为常开形式, 如图 8-21 所示。这样未按下停止按钮 SB1 时, I0.1 是得电的, I0.1 的常开触点是闭合的, 不影响正、反转起动。当按下停止按钮 SB1 时, I0.1 断电, I0.1 常开触点复位, 不论是 Q0.1 还是 Q0.2 都会断电, 电动机也就停止了。

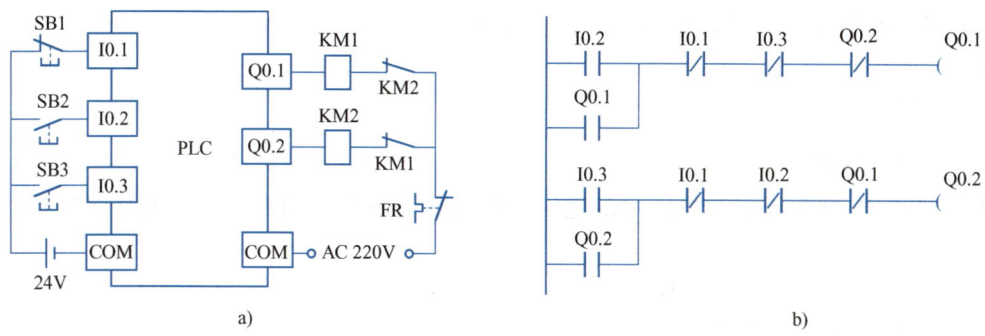

图 8-20　常闭触点输入错误示例
a）I/O 接线　b）梯形图

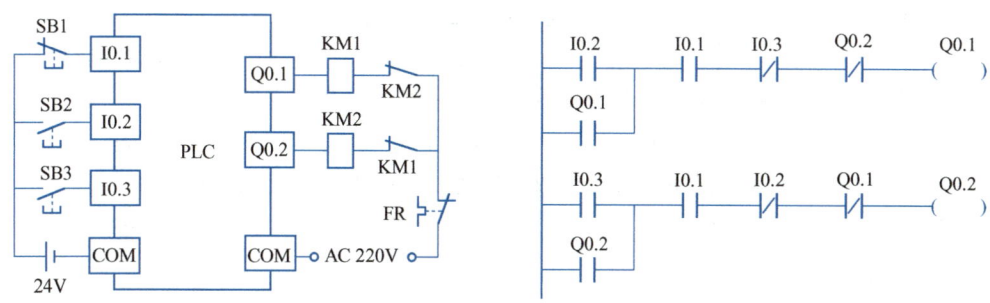

图 8-21　常闭触点输入的处理——外闭内开

这种外闭内开的处理方法有两个问题：一是此类梯形图形式与人们通常的习惯并不一致；二是 SB1 以常闭触点的形式接在 PLC 的输入端，造成该输入端子长时间有电流通过，既费电又会缩短此输入端子的使用寿命。因此这种方法很少使用。

### 2. 方法 2：外开内闭

前述的改造方案里用到的就是这种方法：I/O 接线时所有触点都接成常开形式，梯形图中常闭触点输入的仍为常闭形式，如图 8-22 所示。

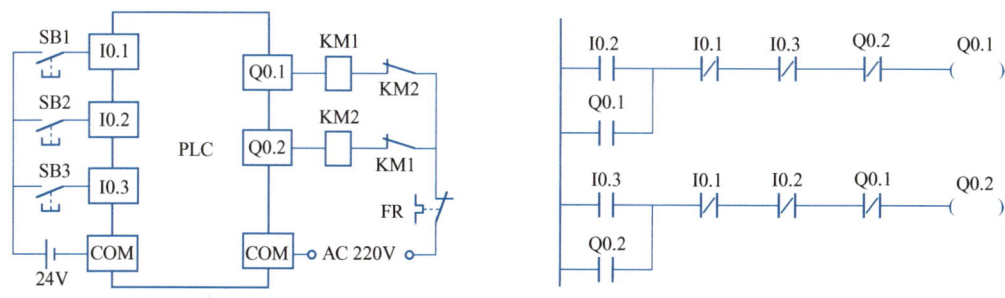

图 8-22　常闭触点输入的处理——外开内闭

实际上设计梯形图时，输入继电器的触点状态全部按相应的输入设备为常开形式进行设计更为合理。这是因为，采用常开触点输入时，可使 PLC 上的输入口在大多数时间内处于断开状态，这样做既可以节电，又可以延长 PLC 输入口的使用寿命，同时在转换为梯形图时也能保持与继电器控制电路图的习惯相一致，不会给编程带来麻烦。因此，建议尽可能用输入设备的常开触点与 PLC 输入端连接，尤其在改造项目中，要尽量将作为 PLC 输入的原常闭触点的接线形式进行改动（某些只能用常闭触点输入的除外）。

## 8.4.5　小试牛刀

### 一、单项选择题

1. 传统继电–接触器控制电路中的速度继电器，进行 PLC 升级改造时对应 S7–200 系列 PLC 的软继电器的标识符是（　　）。

A. T　　　　　　　　B. Q　　　　　　　　C. M　　　　　　　　D. I

2. 传统继电–接触器控制电路中的时间继电器，进行 PLC 升级改造时对应 S7–200 系列 PLC 的软继电器的标识符是（　　）。

A. T　　　　　　　　B. Q　　　　　　　　C. M　　　　　　　　D. I

3. PLC 控制系统能取代继电–接触器控制系统的部分是（　　）。

A. 整体　　　　　　B. 主电路　　　　　　C. 接触器　　　　　　D. 控制电路

4. 在梯形图中，为减少程序所占的步数，应将串联触点多的支路排在（　　）。

A. 左边　　　　　　B. 右边　　　　　　　C. 上边　　　　　　　D. 下边

5. 在梯形图中，为减少程序所占的步数，应将并联触点多的支路排在（　　）。

A. 左边　　　　　　B. 右边　　　　　　　C. 上边　　　　　　　D. 下边

### 二、技术改造题

正、反转丫–△减压起动控制电路的 PLC 改造（详细要求见实验指导书实验 4）。

# 项目 9

# S7-200 PLC 顺序控制设计实例

## 项目要点

- 顺序控制设计法的基本知识。
- 起—保—停设计法。
- 以转换为中心设计法。
- 顺序控制设计法。

任务 9.1　LED 数码管自动循环显示数字的控制

## 【任务引入】

在任务 8.2（四路 LED 抢答器的控制）中我们初次接触了 LED 数码管，基本掌握了让 LED 数码管静态显示数字的方法。而在实际生活中遇到的 LED 数码管，如十字路口的交通灯倒计时和数字钟的时间显示等，都是自动循环显示数字的，是动态的。本任务就以 LED 数码管自动循环显示数字为例，来介绍顺序控制设计法的基本知识。

## 【学习目标】

1）掌握顺序控制设计法的基本知识。

2）初步掌握单序列顺序功能图的画法。

3）初步掌握利用起—保—停方法将顺序功能图转换成梯形图的方法。

4）掌握 LED 输出电路的译码复位设计法。

## 【任务描述】

LED 数码管自动循环显示数字的控制要求如下。

1）PLC 开机后，LED 数码管初始状态为全灭。

2）当启动开关 S 闭合后，LED 数码管显示数字"1"；1s 后显示数字 2，再过 1s 后显示数字"3"，再过 1s 后显示数字"1"……如此实现数字 1~3 自动递增循环显示。

3）当启动开关 S 断开后，LED 数码管全灭，不再显示任何数字。

## 【任务分析】

从控制要求来看，还是用开关 S 去控制 LED 显示不同的数字，但是本任务显然要求的较为复杂。乍看之下感觉无从下手，细想一下又觉得这个控制还是有规律可循的，好像与项目 8 所学的 4 个任务不大一样。

那么我们就来回顾一下。

任务 8.1、任务 8.2 和任务 8.3 中所用的梯形图设计方法为经验设计法。经验设计法就是在一些典型电路的基础上，根据被控对象对控制系统的具体要求，不断地修改和完善梯形图。有时需要多次反复地调试和修改梯形图，增加一些中间编程元件和触点，最后才能得到一个较为满意的结果。这种方法没有普遍的规律可以遵循，具有很大的试探性和随意性，最后的结果不是唯一的，设计所用的时间、设计的质量与设计者的经验有很大的关系，所以把这种方法叫作经验设计法。

任务 8.4 中梯形图的设计方法是第二种设计方法——继电器电路移植法，这种方法用于继电器电路的 PLC 改造。用 PLC 改造继电-接触器控制系统时，因为原有的继电-接触器控制系统经过长期的使用和考验，已被证明能够完成系统要求的控制功能，而且继电器电路图和梯形图在表示方法和分析方法上有很多相似之处，因此可以根据继电器电路图设计梯形图，即将继电器电路图转换为具有相同功能的 PLC 硬件接线图和梯形图。

其实，梯形图还有一种规律性极强且应用很广的设计方法——顺序控制设计法，下面就来了解一下这种方法，然后用顺序控制设计法来完成本任务。

## 【相关知识】

### 9.1.1 顺序控制设计法简介

#### 1. 顺序控制的定义

顺序控制（简称顺控）是按照生产工艺预先规定的顺序，在各个输入信号的作用下，根据内部状态和时间的顺序，使生产过程中的每个执行机构自动有步骤地进行操作。

#### 2. 顺序控制设计法的步骤

1）分析理解系统的工艺过程和控制要求。

2）画出顺序功能图。

顺序功能图是描述控制系统的控制过程、功能和特性的一种图形，也是设计 PLC 的顺序控制程序的有力工具。顺序功能图并不涉及所描述的控制功能的具体技术，它是一种通用的技术语言，可以供进一步设计和不同专业的人员之间进行技术交流之用。

3）根据顺序功能图编写梯形图。

只要顺序功能图画对了，任务就完成了一大半。根据顺序功能图编写梯形图有 3 种规律性极强的方法：起—保—停设计法、以转换为中心设计法和顺控设计法。本书将在接下来的 3 个任务中分别介绍这 3 种方法。

#### 3. 顺序功能图的组成要素

顺序功能图有 5 个组成要素，即步、动作、转换、转换条件和有向连线，如图 9-1 所示。

（1）步的相关概念

1）步：将系统的一个工作周期划分为若干个顺序相连的阶段，这些阶段称为步。

2）步的划分原则：步是根据 PLC 输出量和内部编程元件的状态划分的，只要系统的输出量或内部编程元件（如定时器、计数器）状态发生变化，系统就从原来的步进入新的步。

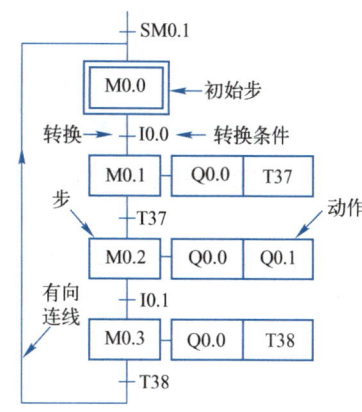

图 9-1　顺序功能图的组成

3）步的表示方法：用矩形方框表示步，框中写上继电器的地址来表示该步的编号。起—保—停设计法和以转换为中心设计法一般用中间继电器 M 的地址，而顺控设计法只能用顺序控制继电器 S 的地址，这点将会在任务 9.3 中介绍。

4）初始步：与系统的初始状态相对应的步称为初始步，用双线框表示。

5）活动步：系统正处于某一步所在的阶段时，该步处于活动状态，称该步为"活动步"。

6）前级步与后续步：当某步为活动步时，它对应的上一步叫作前级步，下一步则叫作后续步。

（2）动作的画法

顺序控制中，系统在每一步都要完成相应的任务或者工作，比如让某个输出继电器得电、某个定时器开始定时等，这些任务或者工作就叫作动作。可以在步的右边加一个矩形框，在框中用简明的文字说明该步的动作。如果某一步中有两个或者多个动作，可以用图 9-2 中的两种画法来表示，但是不代表先后顺序，一步中的动作是同时发生的。

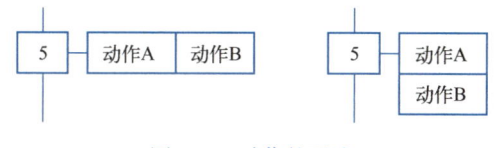

图 9-2　动作的画法

（3）有向连线

在顺序功能图中，各步按运行时工作的顺序排列并用表示变化方向的有向连线连接起来。通常，步的活动状态的进展方向是从上到下、从左到右，这两个方向上的有向连线的箭头可以省略，其他方向不可省略。

（4）转换

转换是用有向连线上与有向连线垂直的短横线来表示的，转换将相邻两步分隔开。步的活动状态的进展是由转换的实现来完成的，并与控制过程的发展相对应。

（5）转换条件

使系统由当前步进入下一步的信号称为转换条件。转换条件可以是外部的输入信号，比如按钮、开关的接通或者断开等，也可以是 PLC 内部产生的信号，比如定时时间到、完成计数等，转换条件还可以是若干个信号的与、或、非逻辑组合。

转换条件的表示方法如图 9-3 所示，这 4 种方法表示的意思是一样的。转换实现的条件是该转换所有的前级步都是活动步，并且相应的转换条件得到满足。转换实现应完成的操作是使所有的后续步变为活动步，并且使所有的前级步变为不活动步。

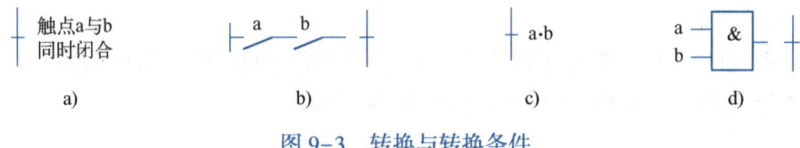

图 9-3　转换与转换条件

### 4. 顺序功能图的基本结构

顺序功能图的基本结构可扫描二维码 9-1 观看。

（1）单序列

单序列由若干个顺序激活的步组成，每一步的后面仅有一个转换，每个转换的后面也仅有一个步，如图 9-4a 所示。

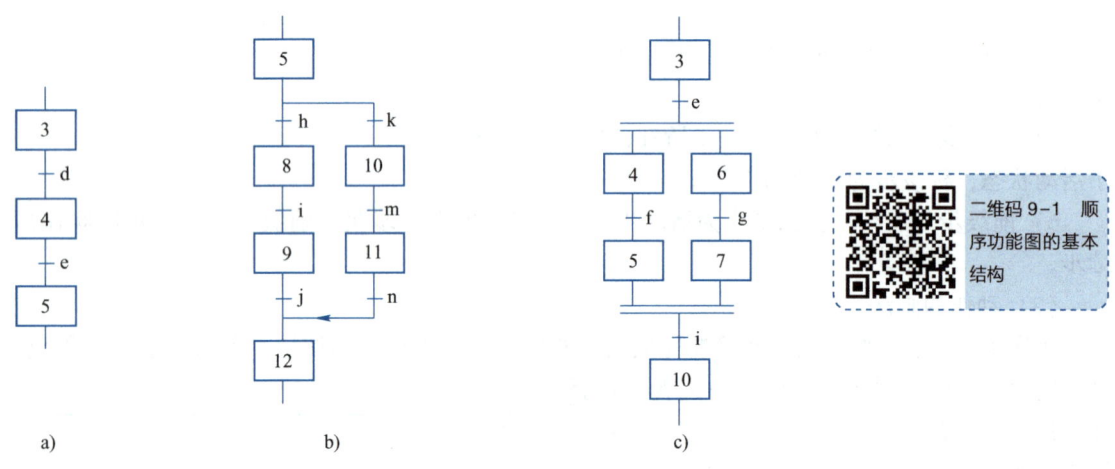

二维码 9-1　顺序功能图的基本结构

图 9-4　顺序功能图的基本结构
a）单序列　b）选择序列　c）并行序列

（2）选择序列

选择序列的开始称为分支，如图 9-4b 中的步 5，转换符号只能标在水平连线之下。如果步 5 是活动步时，转换条件 h 满足，则选择走左边，发生由步 5→步 8 的转换。如果步 5 是活动步时，转换条件 k 满足，则选择走右边，发生由步 5→步 10 的转换。一般情况下，h 和 k 这两个转换条件都是截然相反的，不会同时选择两个序列。

选择序列的结束称为合并，如图 9-4b 中的步 12，几个选择序列合并到一个公共序列时，用需要重新组合的序列相同数量的转换符号和水平连线来表示，转换符号只允许标在水平连线之上。如果步 9 是活动步，并且转换条件 j 满足，则发生由步 9→步 12 的转换。如果步 11 是活动步，并且转换条件 n 满足，则发生由步 11→步 12 的转换。

（3）并行序列

当转换的实现导致几个序列同时激活时，这些序列称为并行序列。并行序列的开始称为分支，如图 9-4c 中的步 3。当步 3 是活动步并且转换条件 e 满足时，步 4 和步 6 同时变为活动步，同时步 3 变为不活动步。为了强调转换的同步实现，水平连线用平行线表示。步 4 和步 6 被同时激活后，每个序列中活动步的转换将是独立的。在表示同步的平行线之上，只允许有一个转换符号。

并行序列的结束称为合并，如图 9-4c 中的步 10。在表示同步的平行线之下，只允许有一个转换符号。当直接连在平行线上的所有前级步（步 5 和步 7）都处于活动状态，并且转换条件 i 满足时，才会发生步 5 和步 7 到步 10 的转换，即步 5 和步 7 同时变为不活动步，而步 10 变为活动步。

**5. 绘制顺序功能图时的注意事项**

① 两个步绝对不能直接相连，必须用一个转换将它们分隔开。
② 两个转换也不能直接相连，必须用一个步将它们分隔开。
③ 不要漏掉初始步。
④ 在顺序功能图中一般应有由步和有向连线组成的闭环。
绘制顺序功能图时的注意事项见二维码 9-2。

二维码 9-2　绘制顺序功能图时的注意事项

## 9.1.2　段译码指令 SEG

在介绍 LED 抢答器控制的 LED 输出电路时我们曾学习过两种方法，一种是亮常开并联法，另一种是灭常闭串联法。两种方法都要查表，一个查"+"，一个查"-"，虽然不难，但也颇费心神，稍不注意并（串）多了或并（串）少了触点，LED 显示的字形就会出错。

SEG 指令的功能是在使能有效时，将字节型输入数据的低 4 位转换成十六进制数并通过输出字节驱动七段 LED 数码管显示出来。可以这样理解，段译码指令 SEG 是专门用来驱动七段 LED 数码管显示相应数字的指令，它可以代替人工查表，它知道显示某个数字时哪一段该亮哪一段不该亮。比如在表 9-1 中间部分的示例中，当 I0.0 对应的开关闭合时，SEG 指令的使能输入（EN）端接通，输入（IN）端输入的数字是十进制数字 6，根据数字 6 的字形可知，a、c、d、e、f、g 这 6 段该亮，b 段不该亮，亮的段对应数字是 1，不亮的段对应数字是 0，则译码输出端 QB0 接收到的数据为二进制数 0111 1101，驱动 LED 数码显示数字 6。视频演示可见二维码 9-3。

SEG 指令格式及段显示见表 9-1。

表 9-1　SEG 指令格式及段显示

| IN | | | OUT（二进制） | 段显示 |
|---|---|---|---|---|
| 二进制 | 十进制 | 十六进制 | - gfe dcba | |
| 2#0 | 0 | 16#0 | 0011 1111 | 0 |
| 2#1 | 1 | 16#1 | 0000 0110 | 1 |
| 2#10 | 2 | 16#02 | 0101 1011 | 2 |
| 2#11 | 3 | 16#03 | 0100 1111 | 3 |
| 2#100 | 4 | 16#04 | 0110 0110 | 4 |
| 2#101 | 5 | 16#05 | 0110 1101 | 5 |
| 2#110 | 6 | 16#06 | 0111 1101 | 6 |
| 2#111 | 7 | 16#07 | 0000 0111 | 7 |
| 2#1000 | 8 | 16#08 | 0111 1111 | 8 |
| 2#1001 | 9 | 16#09 | 0110 0111 | 9 |
| 2#1010 | 10 | 16#0A | 0111 0111 | A |
| 2#1011 | 11 | 16#0B | 0111 1100 | b |
| 2#1100 | 12 | 16#0C | 0011 1001 | C |
| 2#1101 | 13 | 16#0D | 0101 1110 | d |
| 2#1110 | 14 | 16#0E | 0111 1001 | E |
| 2#1111 | 15 | 16#0F | 0111 0001 | F |

外形

I0.0
SEG
EN　ENO
6 — IN　OUT — QB0
示例

二维码 9-3
SEG 指令功能演示

使用 SEG 指令时应注意以下几点。

① 七段 LED 数码管在接线时 a~g 段分别对应于输出字节的第 0~6 位，不可随意调换位置。比如想用 QB0 控制 LED 时，只能将 a 段接在 Q0.0 端子，b 段接在 Q0.1 端子……g 段接在 Q0.6 端子，Q0.7 没用。

② 输入数据是字节型的，二进制数最多只能有 8 位，十六进制数最多只能有 2 位，十进制数不能超过 255。译码时只取低 4 位有效数字。

③ SEG 指令有保留最后记忆的功能。如果没有新的指令，SEG 会保留最后记忆，LED 数码管会一直显示最后的数字不灭。SEG 指令的视频演示可扫二维码 9-3 观看。

④ 取消 SEG 指令的记忆，一般都是通过复位指令实现的。

## 9.1.3 复位指令

复位指令 R（Reset）的梯形图指令格式如图 9-5 所示，复位线圈和左母线之间的触点闭合时执行复位指令，从起始位地址（Bit）开始的 N 个连续的位地址被清"0"（变为 OFF），N=1~255。

本任务中可以用复位指令和 SEG 指令配合去控制 LED 数码管亮灭，如图 9-6 所示。复位指令的功能演示可扫描二维码 9-4 观看。

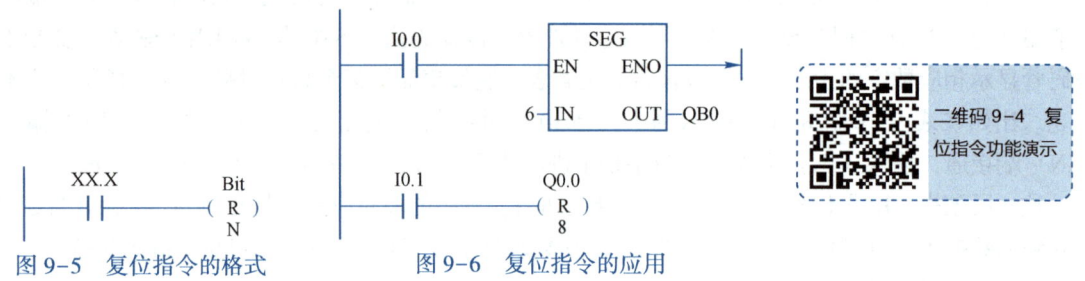

图 9-5　复位指令的格式　　　图 9-6　复位指令的应用

# 【任务实施】

## 9.1.4 单序列起—保—停方法设计的梯形图

### 1. I/O 分配

从控制要求上看，被控对象是 LED 数码管，我们已经知道，LED 数码管有七段，所以要用到 7 个输出点；输入设备只有一个开关，用 1 个输入点即可。LED 数码管自动循环显示数字控制的 I/O 分配见表 9-2。

表 9-2　LED 数码管自动循环显示数字的 I/O 分配表

| 输　　入 | 输　　出 | | | | | | |
|---|---|---|---|---|---|---|---|
| 启动开关 S | a 段 | b 段 | c 段 | d 段 | e 段 | f 段 | g 段 |
| I0.0 | Q0.0 | Q0.1 | Q0.2 | Q0.3 | Q0.4 | Q0.5 | Q0.6 |

### 2. I/O 接线图

LED 数码管自动循环显示数字的 I/O 接线图如图 9-7 所示。

### 3. 顺序功能图

LED 数码管自动循环显示数字 1~3 的顺序功能图如图 9-8 所示。

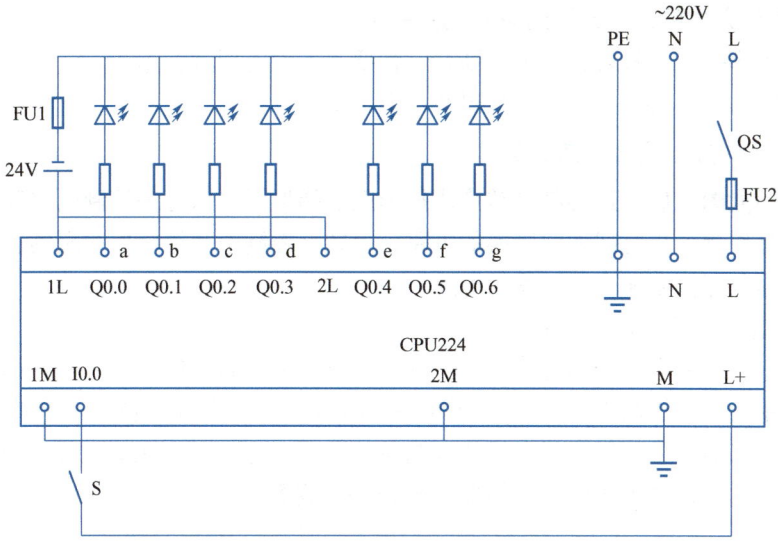

图 9-7　LED 数码管自动循环显示数字的 I/O 接线图

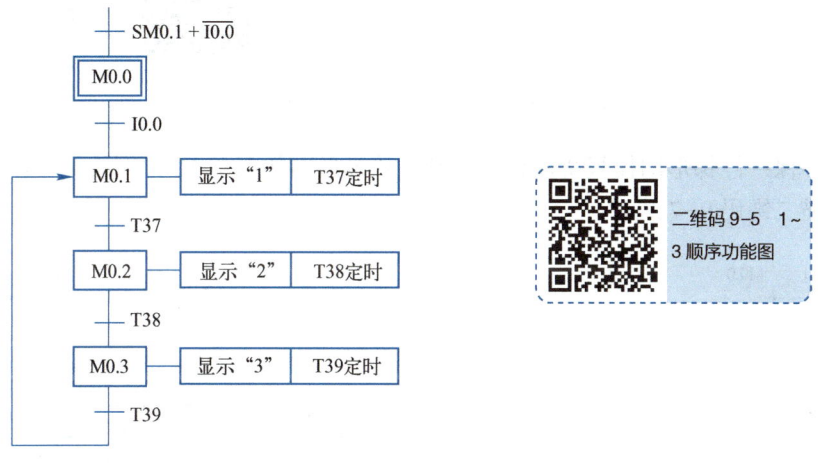

二维码 9-5　1~3 顺序功能图

图 9-8　LED 数码管自动循环显示数字 1~3 的顺序功能图

图中 SM0.1 为初始脉冲，PLC 运行的第一个扫描周期接通。SM 是 S7-200 PLC 的特殊存储器的标识符。特殊存储器是由 CPU 自己控制的，使用者只能使用特殊存储器的触点，而不能控制它们的线圈。本书附录 B 中列出了常用的特殊存储器位的功能。

回顾控制要求，第 1 条为 PLC 开机后，LED 数码管初始状态为全灭。第 3 条为当启动开关 S 断开后，LED 数码管全灭，不再显示任何数字。综合这两条来看，LED 的全灭状态（不显示任何数字）也就是初始步（编号为 M0.0）的条件有两个：一个是刚开机时，对应的就是 SM0.1；另一个是开关断开时，对应的是 $\overline{I0.0}$（I0.0 的常闭触点，当开关 S 断开时，I0.0 常闭触点复位接通）。

当启动开关 S 闭合后，要求 LED 数码管显示数字"1"，这与初始步的全灭状态不一样，输出发生了变化，所以就进入了下一步 M0.1。因为各步是按输出的变化来划分的，LED 显示一个数字为一步，所以初始步下边有 3 步。每一步除了要显示不同的数字外，还要定时1s，1s 之后开始显示下一个数字，所以 M0.1 以下的两步的转换条件都是定时器的常开触点。

系统要求 LED 数码管显示数字 3 之后再显示 1，实现数字 1~3 自动递增循环显示。所以

M0.3 这一步执行完之后，又转换到 M0.1 这一步。

不管执行到哪一步，只要将开关 S 断开，都要无条件返回到初始步。

顺序功能图的视频讲解可扫描二维码 9-5 观看。

### 4. 起—保—停方法设计的梯形图

画完顺序功能图之后，还要将它转换成梯形图。梯形图可以分为控制电路和输出电路两部分。控制电路是控制各步之间如何转换的电路，也就是控制中间继电器线圈的这部分电路。输出电路是中间继电器控制输出继电器的电路。

（1）控制电路的设计方法和工作原理

在本任务中首先来学习控制电路的第一种设计方法——起—保—停方法。起—保—停方法与继电器电路中的自锁控制类似，模板如图 9-9 所示。上一步常开触点串上转换条件作为起动条件，并联的当前步常开触点起自保持（自锁）作用，下一步的常闭触点作为停止的条件。起—保—停梯形图模板的视频讲解可扫描二维码 9-6 观看。

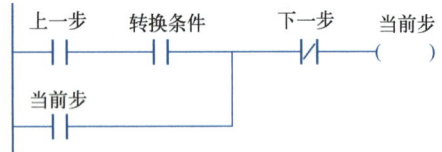

图 9-9 起—保—停梯形图模板

根据起—保—停梯形图模板所设计的控制电路梯形图如图 9-10 中网络 1~网络 4 所示，视频讲解可扫描二维码 9-7 观看。

图 9-10 起—保—停方法设计的 LED 数码管自动循环显示数字 1~3 的梯形图

因为初始步是 PLC 刚开机和开关断开时就自动接通，不需要考虑其他步的状态，是比较特殊的一步，所以网络 1 中起动的条件没有上一步的常开触点。

网络 2~网络 4 中都串入了 I0.0 的常开触点，看起来好像和起—保—停梯形图模板不一样。其实模板中下一步的常闭触点只是断开当前步线圈的一个条件，当开关 S 断开时，要求 M0.1~M0.3 全部断开，回到初始步，所以 I0.0 的常开触点也就作为 M0.1~M0.3 这 3 步的停止条件。

另外，网络 2 中有两个起动电路，一个是 M0.0 常开触点串联 I0.0 常开触点，另一个是 M0.3 常开触点串联 T39 常开触点，这是因为显示 3 之后又要回来显示 1，而一个操作数的线圈在梯形图中只能出现一次。

控制电路的工作原理如下。

PLC 一开机，SM0.1 接通一个扫描周期，使 M0.0 得电自锁，系统被置于初始步待命。网络 2 中的 M0.0 的常开触点闭合，等启动开关 S 一闭合，I0.0 常开触点闭合，M0.1 得电自锁，M0.0 断电，同时 T37 开始定时，网络 3 中的 M0.1 的常开触点闭合。1s 后 T37 的常开触点闭合，M0.2 得电自锁，M0.1 断电，同时 T38 开始定时，网络 4 中的 M0.2 的常开触点闭合。再过 1s 后 T38 的常开触点闭合，M0.3 得电自锁，M0.2 断电，T39 开始定时，网络 2 中的 M0.3 的常开触点闭合，等 T39 计时时间一到，T39 的常开触点（网络 2 中）闭合，使 M0.1 得电自锁，系统就开始循环了。

不管哪一步处于活动步，只要将开关 S 断开，I0.0 常开触点复位，从梯形图可以看出，M0.1~M0.3 全部都会断电，而 I0.0 常闭触点也复位了，使得 M0.0 得电，等开关 S 再合上时，又可以往下进行。

整个控制电路部分环环相扣、逻辑严谨，哪怕地址中写错一个数字，都会使得系统不能正常运行。所以在编程、运行、调试过程中必须具有严密的逻辑思维能力、认真细致的工作态度，有耐心、有恒心，发扬坚持到底的精神方能成功。

（2）LED 输出电路的设计方法和工作原理

本任务采用的是 LED 输出电路的第 3 种设计方法——译码复位法。译码复位法设计的 LED 输出电路如图 9-10 中的网络 5~网络 8 所示，视频讲解可扫描二维码 9-8 观看。这种方法设计时只需注意使能输入的条件和输入数字即可，不易出错。但有一点必须注意，最后一定要复位，否则 LED 数码管灭不了。

输出电路的工作原理如下。

当系统处于初始步时，M0.0 得电，M0.1~M0.3 均断电，网络 5~网络 7 均断开，3 个 SEG 指令均未执行，网络 8 接通，执行复位指令，从 Q0.0 开始的 8 个输出继电器（即 Q0.0~Q0.7）全部断电，LED 数码管处于全灭状态。当 M0.1 得电时，网络 5 接通，SEG 指令将输入数字"1"译码输出送到 QB0，驱动 LED 数码管显示数字"1"。同理，当 M0.2 得电时，网络 6 接通，LED 数码管显示数字"2"；当 M0.3 得电时，网络 7 接通，LED 数码管显示数字"3"。

## 9.1.5　小试牛刀

### 一、填空题

1. 顺序功能图的组成要素有＿＿＿、＿＿＿＿＿、＿＿＿＿、＿＿＿＿＿和＿＿＿＿＿。
2. 顺序功能图的基本结构有＿＿＿＿序列、＿＿＿＿＿序列和＿＿＿＿序列。

## 二、单项选择题

1. S7-200 系列 PLC 中，段译码指令的梯形图指令的操作码是（　　）。

A. DYM　　　　　　B. RESET　　　　　C. SEG　　　　　D. RUN

2. 复位（R）指令从指定的地址（位）开始，可以复位（　　）点。

A. 1~32　　　　　　B. 1　　　　　　　C. 1~64　　　　　D. 1~255

3. 仅在 PLC 运行的第一个扫描周期接通的特殊存储器位是（　　）。

A. SM0.0　　　　　B. SM0.1　　　　　C. SM0.4　　　　D. SM0.5

## 三、设计实操题

具体题目和控制要求详见实验指导书实验 5。

## 任务 9.2　交通信号灯控制

## 【任务引入】

道路千万条，安全第一条。十字路口易闯祸，一慢二看三通过。红灯停，绿灯行，交通信号要看清。这些朗朗上口的交通安全顺口溜，小学生都能倒背如流，可是很多成年人却为图"方便"或为了眼前的利益而违反交通法规，导致交通事故的发生。有人比喻，道路交通法规是用亲人的泪水、死者的血泊、伤者的呻吟和肇事者的悔恨换来的。因此，学习和遵守交通法是每一个珍惜自己和他人生命的公民必须履行的义务。

交通信号灯的作用不需多说，可以想象一下如果十字路口没有交通信号灯会怎样。本任务就以交通信号灯控制为例，来学习并行序列顺序功能图的画法和以转换为中心的编程方法。

## 【学习目标】

1) 熟悉交通信号灯的正常时序。
2) 理解并掌握置位和复位指令的使用方法。
3) 掌握闪烁电路的实现方法。
4) 掌握并行序列顺序功能图的画法。
5) 初步掌握以转换为中心的编程方法。

## 【任务描述】

在十字路口的东、南、西、北方向各装设有红、绿、黄灯，如图 9-11 所示。

正常时序控制要求如下。

1) 信号灯受一个启动开关 S 控制，当启动开关 S 接通时，信号灯系统开始工作。

2) 东西绿灯亮 25 s 后，闪烁 3 次（周期为 1 s：亮 0.5 s，灭 0.5 s）后熄灭。然后东西黄灯亮，2 s 后东西黄灯熄灭、东西红灯亮，30 s 后东西绿灯亮……如此循环。

3) 东西绿灯亮的同时南北红灯亮，30 s 后南北绿灯亮，25 s 后，闪烁 3 次（周期为 1 s：亮 0.5 s，灭 0.5 s）后熄灭。然后南北黄灯亮，2 s 后南北黄灯熄灭、南北红灯亮，30 s 后南北绿灯亮……如此循环。

4) 当启动开关 S 断开时，所有信号灯熄灭。

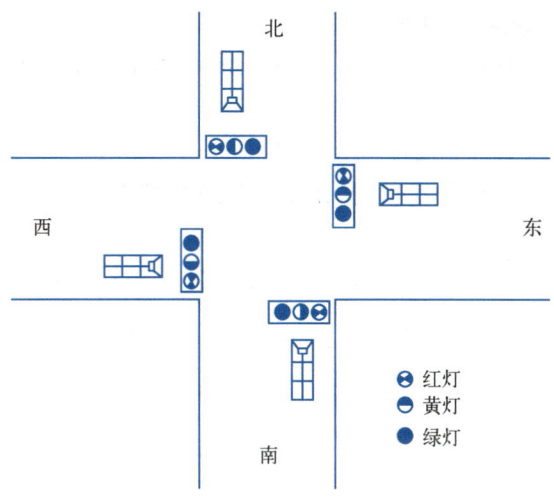

图 9-11　十字路口交通信号灯示意图

## 【任务分析】

从控制要求上来看，交通信号灯控制为典型的顺序控制。可以先画出顺序功能图，再将顺序功能图转换成梯形图。上个任务中介绍了起—保—停设计方法，本任务将介绍另一种使用更广泛的方法——以转换为中心的设计方法。以转换为中心的方法需要使用置位指令和复位指令，复位指令在上个任务中也简单地介绍了一下，本任务重点介绍置位指令。

另外，控制要求中东西绿灯和南北绿灯都要闪烁 3 次（周期为 1 s：亮 0.5 s，灭 0.5 s），如果亮 0.5 s 占一步，灭 0.5 s 占一步，那么闪烁 3 次就需要 6 步，显然比较麻烦。那么，有没有简单一些的方法呢？答案是肯定的，在相关知识中将会介绍 3 种闪烁的实现方法。

## 【相关知识】

### 9.2.1　置位指令

置位指令 S（Set）的梯形图指令格式如图 9-12 所示，置位线圈和左母线之间的触点闭合时执行置位指令，从起始位地址（Bit）开始的 N 个连续的位地址被置"1"（变为 ON）并保持，N = 1～255。

置位指令有保持（记忆）功能，被置位的线圈只能使用复位指令方可断电，所以置位指令一般不单独使用，总是和复位指令一起使用。置位指令的功能演示可扫二维码 9-9 观看。

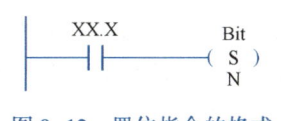

图 9-12　置位指令的格式

二维码 9-9　置位指令功能演示

使用置位指令和复位指令时，应注意以下几点。

① S、R 指令具有"记忆"功能。当使用 S 指令时，其线圈具有自保持功能；当使用 R 指

令时，自保持功能消失，如图 9-13 所示。

② S、R 指令的编写顺序可任意安排，但当一对 S、R 指令被同时接通时，编写顺序在后的指令执行有效。

③ 操作数 N 的取值范围为 1~255。图 9-13 中 N=1。

④ 对同一元件可以多次使用 S/R 指令（与普通线圈在同一程序段中只允许出现一次不同）。

⑤ 如果被指定复位的是定时器或计数器，它们在复位信号取消之前将停止定时或计数。

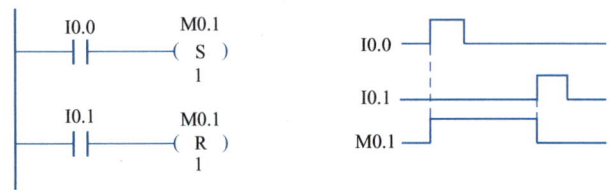

图 9-13  置位指令与复位指令的格式

## 9.2.2  闪烁电路

信号灯的一亮一灭，扬声器的"嘀嘀"报警等，本质上都是利用闪烁电路来控制的。闪烁的实现方法常用的有 4 种，本任务介绍前 3 种，任务 10.1 中将会介绍第 4 种。

### 1. 利用特殊存储器位实现闪烁

特殊存储器位 SM0.5 是 S7-200 PLC 的秒脉冲。只要 PLC 处于运行状态，SM0.5 就会自动输出 ON/OFF 各 0.5 s、周期为 1 s 的时钟脉冲，如图 9-14 所示。

利用 SM0.5 实现闪烁的电路如图 9-15 所示，功能演示可扫描二维码 9-10 观看。

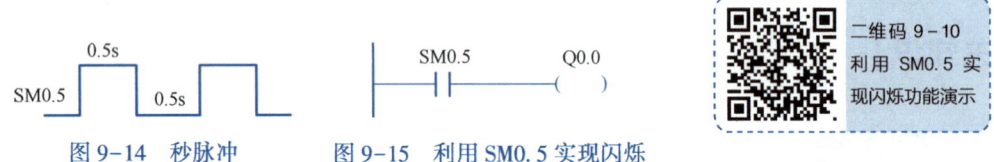

图 9-14  秒脉冲　　　　图 9-15  利用 SM0.5 实现闪烁

二维码 9-10
利用 SM0.5 实现闪烁功能演示

这种方法在控制对象的动作与 SM0.5 的 ON/OFF 周期一致时是最简单的。但如果要求的周期不是 1 s，或周期是 1 s 但高、低电平时间不等，就只能用其他方法了。

### 2. 利用定时器与中间继电器配合实现闪烁

如图 9-16a 所示的梯形图可控制 M1.0 的常开触点发出高、低电平各占 1 s 的方波脉冲，所以该电路也被称为方波发生器电路。

当 I0.0 开关闭合后，定时器 T37 输入端子接通开始定时，1 s 后 T37 常开触点接通，从网络 2 第 1 行控制 M1.0 线圈通电。需要注意，因 PLC 扫描梯形图程序时是按照从上到下、从左到右的顺序进行的，所以 M1.0 的常闭触点不会立即断开。等开始下一个扫描周期时，网络 1 中 T37 的常闭触点断开，T37 输入端断电，再扫描到网络 2 时，T37 的常开触点复位断开，而 T37 的常闭触点也复位闭合，M1.0 的常开触点也是闭合的（因为上个扫描周期中 M1.0 得电了），所以从网络 2 第 2 行控制 M1.0 线圈实现自锁，再过 1 s 后 T37 第 2 次定时时间到，T37 常闭触点断开，M1.0 线圈才会断电。M1.0 线圈若要再通电，还需要再等 1 s，等到 T37 再一次定时时间到，再从网络 2 第 1 行控制 M1.0 线圈通电。这样，M1.0 的常开触点就可以输出周期为 2 s 的方波脉冲。

方波发生器的原理和功能演示可扫描二维码 9-11 观看。

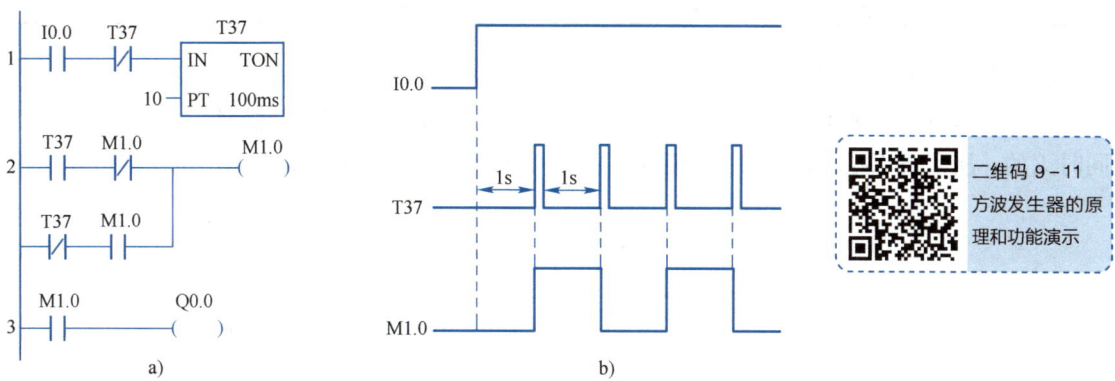

图 9-16　利用定时器与中间继电器配合实现闪烁

a）方波发生器梯形图　　b）方波发生器波形图

### 3. 利用两个定时器配合实现闪烁

方波发生器的周期可调，但占空比 50% 是不可调的。若要输出占空比可调的矩形波，可用图 9-17a 所示的矩形波发生器梯形图。

当 I0.0 开关闭合后，定时器 T37 开始定时，2 s 后 T37 常开触点接通，T38 开始定时，0.5 s 后 T38 的常闭触点断开，T37 断电复位，T38 随之也断电复位，T37 又开始新一轮的定时……这样，T37 的常开触点就可以输出低电平 2 s、高电平 0.5 s 的矩形波脉冲。

矩形波发生器的原理和功能演示可扫描二维码 9-12 观看。

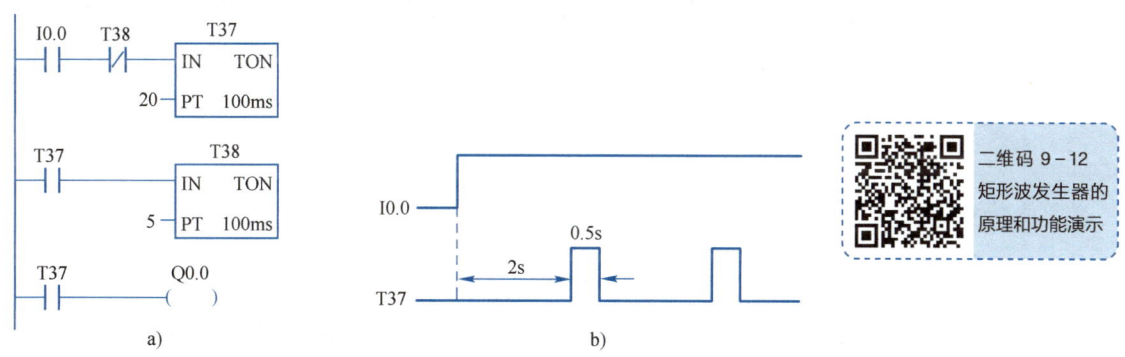

图 9-17　利用两个定时器配合实现闪烁

a）矩形波发生器梯形图　b）矩形波发生器波形图

## 【任务实施】

## 9.2.3　并行序列以转换为中心的方法设计的梯形图

### 1. I/O 分配

交通信号灯控制的 I/O 分配见表 9-3。

**表 9-3　交通信号灯控制的 I/O 分配**

| 输　入 | 输　　出 | | | | | |
|---|---|---|---|---|---|---|
| 启动开关 S | 东西绿灯 | 东西黄灯 | 东西红灯 | 南北绿灯 | 南北黄灯 | 南北红灯 |
| I0.0 | Q0.0 | Q0.1 | Q0.2 | Q0.3 | Q0.4 | Q0.5 |

### 2. I/O 接线图

交通信号灯控制的 I/O 接线图如图 9-18 所示。因为东西方向有两盏绿灯，它们是同时亮同时灭的，所以可以把这两盏灯并联起来，用一个输出点控制即可，其他输出也一样道理。

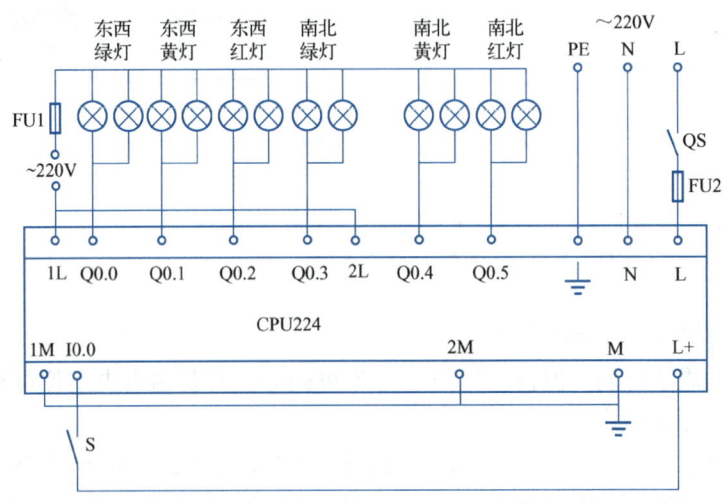

图 9-18　交通信号灯控制的 I/O 接线图

### 3. 顺序功能图

交通信号灯控制的并行序列顺序功能图如图 9-19 所示，具体画法可扫描二维码 9-13 观看。

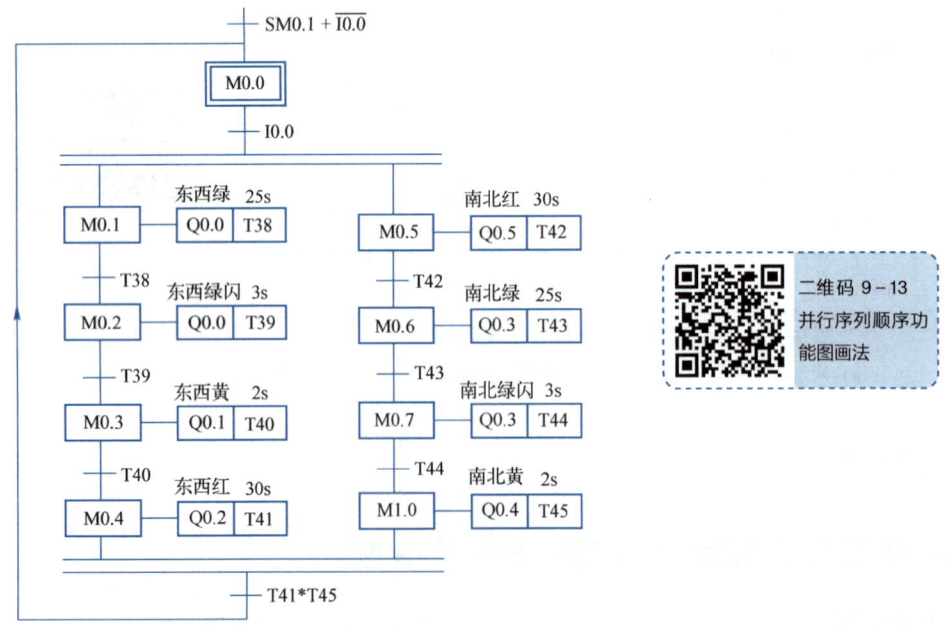

图 9-19　交通信号灯控制的并行序列顺序功能图

二维码 9-13
并行序列顺序功能图画法

PLC 刚运行时（SM0.1 条件满足）或者将启动开关 S 断开时（$\overline{I0.0}$ 条件满足），系统处于初始步待命（M0.0 得电），当启动开关 S 闭合后，M0.1 和 M0.5 同时变为活动步（M0.0 断电），东西序列和南北序列兵分两路、同时开工，此时东西绿灯和南北红灯同时点亮。

花开两朵，各表一枝。东西序列中，东西绿灯点亮的同时 T38 开始定时，25 s 后，T38 常开触点闭合，M0.2 变为活动步（M0.1 断电），东西绿灯开始闪烁，T39 开始定时，3 s 后东西绿灯闪完 3 次，T39 的常开触点闭合，M0.3 变为活动步（M0.2 断电），东西绿灯灭，东西黄灯点亮，T40 开始定时，2 s 后 M0.4 变为活动步（M0.3 断电），东西黄灯灭，东西红灯点亮，T41 开始定时。

再看南北序列，南北红灯点亮的同时 T42 开始定时，30 s 后，M0.6 变为活动步（M0.5 断电），南北红灯灭、南北绿灯点亮。注意，南北绿灯点亮的同时东西红灯必须点亮（25+3+2 = 30），时序如果配合不对，出现交通事故就是程序设计者的责任了。南北绿灯点亮的同时 T43 开始定时，25 s 后，M0.7 变为活动步（M0.6 断电），南北绿灯开始闪烁，闪 3 次后 M1.0 变为活动步（M0.7 断电），南北绿灯灭，南北黄灯点亮，T45 开始定时。

当两个序列都走到最下边一步时，等 T41 和 T45 的定时时间都到时，两个序列合并，回到初始步，M0.0 得电，同时 M0.4 和 M1.0 断电。因启动开关 S 一直是闭合的，所以系统一回到初始步就立即转换到 M0.1 和 M0.5 同时得电，从而开始下一个周期。也请注意，东西序列的周期和南北序列的周期是一样的，都是 60 s。

### 4. 以转换为中心的方法设计的梯形图

顺序功能图画好后，接下来该将它转换成梯形图了。当然还可以利用起—保—停的方法来设计控制电路部分的梯形图，但是在这里给读者介绍的是另外一种方法——以转换为中心的方法。

以转换为中心的模板如图 9-20 所示，它有 a、b 两种形式。

1）如图 9-20a 所示，a 模板和起—保—停方法有相似之处，从置位线圈的角度考虑问题，当上一步是活动步且转换条件满足时，当前步被置位，同时给上一步复位。这个模板也包含了起、保、停 3 个环节，上一步的常开触点与转换条件串联作为当前步置位的条件（"起"），S 指令有记忆功能，自带保持功能（"保"），而停的环节用 R 指令来实现（"停"）。

2）如图 9-20b 所示，b 模板从当前步常开触点的角度考虑问题，可以这样理解，接到任务后，当前步只想着按要求完成任务，然后立即把任务转交给下一步。所以系统工作在当前步时，当前步的常开触点闭合，等转换条件一满足，立即给下一步置位，同时给自己复位。

两种模板只是处理问题的方式不同，可根据自己的理解灵活运用。

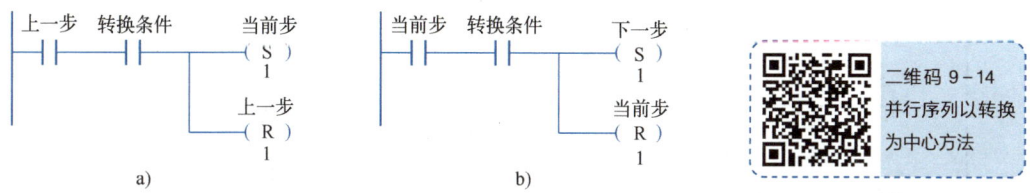

图 9-20　以转换为中心的模板

并行序列以转换为中心方法设计的交通信号灯控制的梯形图的控制电路部分如图 9-21 网络 1~网络 17 所示，具体设计方法及细节处理可扫描二维码 9-14 观看。

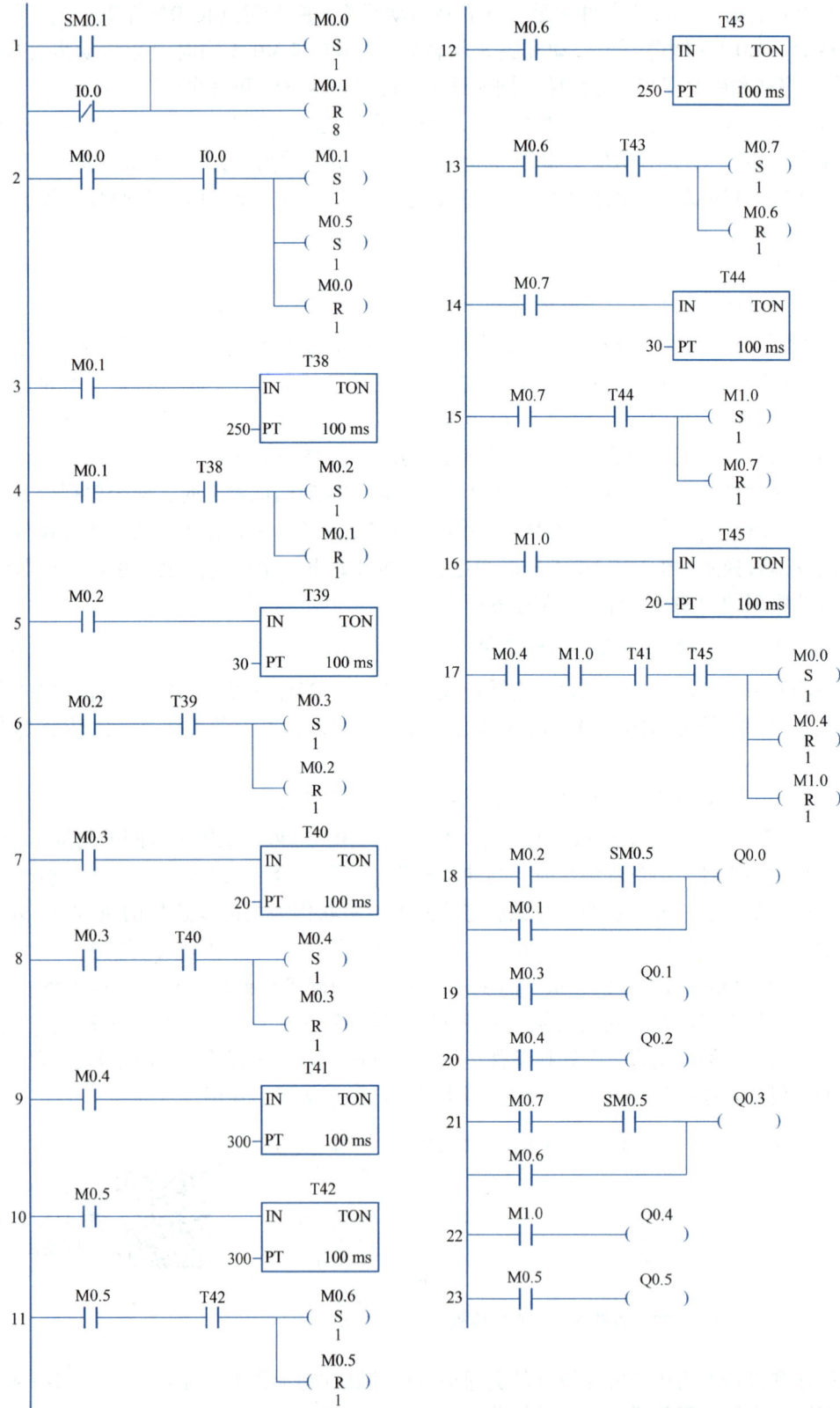

图 9-21　并行序列以转换为中心方法设计的交通信号灯控制的梯形图

对照模板 a，因初始步没有上一步，所以当两个转换条件满足任意一个时，初始步就被置位（网络1），同时为了保证系统每次回到初始步都能重新开始，初始步以外的其他步都要复位，所以网络1中复位指令 R 下边的数字 N=8。这里需要注意，如果各步的地址没有挨着排，则复位的数字要更大些，保证下边所有步都能被复位到才行。

初始步被置位后（网络2），对照模板 b，等启动开关一闭合，立即给两个下一步（M0.1 和 M0.5）同时置位，同时给自己复位。注意，并行序列在置位时必须同时给所有的下一步置位，复位时也要给所有的前级步复位。

M0.1 被置位后，T38 开始定时（网络3），注意不能把 T38 输入端并联在网络2的置位线圈和复位线圈两端，因为置位后紧跟复位，下一个扫描周期时 M0.0 常开触点就断开了，必须另起一个网络。

M0.2、M0.3、M0.4 这3步按模板 b 进行转换即可，写完网络9后接着转换南北序列，因 M0.5 在网络2已被置位过，故直接让 T42 开始定时即可，网络 11~网络16读者可自行分析，网络17对应两个序列的合并，当 M0.4 得电、T41 定时时间到，并且 M1.0 得电、T45 定时时间到，系统回到初始步，同时给 M0.4 和 M1.0 复位。

网络 18~网络23是梯形图的输出电路部分，设计方法可扫描二维码 9-14 观看。

### 5. 工作原理

当 PLC 开始运行时，SM0.1 接通一个扫描周期，使初始步 M0.0 得电，M0.1~M1.0 全部复位，为交通信号灯系统开始工作做好准备。

当合上启动开关 S 时，I0.0 常开触点闭合，网络2接通，M0.1 和 M0.5 被同时置位，而 M0.0 被复位，网络3中的 M0.1 的常开触点闭合，T38 接通开始定时，同时网络10中的 M0.5 的常开触点闭合，T42 接通开始定时，网络18中的 M0.1 的常开触点闭合，使得 Q0.0 得电，驱动东西绿灯点亮，网络23中的 M0.5 的常开触点闭合，使得 Q0.5 得电，驱动南北红灯点亮。这个状态一直持续 25 s。

25 s 后，T38 的定时时间到，T38 常开触点闭合，网络4接通，M0.2 置位，而 M0.1 被复位，T38 也随之断开。网络5中的 M0.2 的常开触点闭合，使得 T39 接通开始定时，网络18中的 M0.2 的常开触点闭合，当 SM0.5 接通时，Q0.0 得电，当 SM0.5 断开时，Q0.0 断电，这样在 T39 定时的这 3 s 内，Q0.0 驱动的东西绿灯就会闪烁 3 次。此时因 T42 定时的 30 s 时间未到，M0.5 依然处于得电状态，南北红灯保持点亮状态。

3 s 后，T39 的定时时间到，T39 常开触点闭合，网络6接通，M0.3 被置位，而 M0.2 被复位，T39 也随之断开，东西绿灯灭。网络7中的 M0.3 的常开触点闭合，使得 T40 接通开始定时，网络19中的 M0.3 的常开触点闭合，使得 Q0.1 得电，驱动东西黄灯点亮，此时因 T42 定时的 30 s 时间依然未到，M0.5 依然处于得电状态，南北红灯保持点亮状态。

接下来的 30 s 和前 30 s 的工作原理类似，读者可以自行分析。

### 6. 几点说明

① 交通信号灯控制的并行序列顺序功能图相对容易理解，但东西序列和南北序列的时序必须配合得天衣无缝才能确保万无一失。

② 如果将东西方向和南北方向的信号灯放在一起统筹考虑，也可画出单序列顺序功能图，限于篇幅，读者可到实验指导书实验6中查阅。

③ 将顺序功能图转换成梯形图的方法有 3 种，目前已经学习了两种——起—保—停方法

和以转换为中心的方法。读者可试着用起—保—停方法来设计交通信号灯控制的梯形图。

### 9.2.4 小试牛刀

**一、选择题（有的为单选题，有的为多选题）**

1. 特殊标志位（　　）可产生占空比为 50%、周期为 1s 的脉冲串，称为秒脉冲。

A. SM0.0　　　　　　B. SM0.1　　　　　　C. SM0.4　　　　　　D. SM0.5

2. 交通信号灯控制带给你的启示有（　　）。

A. 遵守交通规则　　B. 时序配合要准　　C. 使命责任　　　　D. 逻辑严谨

3. 从编程规则上你能想到什么？（　　）

A. 严谨　　　　　　B. 无规矩不成方圆　C. 遵规守纪　　　　D. 影响发挥

4. 做 PLC 实验时要（　　）。

A. 团队合作　　　　B. 有耐心　　　　　C. 理论联系实践　　D. 细心

5. 下列哪个选项不是顺序功能图的基本结构？（　　）

A. 单序列　　　　　B. 选择序列　　　　C. 并行序列　　　　D. 复合序列

6. 在 STEP 7-Micro/WIN 编程软件中，快速删除网络时可以单击快捷按钮（　　）。

A. ⛌　　　　　　　B. ⛉　　　　　　　C. ▸⛉　　　　　　D. ✕⛉

**二、连线题**

把下面的图标和对应的文字用线连接起来。

① ✅　② ⛌　③ ▸　④ 🖼　⑤ ⬆

下载　　编译　　运行　　向上连线　　监控

**三、设计实操题**

1. 用置位指令和复位指令设计三相异步电动机正、反转控制。
2. 用置位指令和复位指令设计 LED 自动循环显示数字控制。

## 任务 9.3　LED 数码管花样显示数字控制

### 【任务引入】

前面介绍过顺序功能图有 3 种基本结构：单序列、并行序列和选择序列，将顺序功能图转换成梯形图有 3 种方法：起—保—停设计法、以转换为中心设计法和顺控设计法。在前两个任务中已经学习了单序列起—保—停设计法和并行序列以转换为中心设计法，本任务以 LED 数码管花样显示数字控制为例，来学习选择序列顺控设计法。

### 【学习目标】

1）掌握顺序控制继电器指令的使用方法。

2）掌握加计数器的使用方法。

3）掌握上升沿脉冲指令的使用方法。

4）掌握选择序列顺控设计法。

## 【任务描述】

LED 数码管花样显示数字的控制要求如下。

1) PLC 开机后，LED 数码管初始状态为全灭。

2) 启动开关 S 闭合后，LED 数码管间隔 1s 显示 1、2、3 循环 3 次，再显示 4、5、6 循环 3 次后全灭。

3) 启动开关 S 断开后，LED 数码管全灭，回到初始状态。

花样显示数字的运行效果可扫描二维码 9-15 观看。

## 【任务分析】

从控制要求来看，输入为启动开关 S，输出为 LED 数码管，间隔 1s 肯定要用定时器来实现，这些对读者来说应该都不陌生了，但是"循环 3 次"在前面的任务中从未出现过。在 PLC 中用来完成计数功能的编程元件是计数器。另外，本任务的最大目标是学习选择序列顺控设计法，要用到顺序控制继电器指令和脉冲指令，在正式开始设计梯形图之前，需要先把这些相关知识学会。

## 【相关知识】

### 9.3.1　计数器

#### 1. 功能

计数器用于累计计数输入端接收到的由断开到接通的脉冲个数。

#### 2. 编号

S7-200 PLC 的计数器编号范围是 C0~C255，一共有 256 个。

#### 3. 状态描述

和定时器类似，每个计数器均有一个 16 位的当前值寄存器、一个计数器位和一个 16 位的预置值寄存器。

预置值寄存器用来存储计数器预计的数，其数值是不变的。

当前值寄存器用来存储计数器当前记到的数，其数值是变化的。

计数器位为 ON 时，梯形图中对应的常开触点闭合，常闭触点断开；计数器位为 OFF 时，梯形图中对应的常开触点断开，常闭触点闭合。

#### 4. 计数器的分类

S7-200 PLC 的计数器分为 3 种类型，分别是加计数器 CTU、减计数器 CTD 和加/减计数器 CTUD。

#### 5. 计数器指令工作原理

(1) 加计数器指令 CTU（Count Up）

加计数器指令 CTU 的工作原理如图 9-22 所示。其中，CU 为计数端子，R 为复位端子（功能和复位指令相同），PV 为设定值端子，数值变化范围为 1~32767，右上角的 CTU 表示加计数器。加计数器的仿真可扫描二维码9-16观看。

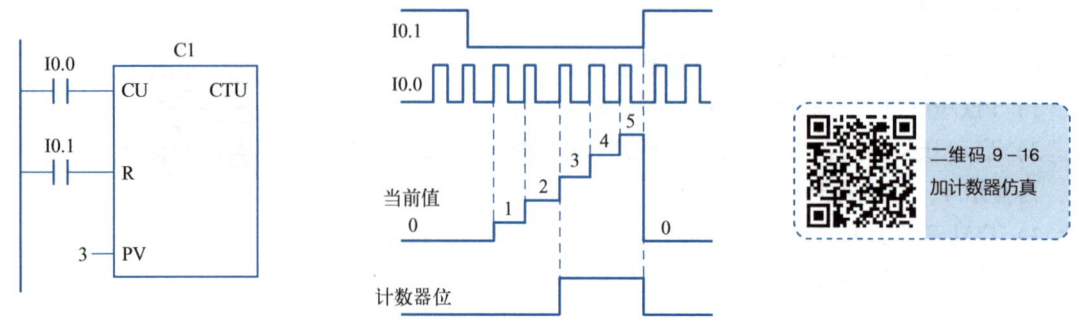

图9-22  加计数器指令CTU的工作原理

计数器与其他编程元件不同的地方是它有断电保持（记忆）功能，计数计到中途如果停止了，下次再运行会接着计数。如果想让计数器"失忆"，就要在计数之前，先对其进行复位。当复位端子R接通时，计数器复位，其当前值和计数器位清零，计数器停止计数。

当复位端子R断开时，计数脉冲才有效；当CU端有上升沿（由断开到接通瞬间）输入时，计数器当前值加1。当计数器当前值等于设定值（PV）时，该计数器位置1，即其常开触点闭合。此后，再有脉冲输入时，计数器仍继续计数，直至当前值达到最大值32767才会停下来。

只要计数器的当前值大于或等于设定值，计数器位就会保持ON的状态。

（2）减计数器指令CTD（Count Down）

减计数器指令CTD的工作原理如图9-23所示。其中，CD为计数端子，LD为装载输入端子，PV为设定值端子，数值变化范围为1~32767，右上角的CTD表示减计数器。减计数器的仿真可扫描二维码9-17观看。

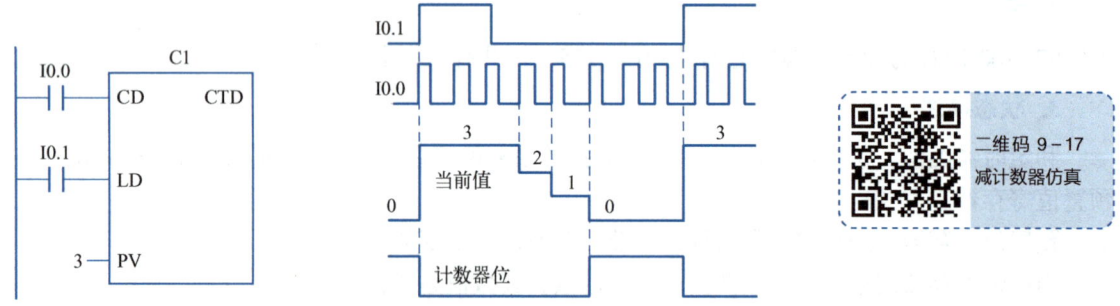

图9-23  减计数器指令CTD的工作原理

当装载输入端子LD接通时，计数器把设定值（PV）装入当前值寄存器，计数器位复位（置0），此时计数脉冲无效。当装载输入端子LD断开时，计数脉冲才有效，此时CD端每来一个上升沿脉冲，当前值减1，当前值减到0时，计数器状态位置位（置1），停止计数，其对应的常开触点闭合，常闭触点断开。

（3）加/减计数器指令CTUD（Count Up/Down）

加/减计数器指令CTUD的工作原理如图9-24所示。其中，CU为加计数端子，CD为减计数端子，R为复位端子，PV为设定值端子，数值变化范围为-32768~32767，右上角的CTUD表示加/减计数器。加/减计数器的仿真可扫描二维码9-18观看。

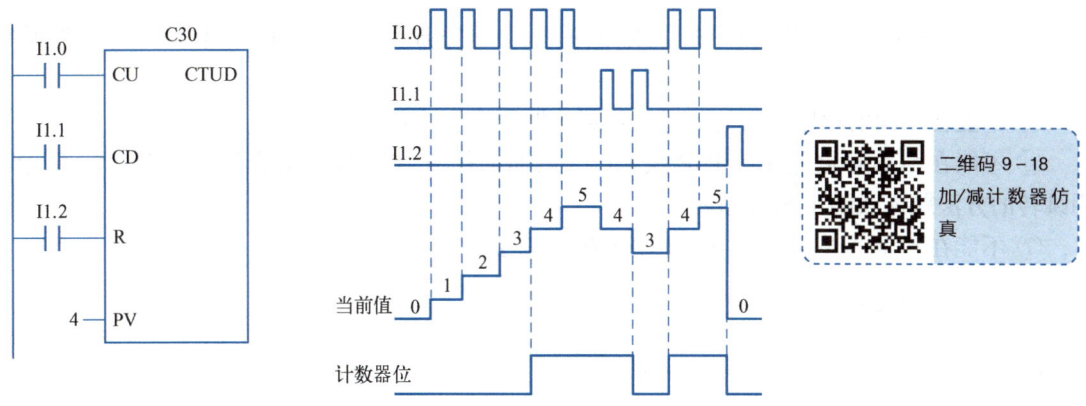

二维码 9-18
加/减计数器仿真

图 9-24　加/减计数器指令 CTUD 的工作原理

当 R=0 时，计数脉冲有效。当 CU 端有上升沿脉冲输入时，计数器当前值加 1。当 CD 端有上升沿脉冲输入时，计数器当前值减 1。当计数器当前值大于或等于设定值时，计数器位置 1，即其常开触点闭合。当 R=1 时，计数器复位，即当前值清零，计数器位也清零。

## 9.3.2　顺序控制继电器指令 SCR

S7-200 PLC 中的顺序控制继电器指令（Sequence Control Relay，SCR），简称顺控指令，是专门用于将顺序功能图转换成梯形图的指令，一共有 3 条，各占一个网络，指令格式如图 9-25 所示。

使用顺控指令编程时，顺序功能图中的每一步都会有一个由 SCR、SCRT 和 SCRE 组成的 SCR 段相对应。

SCR（Load SCR）为步开始（SCR 段开始）指令，直接连左母线，指令的操作数（当前步）被置位时，执行对应 SCR 段中的程序，反之则不执行。进入该步后具体要做的工作可以编写在 SCR 和 SCRT 之间。

SCRT（Transition SCR）为步转换（SCR 段转换）指令，不允许直接连左母线，一般都是直接连转换条件。进入当前步后，只要满足转换条件，立即转换到下一步，并且关断当前步，即下一步对应的继电器被置位，当前步对应的继电器被复位。

图 9-25　顺控指令格式

SCRE（End SCR）为步结束（SCR 段结束）指令，直接连左母线，无操作数，为当前步（当前 SCR 段）结束的标志。

使用顺控指令时，应注意以下几点。

① SCR、SCRT 指令的操作数只能是顺序控制继电器 S，不能是中间继电器 M。

② 顺序控制继电器的地址范围是 S0.0~S31.7，一共有 256 个。除了可以和顺控指令配合使用以外，顺序控制继电器还可以跟中间继电器一样使用。也就是说，在起—保—停设计法和以转换为中心设计法中，各步的地址也可以用顺序控制继电器的地址，但是顺控设计法中只能用顺序控制继电器的地址表示各步。

③ 如果当前步有两个下一步，SCRT 指令可以用两次，但是每一步中的 SCR 和 SCRE 只能

用一次。

④ SCR、SCRT 和 SCRE 指令必须成套使用，如果不成套使用，则在下载程序时会收到系统提示"出现非致命性错误"。

⑤ 不能在不同的程序段（比如子程序或中断程序）中使用相同的 S 位。

⑥ 不能在 SCR 段之间使用 JMP 及 LBL（后面的任务 10.3 中将会介绍）指令，即不允许用跳转的方法跳入或跳出 SCR 段。

⑦ 不能在 SCR 段中使用 FOR、NEXT 和 END 指令。

### 9.3.3 脉冲指令

#### 1. 指令格式和指令功能

脉冲指令有两条——上升沿脉冲（又称为上升沿检测）指令和下降沿脉冲（又称为下降沿检测）指令，其指令格式和指令功能见表 9-4。

表 9-4　脉冲指令的格式和功能

| 指 令 名 称 | 梯形图指令格式 | 指 令 功 能 |
|---|---|---|
| 上升沿脉冲 | —\| P \|— | 在指令前的逻辑运算结果由 OFF→ON 时产生一个脉冲 |
| 下降沿脉冲 | —\| N \|— | 在指令前的逻辑运算结果由 ON→OFF 时产生一个脉冲 |

#### 2. 指令使用说明

① 脉冲指令只在输入信号变化时有效，其输出信号的脉冲宽度为一个扫描周期。

② 对开机时就为接通状态的输入条件，上升沿脉冲指令不执行。

③ 脉冲指令无操作数。

#### 3. 指令应用举例

如图 9-26 所示，在 I0.0 刚闭合瞬间，让 M0.0 产生一个脉冲，给 Q0.0 置位；在 I0.1 刚断开瞬间，让 M0.1 产生一个脉冲，给 Q0.0 复位。

脉冲指令的应用仿真可扫描二维码 9-19 观看。

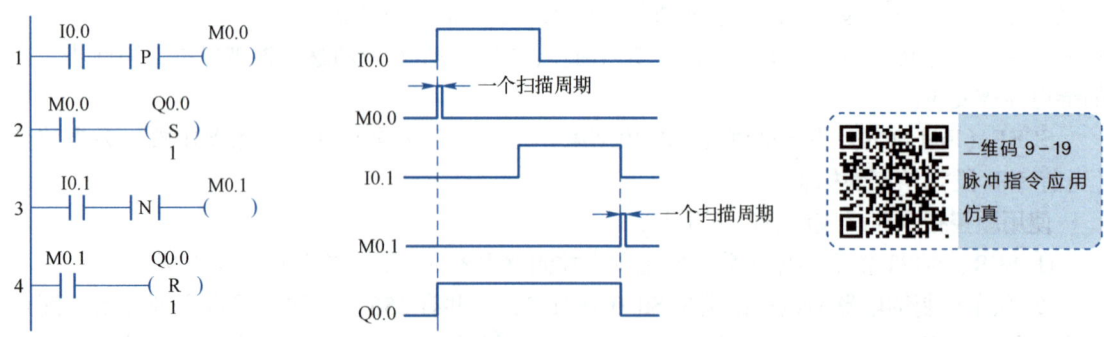

二维码 9-19
脉冲指令应用
仿真

图 9-26　脉冲指令应用举例

# 【任务实施】

## 9.3.4   选择序列顺控方法设计的梯形图

### 1. I/O 分配

LED 数码管花样显示数字控制的 I/O 分配见表 9-5。

**表 9-5   LED 数码管花样显示数字控制的 I/O 分配**

| 输　入 | 输　出 | | | | | | |
|---|---|---|---|---|---|---|---|
| 启动开关 S | a 段 | b 段 | c 段 | d 段 | e 段 | f 段 | g 段 |
| I0.0 | Q0.0 | Q0.1 | Q0.2 | Q0.3 | Q0.4 | Q0.5 | Q0.6 |

### 2. 顺序功能图

LED 数码管花样显示数字控制的顺序功能图如图 9-27 所示，具体画法可扫描二维码 9-20 观看。

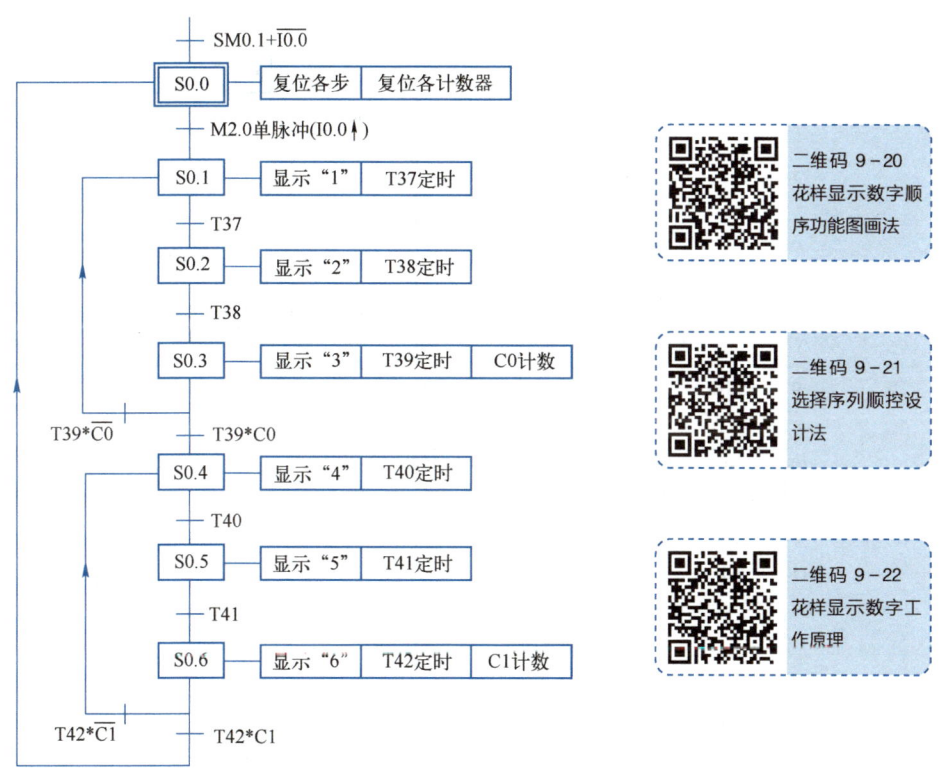

二维码 9-20 花样显示数字顺序功能图画法

二维码 9-21 选择序列顺控设计法

二维码 9-22 花样显示数字工作原理

图 9-27   LED 数码管花样显示数字控制的顺序功能图

### 3. 顺控方法设计的梯形图

顺控方法设计的 LED 数码管花样显示数字控制的梯形图如图 9-28 所示。具体设计方法及细节处理可扫描二维码 9-21 观看。

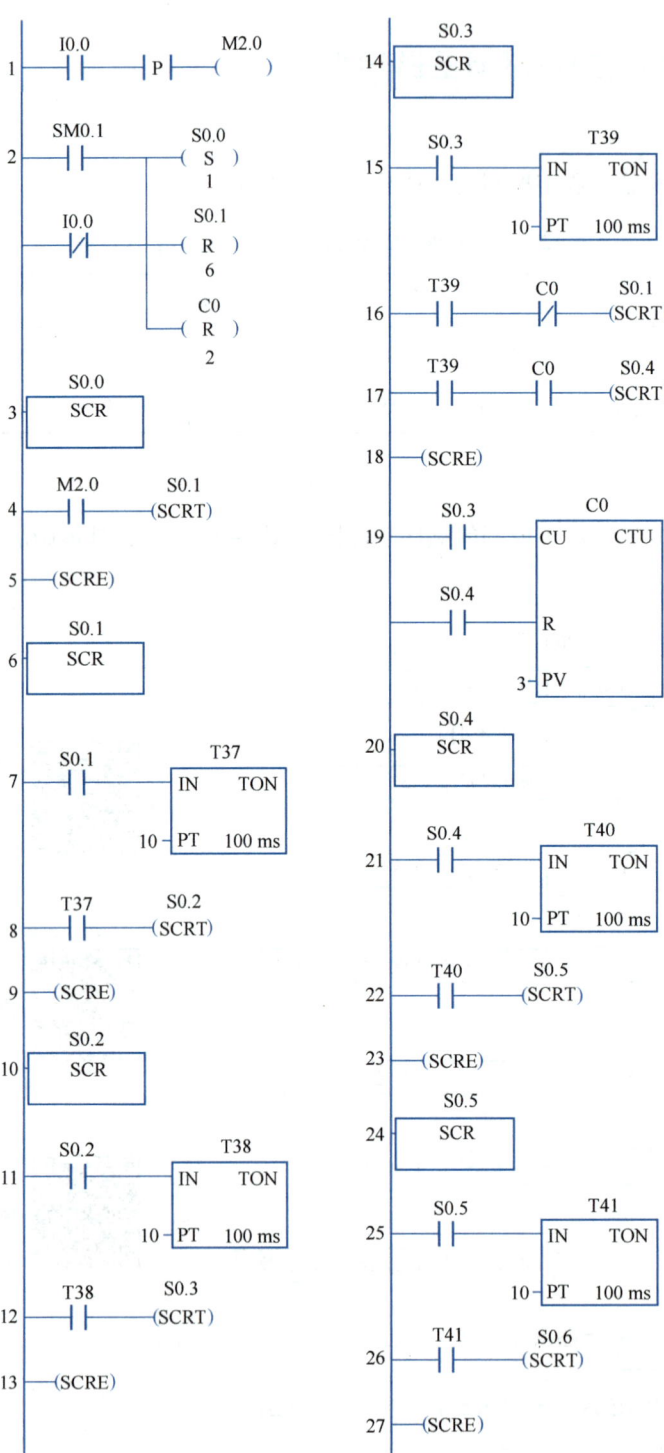

图 9-28  顺控方法设计的花样显示数字控制梯形图

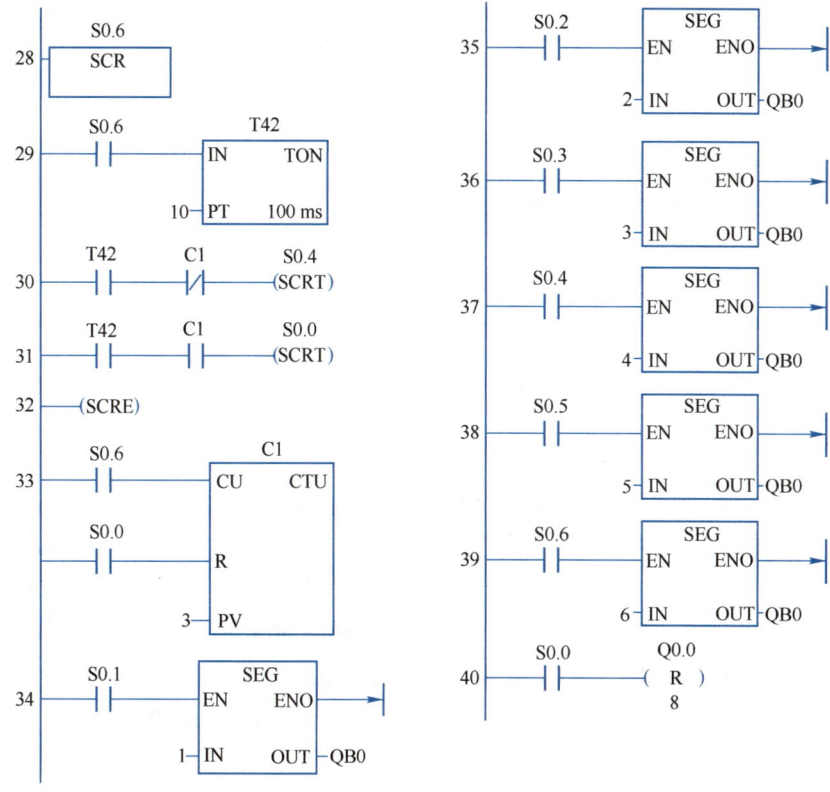

图 9-28　顺控方法设计的花样显示数字控制梯形图（续）

#### 4. 工作原理

顺控方法设计的 LED 数码管花样显示数字控制的梯形图工作原理分析可扫描二维码 9-22 观看。

### 【知识拓展】

通过前面的学习可知，单个定时器能够定时的最长时间是 3276.7 s（大约 54 min）。如果需要更长的定时时间该怎么做呢？下面介绍 3 种长延时方法。

## 9.3.5　长延时方法

#### 1. 定时器接力法

定时器接力法如图 9-29 所示。几个定时器采用接力的方式来实现长延时。图 9-29 中当启动开关 I0.0 闭合后，T37 开始通电计时，3000 s 后 T37 的常开触点闭合，T38 接着开始通电计时，2800 s 后 T38 的常开触点闭合，使得 T39 接通开始定时，再等 2700 s 后 T40 接通，再等 2300 s 后 T40 常开触点闭合，使得 Q0.0 线圈接通。从 I0.0 闭合开始，到 Q0.0 线圈得电，中间的延时时间 $\Delta T = T1 + T2 + T3 + T4 = (3000 + 2800 + 2700 + 2300)\,\mathrm{s} = 10800\,\mathrm{s} = 3\,\mathrm{h}$。这种方法比较好理解，但只适合不太长的时间。

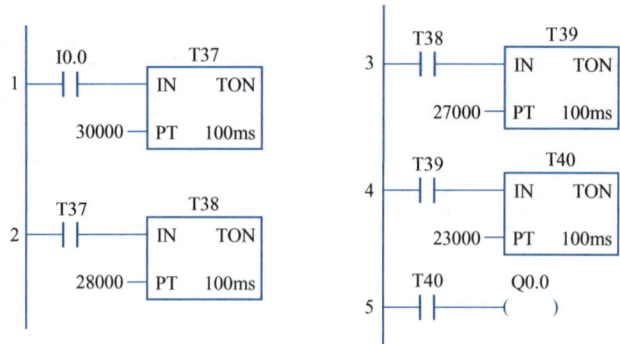

图 9-29　定时器接力法

#### 2. 定时器与计数器配合法

定时器与计数器配合法如图 9-30 所示。当启动开关 I0.0 闭合后，T37 输入端接通开始定时，60 s 后定时时间到，T37 常开触点闭合，C0 计 1 个数，而 T37 的常闭触点断开，使得 T37 断电复位，下一个扫描周期开始，T37 常闭触点复位，T37 又一次接通开始第二轮定时。图中网络 1 是一个经验小电路，叫作脉冲发生器，功能就是每 60 s 让 T37 常开触点接通一次。这样 C0 每 60 s（也就是 1 min）计 1 个数，计满 180 个数也就延时了 180 min，即延时了 3 h。这种延时方法的延时时间 $\Delta T = T \times C$，二者是相乘的关系，能够实现很长时间的延时。

#### 3. 计数器与时钟配合法

计数器与时钟配合法如图 9-31 所示。图中的 SM0.4 是周期为 1 min、占空比为 50% 的时钟脉冲，即高电平 30 s、低电平 30 s，每个上升沿脉冲的间隔时间是 1 min。这种方法也是 C0 每 1 min 计一个数，延时的时间就是 PV 端的数字，单位是 min。

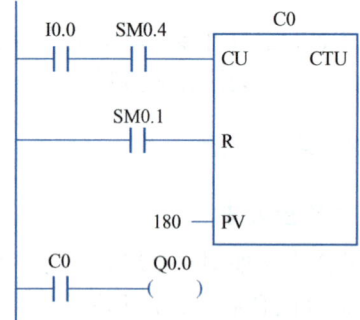

图 9-30　定时器与计数器配合法　　　　图 9-31　计数器与时钟配合法

## 9.3.6　小试牛刀

### 一、单项选择题

1. S7-200 系列 PLC 中，顺序控制步转移指令的操作码是（　　　）。

A. SCR　　　　B. SCRP　　　　C. SCRE　　　　D. SCRT

2. S7-200 系列 PLC 中，顺序控制步开始指令的操作码是（　　）。

A. SCR　　　　B. SCRP　　　　C. SCRE　　　　D. SCRT

3. S7-200 系列 PLC 中，顺序控制步结束指令的操作码是（　　）。

A. SCR　　　　B. SCRP　　　　C. SCRE　　　　D. SCRT

4. S7-200 系列 PLC 中，顺序控制继电器指令中不包括以下哪个操作码？（　　）

A. SCR　　　　B. SCRP　　　　C. SCRE　　　　D. SCRT

5. 在顺序控制继电器指令中的操作数的标识符只能是（　　）。

A. S　　　　　B. M　　　　　C. SM　　　　　D. T

6. S7-200 系列 PLC 中，下面哪个指令属于计数器指令？（　　）

A. TOF　　　　B. TONR　　　　C. CTUD　　　　D. TON

7. 特殊标志位（　　）可产生占空比为 50%、周期为 1 min 的脉冲串，称为分脉冲。

A. SM0.0　　　B. SM0.1　　　C. SM0.4　　　D. SM0.5

8. 用于清除计数器记忆的特殊存储器位是（　　）。

A. SM0.0　　　B. SM0.1　　　C. SM0.4　　　D. SM0.5

9. 在 PLC 运行时，总为 ON 的特殊存储器位是（　　）。

A. SM0.0　　　B. SM0.1　　　C. SM0.4　　　D. SM0.5

10. SCR、SCRT 和 SCRE 指令如果不成套使用，则在下载程序时会收到系统提示（　　）。

A. 出现语法错误　　　　　　　B. 出现非致命性错误

C. 出现未知错误　　　　　　　D. 出现致命性错误

## 二、设计实操题

编程控制 LED 数码管循环显示数字"5→2→0"，具体控制要求详见实验 7 的"小试牛刀"。

# 项目 10　S7–200 PLC 功能指令应用实例

## 项目要点

- 比较指令编程方法。
- 传送指令和整数运算指令的编程方法。
- 跳转指令和子程序调用指令的编程方法。

## 任务 10.1　菱形之光控制

### 【任务引入】

前面介绍的位逻辑指令、定时器指令、计数器指令和顺控指令都属于 S7–200 PLC 的基本指令，这类指令都是对单个软继电器进行简单的通电、断电控制，工作原理和继电-接触器控制系统相似。实际上，PLC 是一种特殊的工业控制用计算机，除基本指令外，还有大量的功能指令，可以对数据进行批量处理，进而实现复杂生产过程的自动控制。

功能指令里较常用的有比较、传送、子程序调用和跳转等。本任务以菱形之光控制为例，介绍比较指令的编程方法。

### 【学习目标】

1）了解 S7–200 PLC 的数据类型。
2）掌握定时器循环定时的方法。
3）掌握比较指令的编程方法。

### 【任务描述】

菱形之光彩灯排列示意图如图 10-1a 所示。控制要求如下。

1）9 盏彩灯受 1 个启动开关 S 控制，当 S 断开时，所有灯都不许亮。

2）启动开关 S 闭合后，首先 L1、L2、L6、L3 这 4 盏彩灯同时点亮，然后按图 10-1b 所示的点亮次序循环，一个周期为 4 s。

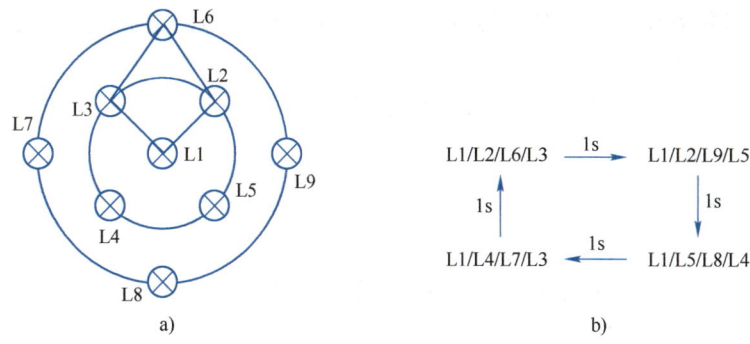

图 10-1　菱形之光彩灯排列和点亮次序示意图

a) 排列示意图　b) 点亮次序示意图

## 【任务分析】

　　分析控制要求可以看出，菱形之光控制为典型的顺序控制，仍然可以用顺序控制设计法来设计。从图 10-1b 上看，彩灯点亮可以分为 4 步，再加上初始步，就可以形成一个 5 步单序列循环的控制系统。读者可以试着自己画出顺序功能图，再利用起—保—停方法或者以转换为中心的方法或者顺控方法把顺序功能图转换成梯形图。

　　本任务再学习一种全新的设计方法，利用比较指令设计菱形之光控制的梯形图。比较指令要将两个操作数进行比较，对操作数的数据类型有严格的要求。下面就先来了解一下 S7-200 PLC 的数据类型，再学习比较指令怎么用，最后去动手设计菱形之光控制的梯形图吧！

## 【相关知识】

### 10.1.1　数据类型

　　数据类型定义了数据的长度（位数）和表示方式。

#### 1. 位（bit）

　　位数据的数据类型为 BOOL（布尔）型，BOOL 变量的值为 2#1 和 2#0。每个位在存储区中只占一个存储位（小格子），如图 10-2 所示，在 Q 存储区的第 0 行第 2 列，对应的就是 Q0.2，第 2 行第 6 列对应的则是 Q2.6。

图 10-2　位、字节、字和双字

#### 2. 字节（Byte）

　　一个字节由 8 个相邻的位组成，例如 QB0 由 Q0.0~Q0.7 组成，QB1 由 Q1.0~Q1.7 组成。

每个字节中的第 0 位为该字节的最低位，第 7 位为该字节的最高位，例如 QB0 的最高位是 Q0.7，最低位是 Q0.0。

用字节表示的数据为无符号数，十进制数的取值范围为 0~255（$2^8-1$），十六进制数的取值范围为 16#00~16#FF。

### 3. 字（Word）

相邻的两个字节组成一个字，占 16 个位。

以组成字的两个字节中编号小的字节编号作为字的编号。如图 10-2 所示，QB0 和 QB1 组成 QW0，QB2 和 QB3 组成 QW2。

组成字的两个字节中编号小的字节为高有效字节，编号大的字节为低有效字节。

用字表示的数据为无符号数，十进制数的取值范围为 0~65535（$2^{16}-1$），十六进制数的取值范围为 16#0000~16#FFFF。

### 4. 双字（Double Word）

相邻的两个字也就是 4 个字节组成一个双字，占 32 个位。

以组成双字的 4 个字节中编号最小的字节编号作为双字的编号。如图 10-2 所示，QD0 由 QW0 和 QW2 两个字，也就是 QB0、QB1、QB2、QB3 这 4 个字节组成。

用双字表示的数据为无符号数，十进制数的取值范围为 0~4 294 967 295（$2^{32}-1$），十六进制数的取值范围为 16#0000 0000~16#FFFF FFFF。

### 5. 整数和双整数

16 位整数（INT，Integer）和 32 位双整数（DINT，Double Integer）都是有符号数。整数的取值范围为 -32768~32767（$2^{15}-1$），双整数的取值范围为 -2147483648~2147483647。

### 6. 实数、ASCII 码字符和字符串

PLC 中的实数（REAL）又称为浮点数，占 32 个位，与数学中的实数意义不同。简单来说，PLC 中的实数就是带小数点的可写成指数形式的数，比如 $3.1415926 \times 10^{-18}$。

ASCII 码用 7 位二进制数来表示所有的英文大写、小写字母，数字 0~9、标点符号，以及一些特殊控制字符。数字 0~9 的 ASCII 码为十六进制数 30H~39H，英文大写字母 A~Z 的 ASCII 码为 41H~5AH，英文小写字母 a~z 的 ASCII 码为 61H~7AH。

字符串（STRING）由若干个 ASCII 码字符组成，第 1 个字节定义字符串的长度（0~254），后面的每个字符占一个字节。变量字符串最多 255 个字节（长度字节加上 254 个字符）。

本书的案例中没有用到实数、ASCII 码和字符串，所以在此只做粗略介绍。

## 10.1.2 比较指令

### 1. 指令格式

比较指令用来比较两个数据类型相同的操作数的大小，其指令格式如图 10-3 所示，由两个操作数、运算符、数据长度类型标识符和常开触点组成。

比较指令的运算符有 6 个，分别是大于（>）、大于或等于（> =）、等于（= =）、小于或等于（< =）、小于（<）和不等于（< >）。

比较指令按数据长度类型可以分为 5 种，分别是字节（B）比较、整数（I）比较、双整

数（D）比较、实数（R）比较和字符串（S）比较。

两个字符串进行比较时，只有等于（＝＝）和不等于（＜＞）两种可能。其他 4 种类型的操作数比较时都有 6 种可能。

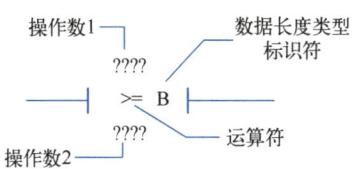

二维码 10-1
数据类型不匹配
演示

图 10-3　比较指令的指令格式

#### 2. 使用须知

① 使用比较指令时必须注意，两个操作数的数据类型必须和数据长度类型标识符相匹配。如果数据类型不匹配，就违反了编程规则，编译时会显示有错误，具体情况可扫描二维码 10-1 观看。

② 比较指令可以看成是特殊的常开触点，当两个操作数之间的关系符合运算符表示的含义时，该常开触点接通，否则当比较结果不成立时，该常开触点不接通。

③ 比较指令可以单独使用，也可以视情况串联或者并联使用。

#### 3. 应用举例

3 台电动机顺序起动控制。

控制要求：按下起动按钮（I0.0）后，3 台电动机每隔 10 s 依次起动；按下停止按钮（I0.1）后，3 台电动机同时停止。

梯形图如图 10-4 所示，工作原理如下。

按下起动按钮（I0.0），M0.0 得电自锁，网络 2 中的 M0.0 常开触点闭合，T37 输入端接通开始定时，网络 3 中的 M0.0 常开触点闭合，Q0.0 得电，M1 起动。T37 接通后，T37 的当前值每隔 100 ms 自动加 1，等当前值增加到 100 也就是延时 10 s 时，网络 4 中 T37 大于或等于 100 的条件满足，Q0.1 开始得电，M2 起动。因为 T37 的输入端并没有断开，所以 T37 的当前值继续增加，Q0.1 维持得电。等 T37 的当前值增加到 200 时，也就是又延时了 10 s，网络 5 中 T37 大于或等于 200 的条件满足，Q0.2 开始得电，M3 起动。这样，3 台电动机就每隔 10 s 依次起动了。

二维码 10-2　3
台电动机顺序起
动控制仿真

图 10-4　3 台电动机顺序起动控制梯形图

按下停止按钮（I0.1）后，M0.0 断电，M0.0 的常开触点复位，一方面使 Q0.0 断电，另一方面使 T37 复位，T37 的当前值变为 0，T37 大于或等于 100 的条件不满足了，Q0.1 断电，

T37 大于或等于 200 的条件也不满足了，Q0.2 也断电了，3 台电动机就同时停止了。

3 台电动机顺序起动控制的仿真可扫描二维码 10-2 观看。

# 【任务实施】

## 10.1.3　菱形之光控制程序设计

### 1. I/O 分配

菱形之光控制的 I/O 分配见表 10-1。

表 10-1　菱形之光控制的 I/O 分配

| 输　入 | 输　出 | | | | | | | | |
|---|---|---|---|---|---|---|---|---|---|
| S | L1 | L2 | L3 | L4 | L5 | L6 | L7 | L8 | L9 |
| I0.0 | Q0.1 | Q0.2 | Q0.3 | Q0.4 | Q0.5 | Q0.6 | Q0.7 | Q2.0 | Q2.1 |

### 2. 梯形图

菱形之光控制的梯形图如图 10-5 所示。

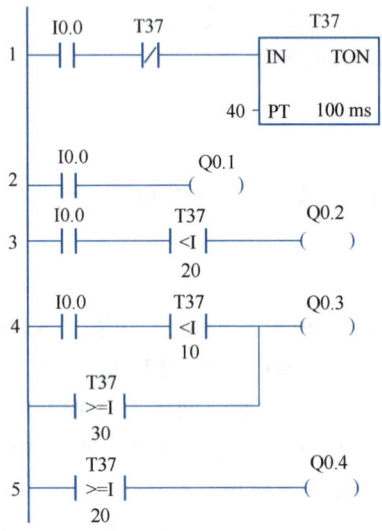
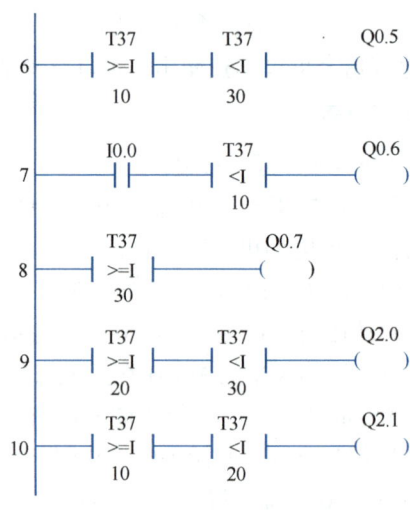

图 10-5　菱形之光控制梯形图

　　利用比较指令设计这类有周期循环要求的任务时，首先要设计一个定时器循环定时电路。定时器的定时时间为一个周期，要实现循环定时，只需将定时器自己的常闭触点串联在自己的输入端即可，如图 10-5 网络 1 所示。启动开关 S 一闭合，I0.0 常开触点闭合，

二维码 10-3
定时器循环定时

T37 输入端接通开始定时，T37 的当前值每隔 100 ms 自动加 1，即每 1 s 加 10，等当前值到 40 时，T37 的常闭触点断开，T37 的输入端随之断电，当前值变为 0，下一个扫描周期 T37 的常闭触点复位，T37 的输入端再次接通，又开始新一轮的定时。这样，T37 就可以实现 4 s 循环定时，T37 的当前值从 0 到 40 循环。定时器循环定时的仿真可扫描二维码 10-3 观看。

　　定时器循环定时电路设计完后，接下来就是输出电路。输出电路的设计方法可扫描二维码 10-4 观看视频讲解。

二维码 10-4
输出电路设计方法

　　利用比较指令编程时有 3 个细节需要注意。

1）从 0 开始的务必加开关，否则开关断开时会通电。

2）等号靠一边，一般靠左边。如果左右都有等号，在 10、20、30 交接时输出会跳，导致衔接不自然。

3）大于或等于 0 的触点和小于或等于最大值（定时器设定值）的触点可以省略，这样程序就能做到最精最优，没有一点多余的东西了。

编程时也要有匠心，没用的网络和触点就删除。同样功能的程序，越精简越好，这样执行程序的周期会变短。

### 3. 工作原理

合上启动开关，I0.0 常开触点闭合，T37 开始循环定时 4 s。

第 1 s，T37 的当前值从 0 变到 10，网络 2 一直通电，网络 3、4、7 中的比较关系成立，Q0.1、Q0.2、Q0.3、Q0.6 得电，驱动 L1、L2、L3、L6 这 4 盏灯同时点亮。

第 2 s，T37 的当前值从 10 变到 20，网络 3、6、10 中的比较关系成立，Q0.1、Q0.2、Q0.5、Q2.1 得电，驱动 L1、L2、L5、L9 这 4 盏灯同时点亮。

第 3 s，T37 的当前值从 20 变到 30，网络 5、6、9 中的比较关系成立，Q0.1、Q0.4、Q0.5、Q2.0 得电，驱动 L1、L4、L5、L8 这 4 盏灯同时点亮。

第 4 s，T37 的当前值从 30 变到 40，网络 4、5、8 中的比较关系成立，Q0.1、Q0.3、Q0.4、Q0.7 得电，驱动 L1、L3、L4、L7 这 4 盏灯同时点亮。

4 s 时间一到，T37 复位后又开始下一轮的定时。

## 【知识拓展】

比较指令相对来说比较容易理解，所以比较指令的应用特别广。下面介绍两个实用的小电路。

### 10. 1. 4    一个按钮控制电动机起停

一个按钮控制电动机起停的控制要求如下。

1）第 1 次按下按钮，电动机起动。

2）第 2 次按下按钮，电动机停止。

利用比较指令设计的一个按钮控制电动机起停的梯形图如图 10-6 所示。

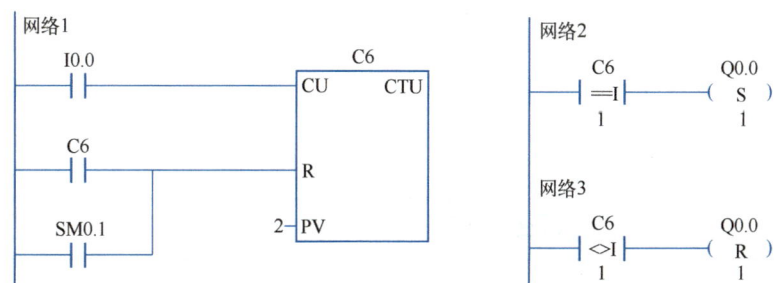

图 10-6    一个按钮控制电动机起停

第 1 次按下按钮时，I0.0 产生 1 个脉冲，加计数器 C6 的当前值变为 1，网络 2 中的比较关系成立，Q0.0 被置位，电动机起动。

第 2 次按下按钮时，I0.0 又产生 1 个脉冲，C6 的当前值变为 2，C6 的常开触点闭合使 C6 自己复位，C6 的当前值又变成 0，C6 的常开触点断开，C6 又可开始下一轮的计数。此时网络 3 中的比较关系成立，Q0.0 被复位，电动机停止。

C6 的复位信号还有一个 SM0.1 的常开触点，在电动机运行过程中如果通过单击编程软件中的停止按钮使 PLC 处于 STOP 状态，电动机也会停下来。再单击运行按钮使 PLC 处于 RUN 状态时，SM0.1 会发出一个脉冲使 C6 复位，可以防止电动机自行起动。

### 10.1.5 利用比较指令实现闪烁

在交通信号灯控制任务中已经学习了 3 种闪烁电路，下面介绍第 4 种，利用比较指令实现闪烁，梯形图如图 10-7 所示。

图 10-7a 可实现先亮后灭的闪烁。当开关 I0.0 闭合后，T37 循环定时 20 s，即 T37 的当前值从 0 到 200 循环。当 T37 的当前值小于 100 时，Q0.0 通电；当 T37 的当前值大于或等于 100 时，Q0.0 断电。如此可实现开关闭合后 Q0.0 亮 10 s 灭 10 s 的闪烁，闪烁周期为 20 s。

图 10-7b 可实现先灭后亮的闪烁。当开关 I0.0 闭合后，T38 循环定时 20 s，即 T38 的当前值从 0 到 200 循环。当 T38 的当前值小于 100 时，Q0.3 不通电；当 T38 的当前值大于或等于 100 时，Q0.3 通电；如此可实现开关闭合后 Q0.3 灭 10 s 亮 10 s 的闪烁，闪烁周期为 20 s。

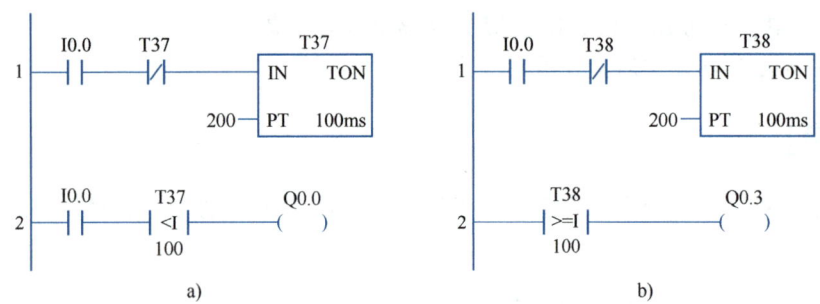

图 10-7 利用比较指令实现闪烁
a）先亮后灭 b）先灭后亮

### 10.1.6 小试牛刀

1. "小树苗" 控制
2. 舞台艺术彩灯控制
3. 交通信号灯
4. 最浪漫的数字

具体控制要求详见实验 8。

## 任务 10.2 两位 LED 数码管自动循环显示数字控制

## 【任务引入】

前面用顺序控制设计法控制一位 LED 数码管自动循环显示数字时，可能已经感觉不太容易了。那么现在要控制两位 LED 数码管自动循环显示数字，是不是会感觉更无从下手了？

本次任务将换一个角度，用 S7-200 PLC 的功能指令来进行设计，相信通过本任务的学习，会给我们带来不一样的视角。

## 【学习目标】

1）理解传送指令 MOV 和整数运算指令的使用方法。
2）加深理解计数器指令和脉冲指令的使用方法。
3）理解并掌握两位 LED 数码管自动循环显示 00~99 的设计思路和编程方法。

## 【任务描述】

两位 LED 数码管自动循环显示数字的控制要求如下。
1）PLC 开机后，两个 LED 数码管的初始状态为全灭。
2）当启动开关 S 闭合后，两个 LED 数码管显示数字"00"；然后每隔 1 s LED 数码管显示的数字自动增 1，直至"99"之后再显示"00"，如此实现数字"00"~"99"自动递增循环显示。
3）当启动开关 S 断开后，两个 LED 数码管全灭，不再显示任何数字。

## 【任务分析】

如果利用顺序控制设计法来完成本任务，采用单序列结构，1 个数字 1 步，"00"~"99"共 100 个数字，外加 1 个初始步，共需 101 步，这么多步，想想就觉得太难了。如果采用并行序列结构，个位 1 个序列，十位 1 个序列，均是 1 个数字 1 步，再外加 1 个初始步，共 21 步。个位步与步间隔时间为 1 s，十位的间隔时间为 10 s。这样比单序列简单多了，也算是一种可行的办法，但也不容易。

如果利用功能指令来设计，那就简单多了，只要掌握设计思路，修改程序时只需改几个数字即可。

利用功能指令设计两位 LED 数码管自动循环显示数字"00"~"99"的设计思路如图 10-8 所示，视频讲解可扫描二维码 10-5 观看。图中上面一排为个位数的设计思路，首先在启动开关闭合时利用传送指令 MOV 把初始值 0 送到累加器 AC0（存放个位数的寄存器）中，利用加法指令让 AC0 里的数字每秒加 1，然后把 AC0 作为段译码指令 SEG 的输入，这样就可以利用 SEG 指令将 AC0 中的低 4 位二进制数转化成十六进制数并驱动个位 LED 数码管显示出来。但要注意，十六进制数 0~9、A~F 中只允许显示 0~9，不能出现 A~F，这就需要用到计数器。令计数器每秒计 1 个数，计满 10 个数时只需重新再给 AC0 送一次初始值即可截断后 6 个数字。

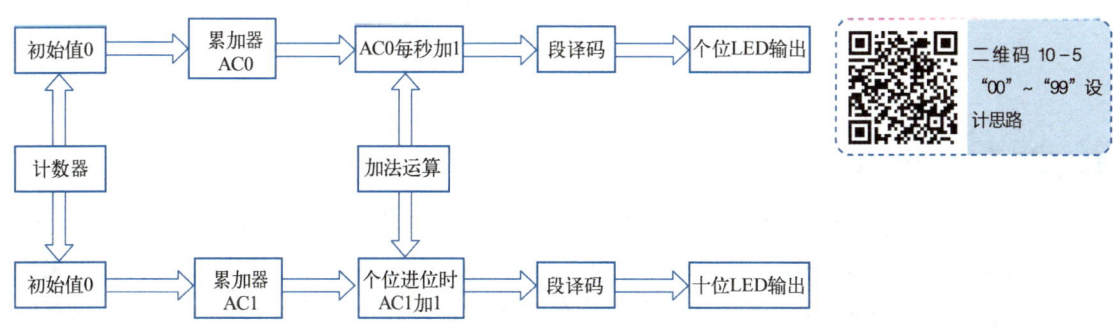

图 10-8　LED 显示数字"00"~"99"设计思路

图 10-8 中下面一排为十位数的设计思路。和个位数的类似，首先利用传送指令 MOV 把初始值 0 送到累加器 AC1（存放十位数的寄存器）中，当个位进位时（即个位计数器计满 10 个数时）十位数字加 1，再用段译码指令 SEG 驱动十位 LED 数码管显示出来。同样，十位也需要一个计数器，计满 10 个数时也需重新再给 AC1 送一次初始值。

## 【相关知识】

### 10.2.1　传送指令 MOV

#### 1. 指令功能

可以用来传送单个数据，数据类型可以是字节、字、双字、实数。

#### 2. 指令格式

传送指令格式见表 10-2。

表 10-2　数据传送指令格式

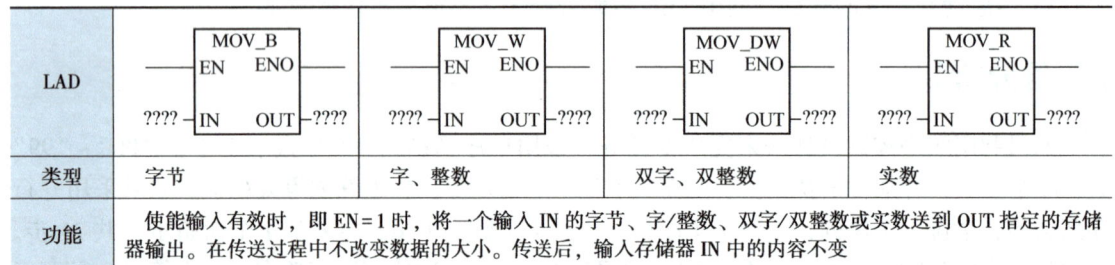

| LAD | MOV_B<br>EN  ENO<br>???? — IN  OUT — ???? | MOV_W<br>EN  ENO<br>???? — IN  OUT — ???? | MOV_DW<br>EN  ENO<br>???? — IN  OUT — ???? | MOV_R<br>EN  ENO<br>???? — IN  OUT — ???? |
|---|---|---|---|---|
| 类型 | 字节 | 字、整数 | 双字、双整数 | 实数 |
| 功能 | 使能输入有效时，即 EN = 1 时，将一个输入 IN 的字节、字/整数、双字/双整数或实数送到 OUT 指定的存储器输出。在传送过程中不改变数据的大小。传送后，输入存储器 IN 中的内容不变 | | | |

#### 3. 传送指令应用举例

图 10-9 所示的梯形图可实现开关 I0.0 合上时，Q0.0 ~ Q0.7 隔灯点亮，I0.0 断开时，Q0.0 ~ Q0.7 全灭。视频讲解可扫描二维码 10-6 观看。

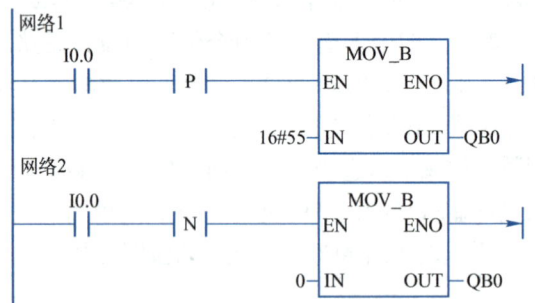

二维码 10-6
传送指令应用举例

图 10-9　传送指令应用举例

### 10.2.2　累加器 AC

累加器是用来暂存数据的寄存器，它可以用来存放运算数据、中间数据和结果。S7-200 PLC 只有 4 个 32 位的累加器，其地址编号为 AC0 ~ AC3。累加器的可用长度为 32 位，可采用字节、字、双字的存取方式，按字节、字只能存取累加器的低 8 位或低 16 位，双字可以存取累加器全部的 32 位。

### 10.2.3　整数运算指令

简单的整数（16 个二进制位）加、减、乘、除指令（不考虑溢出、余数等）的格式及功能见表 10-3，视频讲解可扫描二维码 10-7 观看。

二维码 10-7
整数运算指令

**表 10-3　整数运算指令格式及功能**

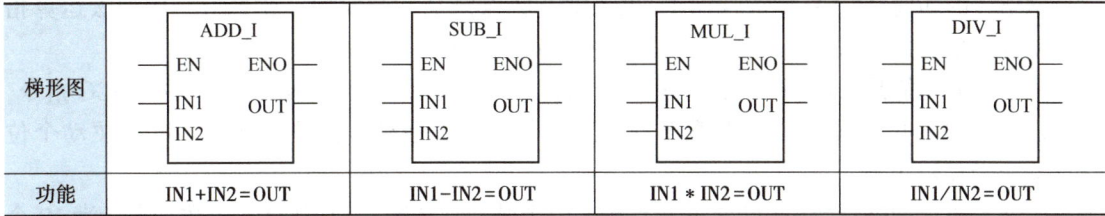

| 梯形图 | ADD_I<br>EN　ENO<br>IN1　OUT<br>IN2 | SUB_I<br>EN　ENO<br>IN1　OUT<br>IN2 | MUL_I<br>EN　ENO<br>IN1　OUT<br>IN2 | DIV_I<br>EN　ENO<br>IN1　OUT<br>IN2 |
|---|---|---|---|---|
| 功能 | IN1+IN2=OUT | IN1-IN2=OUT | IN1 * IN2=OUT | IN1/IN2=OUT |

## 【任务实施】

### 10.2.4　个位数控制

#### 1. I/O 分配

个位 LED 数码管自动循环显示数字 0~9 的 I/O 分配见表 10-4。

**表 10-4　个位 LED 数码管自动循环显示数字 0~9 的 I/O 分配**

| 输　　入 | 输　　出 | | | | | | |
|---|---|---|---|---|---|---|---|
| 启动开关 S | a 段 | b 段 | c 段 | d 段 | e 段 | f 段 | g 段 |
| I0.1 | Q0.0 | Q0.1 | Q0.2 | Q0.3 | Q0.4 | Q0.5 | Q0.6 |

#### 2. 梯形图

利用功能指令设计的个位 LED 数码管自动循环显示数字 0~9 的梯形图如图 10-10 所示。设计方法及注意事项可扫描二维码 10-8 观看。

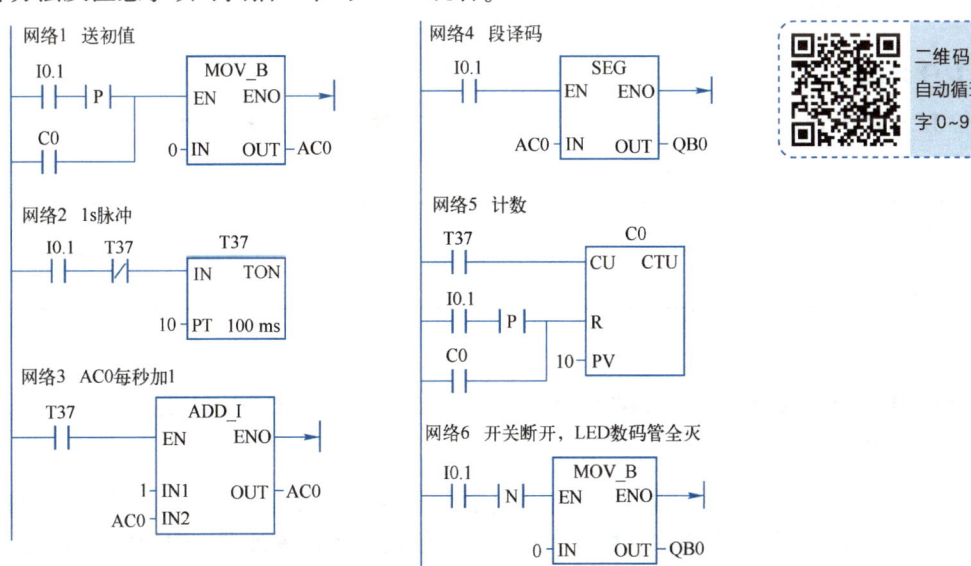

二维码 10-8
自动循环显示数字 0~9

图 10-10　个位 LED 数码管自动循环显示数字 0~9 的梯形图

145

### 3. 工作原理

网络1的功能是送初值，利用字节传送指令将初始值0送到个位累加器AC0中。送初始值有两个时刻，一个是启动开关S闭合瞬间，另一个是个位计数器C0计满10个数时。注意不能一直送初始值，否则AC0中的数字就会一直是0，所以使用了上升沿脉冲指令。

网络2的功能是用来产生1s脉冲。当启动开关S闭合后，定时器T37每秒产生一个脉冲，即T37的常开触点每1s闭合一个扫描周期后断开。

网络3的功能是让AC0每秒加1。T37常开触点每来一个脉冲，就执行一次加法运算指令，AC0的数字加1后再送到AC0，即每秒AC0自动加1。

网络4的功能是段译码。当启动开关S闭合后，I0.1常开触点接通，一直执行SEG指令，将输入端AC0中的低4位二进制数转换成对应的十六进制数并送到输出端QB0，驱动个位LED数码管显示出来。

网络5的功能是计数。T37常开触点每来一个脉冲，计数器C0就计一个数，当计满10个数时，网络1中的C0的常开触点闭合，又将初始值0送到AC0中，这样AC0中的数就只能是0~9，不会出现A~F了。使用计数器时需要注意复位问题，因计数器有断电记忆功能，为保证每次开关闭合后都是从头开始的，所以使用了启动开关的上升沿脉冲作为计数器的复位信号。另外，个位数是0~9循环的，计数器也要循环计数才行，所以使用C0的常开触点给它自己复位，当计满10个数时，C0的常开触点闭合，C0被复位，C0的常开触点又断开，复位信号断开，又可开始下一轮的计数。

网络6的功能是开关断开时，LED数码管全灭。因SEG指令有保持最后记忆的功能，所以梯形图中必须有数码管熄灭的环节。可以用复位指令来实现，也可以用传送指令送0的方法实现。

这6个网络搭建起了一位数控制的框架，只要是有规律的递增或递减，都可以用这个框架，只需简单修改几个数字，就可以满足新的控制要求。视频演示可扫描二维码10-9观看。

二维码 10-9
一位数控制

## 10.2.5 两位数控制

### 1. I/O 分配

两位LED数码管自动循环显示数字"00"~"99"的I/O分配见表10-5。

表10-5 两位LED数码管自动循环显示数字"00"~"99"的I/O分配

| 输 入 | 输 出 | |
|---|---|---|
| 启动开关S | 个位LED：a段~g段 | 十位LED：a段~g段 |
| I0.1 | Q0.0~Q0.6 | Q2.0~Q2.6 |

### 2. 梯形图

两位LED数码管自动循环显示数字"00"~"99"的梯形图如图10-11所示。

### 3. 工作原理

网络1~网络5控制的是个位的0~9自动递增循环显示，在此不再重复。网络6~网络9控制的是十位的显示，与个位的基本相同。只不过十位数存放在累加器AC1中，十位LED数码管由QB2驱动。

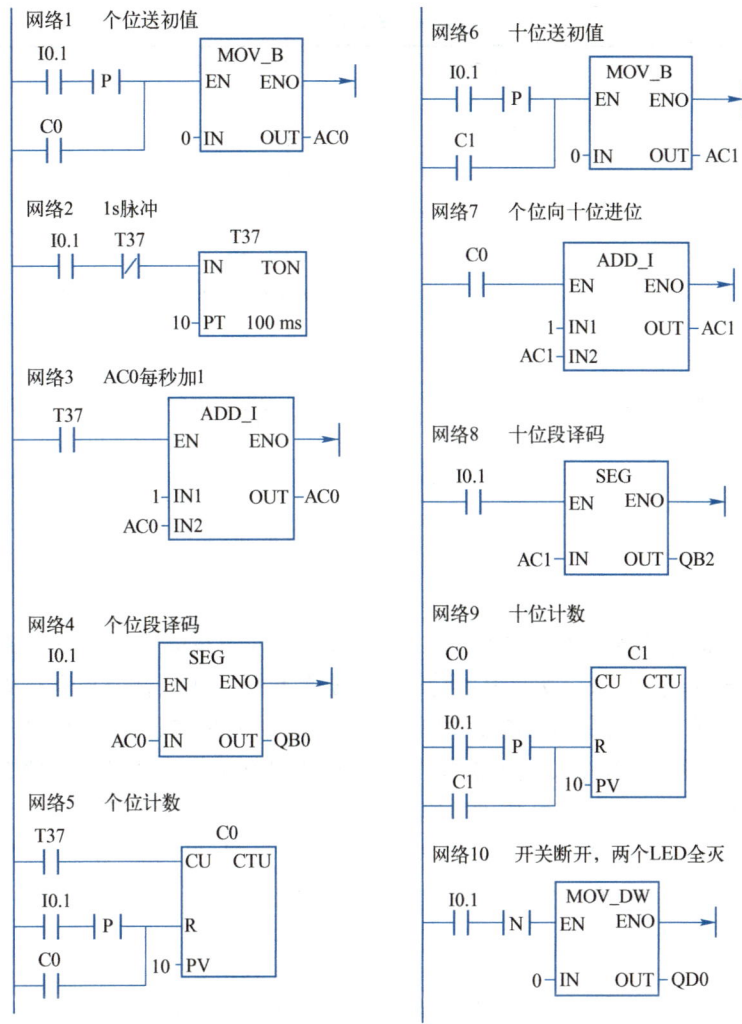

图 10-11  "00"~"99" 自动递增循环显示的梯形图

网络 7 中的加法指令利用 C0 的常开触点作为使能输入端，是因为个位计数器计满 10 个数时正好进位，此时十位数正好做一次加法，就没必要再做一个 10 s 的脉冲发生器了。网络 9 中用 C0 的常开触点作为 C1 的脉冲输入信号也是出于相同考虑。

网络 10 的功能是当开关断开时，两个 LED 数码管全灭。利用双字传送指令在 I0.1 开关刚断开瞬间（下降沿脉冲）将 0 送到 QD0，使得 QB0 和 QB2 全为 0，两个 LED 数码管全灭。

## 【知识拓展】

## 10.2.6  移位指令

### 1. 指令格式

移位指令根据移位方向可分为左移位（SHL，Shift Left）指令和右移位（SHR，Shift Right）指令，根据移位的数据类型可分为字节（Byte）移位、字（Word）移位和双字（Double Word）移位，其梯形图格式见表 10-6。

表 10-6  移位指令格式

| 梯 形 图 | 指令名称 | 梯 形 图 | 指令名称 |
|---|---|---|---|
| 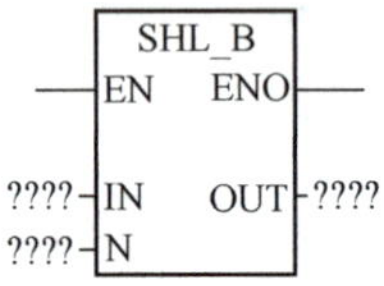 SHL_B<br>EN  ENO<br>????—IN  OUT—????<br>????—N | 字节左移 | 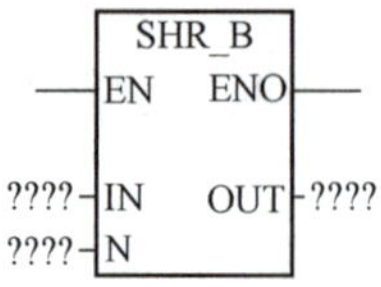 SHR_B<br>EN  ENO<br>????—IN  OUT—????<br>????—N | 字节右移 |
| 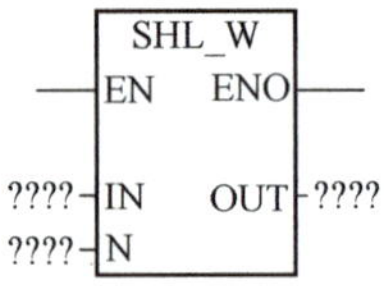 SHL_W<br>EN  ENO<br>????—IN  OUT—????<br>????—N | 字左移 | 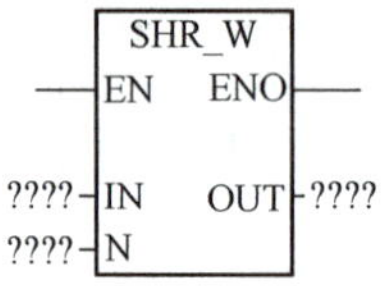 SHR_W<br>EN  ENO<br>????—IN  OUT—????<br>????—N | 字右移 |
| 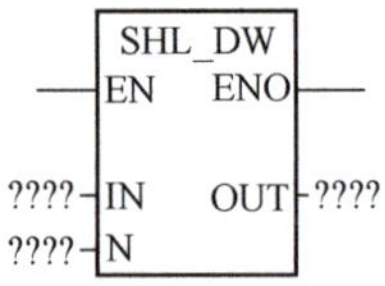 SHL_DW<br>EN  ENO<br>????—IN  OUT—????<br>????—N | 双字左移 | 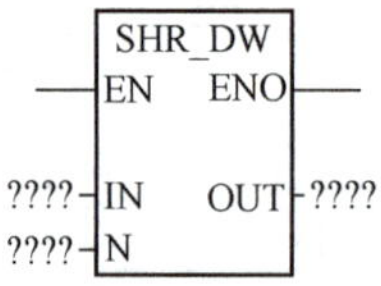 SHR_DW<br>EN  ENO<br>????—IN  OUT—????<br>????—N | 双字右移 |

### 2. 指令功能

移位指令的功能是将输入 IN 中的各位二进制数向右或向左移动 N 位后，送到输出 OUT 指定的地址。使能输入端 EN 来一次上升沿脉冲，数据就移位一次，移位指令对移出位自动补 0。

图 10-12 为字节左移指令的功能示意图。网络 1 的功能是在开关 I0.0 闭合瞬间（上升沿脉冲），将初始值 1 送到 QB0，令 Q0.0 为 "1"，Q0.1~Q0.7 均为 "0"。网络 2 的功能是开关 I0.1 每次由断开到接通一次，QB0 中的数据向左移 1 位。第 1 次移位后，"1" 从 Q0.0 位置左移到 Q0.1 位置，Q0.0 位补为 "0"；第 2 次移位后，"1" 从 Q0.1 位置左移到 Q0.2 位置……第 7 次移位后，"1" 移到 Q0.7 位置；再移 1 次，QB0 中就全部为 0 了。

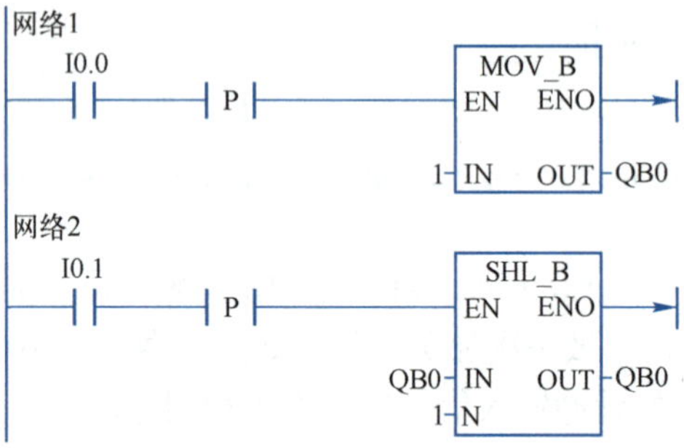

网络1
```
     I0.0                    MOV_B
 ——| |——| P |——          EN  ENO ——
                        1—IN  OUT—QB0
```

网络2
```
     I0.1                    SHL_B
 ——| |——| P |——          EN  ENO ——
                      QB0—IN  OUT—QB0
                        1—N
```

|  | Q0.7 | Q0.6 | Q0.5 | Q0.4 | Q0.3 | Q0.2 | Q0.1 | Q0.0 |
|---|---|---|---|---|---|---|---|---|
| 初始状态 | 0 | 0 | 0 | 0 | 0 | 0 | 0 | 1 |
| 第1次移位 | 0 | 0 | 0 | 0 | 0 | 0 | 1 | 0 |
| 第2次移位 | 0 | 0 | 0 | 0 | 0 | 1 | 0 | 0 |
| 第3次移位 | 0 | 0 | 0 | 0 | 1 | 0 | 0 | 0 |
| 第4次移位 | 0 | 0 | 0 | 1 | 0 | 0 | 0 | 0 |
| 第5次移位 | 0 | 0 | 1 | 0 | 0 | 0 | 0 | 0 |
| 第6次移位 | 0 | 1 | 0 | 0 | 0 | 0 | 0 | 0 |
| 第7次移位 | 1 | 0 | 0 | 0 | 0 | 0 | 0 | 0 |
| 第8次移位 | 0 | 0 | 0 | 0 | 0 | 0 | 0 | 0 |

图 10-12  字节左移指令的功能示意图

### 3. 指令使用说明

① 如果移位的位数 N 大于允许值（字节操作为 8，字操作为 16，双字操作为 32），实际移位的位数为最大允许值。

② 字节移位操作是无符号的，对于有符号的字和双字移位时，符号位也会被移位。

③ 如果移位次数非 0，"溢出"标志位 SM1.1 保存最后一次被移出的位的值。

④ 如果移位操作的结果为 0，零标志位 SM1.0 被置为 ON。

⑤ 如果源操作数（IN）和目标操作数（OUT）相同，移位指令应采用脉冲执行方式。

## 10.2.7　循环移位指令

### 1. 指令格式

循环移位指令有循环左移位（ROL，Rotate Left）指令和循环右移位（ROR，Rotate Right）指令，其梯形图格式见表 10-7。

表 10-7　循环移位指令格式

| 梯　形　图 | 指令名称 | 梯　形　图 | 指令名称 |
|---|---|---|---|
| ROL_B<br>EN　ENO<br>????-IN　OUT-????<br>????-N | 字节循环左移 | ROR_B<br>EN　ENO<br>????-IN　OUT-????<br>????-N | 字节循环右移 |
| ROL_W<br>EN　ENO<br>????-IN　OUT-????<br>????-N | 字循环左移 | ROR_W<br>EN　ENO<br>????-IN　OUT-????<br>????-N | 字循环右移 |
| ROL_DW<br>EN　ENO<br>????-IN　OUT-????<br>????-N | 双字循环左移 | ROR_DW<br>EN　ENO<br>????-IN　OUT-????<br>????-N | 双字循环右移 |

### 2. 指令功能

循环移位指令的功能是将输入 IN 中的各位二进制数向右或向左循环移动 N 位后，送到输出 OUT 指定的地址。循环移位是环形的，即被移出来的位将返回到另一端空出来的位，如图 10-13 所示。移出的最后一位的数值存放在溢出标志位 SM1.1。

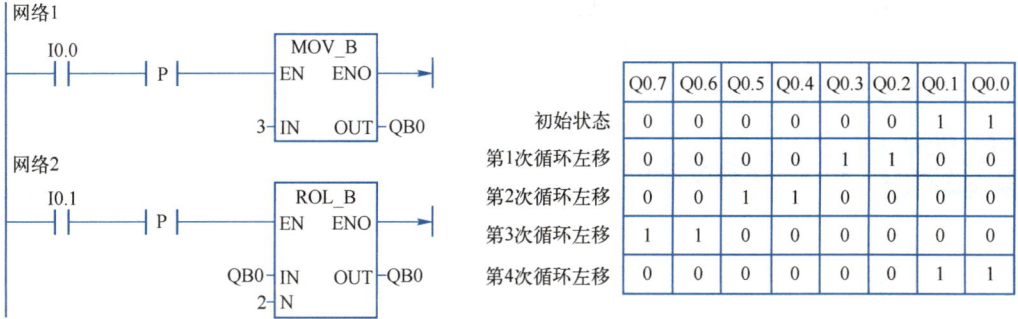

图 10-13　字节循环左移指令的功能示意图

**3. 指令使用说明**

① 如果移位的位数 N 大于允许值（字节操作为 8，字操作为 16，双字操作为 32），执行循环移位之前先对 N 进行求模运算。例如字循环移位时，将 N 除以 16 后取余数，从而得到一个有效的移位次数。字节循环移位求模运算的结果为 0~7，字循环移位求模运算的结果为 0~15，双字循环移位求模运算的结果为 0~31。如果求模运算的结果为 0，不进行循环移位操作，零标志位 SM1.0 被置为 ON。

② 字节循环移位操作是无符号的，对于有符号的字和双字循环移位时，符号位也会被移位。

③ 如果源操作数（IN）和目标操作数（OUT）相同，循环移位指令应采用脉冲执行方式。

**4. 指令应用举例**

如图 10-14 所示的梯形图可实现 8 盏灯跑马灯控制，工作原理如下。

启动开关 I0.1 闭合瞬间，将数字 1 送给 QB0，Q0.0 立即点亮。定时器 T37 每秒产生 1 个脉冲，QB0 每秒循环左移 1 位，则 1s 后 Q0.0 灭、Q0.1 亮；再过 1s 后 Q0.1 灭、Q0.2 亮……Q0.7 亮 1s 后再 Q0.0 亮……如此循环，即可实现 8 盏灯跑马灯控制。

I0.1 断开瞬间，将数字 0 送给 QB0，Q0.0~Q0.7 全部为 0，所有灯都熄灭。

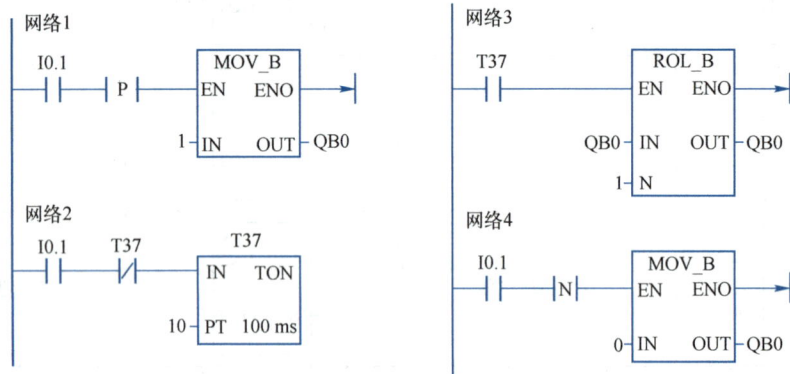

图 10-14 跑马灯控制梯形图

## 10.2.8 小试牛刀

1. 数字"00"至"59"自动递增循环显示。
2. 数字"00"至"23"自动递增循环显示。

具体控制要求详见实验 9。

## 任务 10.3 电动机组控制

## 【任务引入】

为了满足多种加工方式和调整的需要，实际生产中应用的各种机电一体化设备，有时要求单周期运行，有时要求连续运行；有时需要手动，有时又需要自动。这其实都涉及一个问题——多种工作方式的实现。在 S7-200 PLC 中，实现多种工作方式有两种方法，一种是利用跳转指令和标号指令，另一种是利用子程序调用指令。本任务以电动机组控制为例，介绍第一种方法，下个任务介绍第二种方法。

## 【学习目标】

1）掌握跳转指令和标号指令的使用方法。
2）掌握利用跳转指令和标号指令实现多种工作方式的方法。

## 【任务描述】

有 3 台电动机 M1~M3，设置有手动和自动两种工作方式，控制面板示意图如图 10-15 所示，具体控制要求如下。

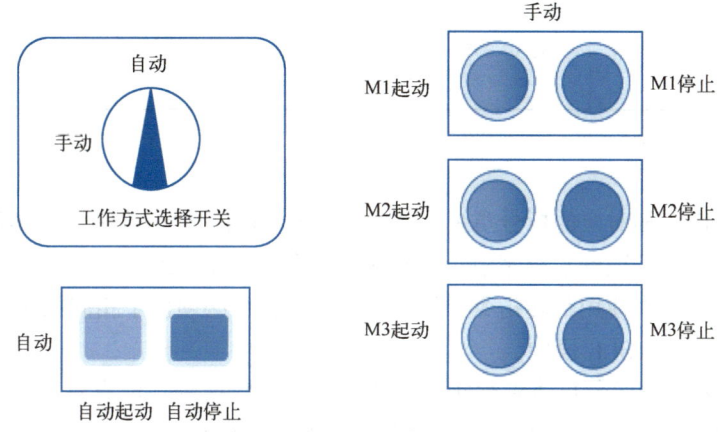

图 10-15　控制面板示意图

1）手动工作方式：工作方式选择开关须置于"手动"位置，3 台电动机可以各自独立控制起动和停止，互不影响。

2）自动工作方式：工作方式选择开关须置于"自动"位置，按下自动起动按钮，M1 立即起动，5 s 后 M2 自动起动，再过 5 s 后 M3 自动起动；按下自动停止按钮，M3 立即停止，5 s 后 M2 自动停止，再过 5 s 后 M1 自动停止。

3）手动时两个自动按钮失效；自动时 6 个手动按钮失效。

4）手动和自动切换时，3 台电动机应处于停止状态。

## 【任务分析】

从控制要求上看，电动机组的手动工作方式和自动工作方式完全不同，可以分别进行设计，最后再利用跳转指令和标号指令把两部分程序合在一起即可。

# 【相关知识】

## 10.3.1 跳转指令和标号指令

### 1. 指令格式和指令功能

跳转（JMP，Jump）指令和标号（LBL，Label）指令的梯形图指令格式和功能见表 10-8。

表 10-8 跳转指令和标号指令的梯形图指令格式和功能

| 梯　形　图 | 指令名称 | 操作数范围 | 指令　功能 |
|---|---|---|---|
| 条件　N ─( JMP ) | 跳转指令 | N：0~255 | 条件满足时，使程序流程跳到同一程序中的指定标号 N 处，跳转 N 和标号 N 之间的程序被跳过不执行 |
| N LBL | 标号指令 | N：0~255 | 标记跳转的目的位置 |

### 2. 指令使用说明

① 跳转指令 JMP 和对应的标号指令 LBL 必须位于相同的程序段中（主程序、子程序或中断程序），不能从主程序跳到子程序中，也不能从一个子程序跳到另一个子程序中。

② 可以在 SCR 段中使用跳转指令，但对应的标号指令必须位于相同的 SCR 段内，不能从一个 SCR 段跳到另一个 SCR 段中。

③ 跳转指令和标号指令必须成对使用。如果只有跳转指令却没有对应的标号指令，即使条件满足了也不执行跳转。如果只有标号指令，也不会有谁跳过来。

④ 编程时必须是跳转指令在前（网络编号小），标号指令在后（网络编号大），即只能从前边往后边跳，不能从后边往前边跳。

⑤ 在不同的跳转段中，同一操作数的线圈可以多次出现。比如 Q0.0 的线圈，可以在跳转 1 和标号 1 之间出现一次，也可以在跳转 2 和标号 2 之间再出现一次，还可以在跳转 3 和标号 3 之间出现一次。但是需要注意，在同一个跳转段，同一操作数的线圈还是只允许出现一次，否则执行程序时会出错。

# 【任务实施】

## 10.3.2　I/O 分配

从任务描述中不难归纳出，电动机组控制的输入设备一共有 9 个，输出设备有 3 个。其中工作方式选择开关有两个位置 —— 手动位置和自动位置，可以分配两个输入地址，一个地址用作手动，一个地址用作自动；也可以只分配一个输入地址，开关闭合时用作自动，开关断开时用作手动，反过来也可以。后者可以节省一个输入点，本任务就采取这种方法。电动机组控制的 I/O 分配见表 10-9。

表 10-9　电动机组控制的 I/O 分配

| 低压电器名称 | 地　址 | 备　注 |
|---|---|---|
| 工作方式选择开关 | I0.0 | I0.0 常开触点闭合时为自动；I0.0 常闭触点闭合时为手动 |
| M1 起动按钮 | I0.1 | 手动控制按钮，常开触点接在 PLC 输入端 |
| M1 停止按钮 | I0.2 | |
| M2 起动按钮 | I0.3 | |
| M2 停止按钮 | I0.4 | |
| M3 起动按钮 | I0.5 | |
| M3 停止按钮 | I0.6 | |
| 自动起动按钮 | I0.7 | 自动控制按钮，常开触点接在 PLC 输入端 |
| 自动停止按钮 | I1.0 | |
| M1 接触器 | Q0.1 | 控制 M1 起动和停止的交流接触器，线圈接在 PLC 输出端 |
| M2 接触器 | Q0.2 | 控制 M2 起动和停止的交流接触器，线圈接在 PLC 输出端 |
| M3 接触器 | Q0.3 | 控制 M3 起动和停止的交流接触器，线圈接在 PLC 输出端 |

## 10.3.3　设计思路

电动机组控制的设计思路如图 10-16 所示。分别设计出手动程序和自动程序后，将手动程序放在跳转 1 和标号 1 之间，将自动程序放在跳转 2 和标号 2 之间。

当工作方式选择开关置于自动位置时，I0.0 常开触点闭合，跳转 1 的条件满足，程序跳到标号 1 处执行，手动程序被跳过，而此时 I0.0 的常闭触点是断开的，跳转 2 的条件不满足，接下来就会执行自动程序了。

当工作方式选择开关置于手动位置时，I0.0 的常开触点是断开的，跳转 1 的条件不满足，接下来就执行手动程序，而此时 I0.0 的常闭触点是闭合的，跳转 2 的条件满足，程序跳到标号 2 处，自动程序被跳过。

设计思路的视频讲解可扫描二维码 10-10 观看。

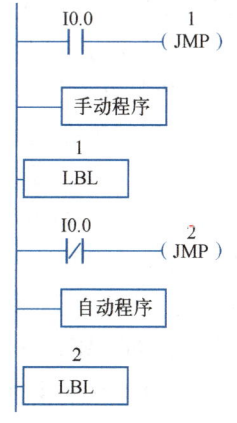

二维码 10-10
设计思路

图 10-16　设计思路

### 10.3.4 自动程序设计

自动工作方式的顺序功能图如图 10-17 所示，有两种画法，其中图 10-17a 是用普通线圈控制输出，图 10-17b 是用置位和复位指令控制输出。

自动工作方式顺序功能图的画法的视频讲解可扫描二维码 10-11 观看。

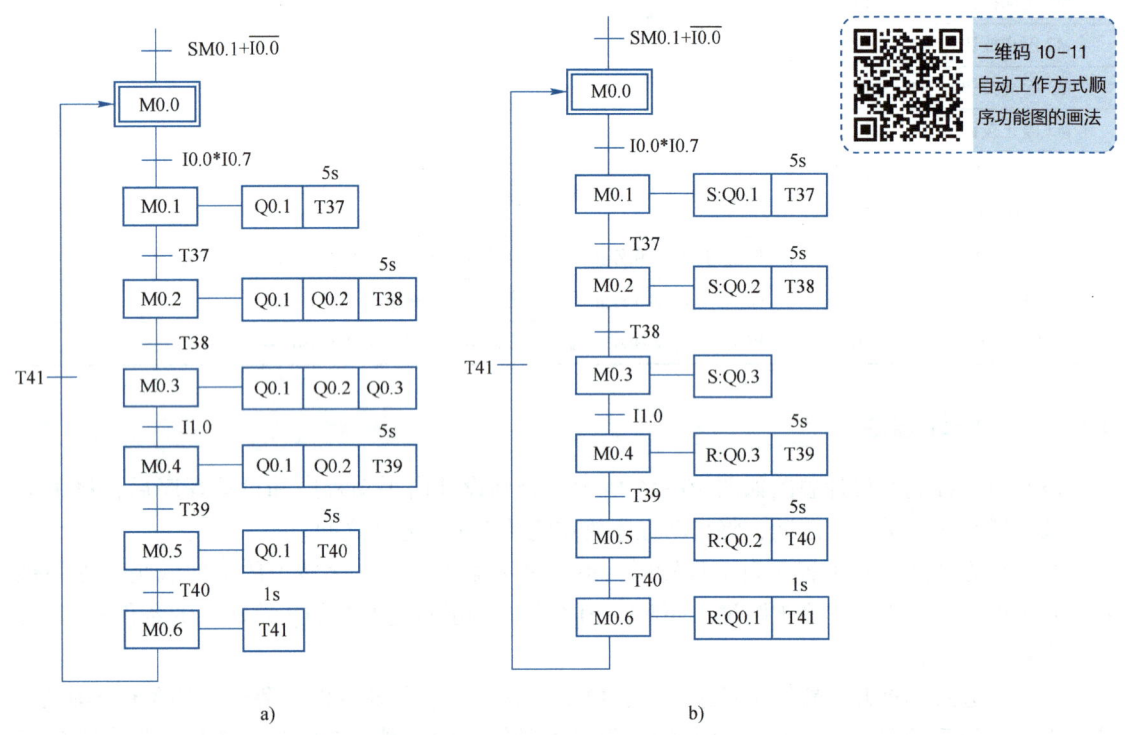

二维码 10-11
自动工作方式顺序功能图的画法

图 10-17 自动工作方式的顺序功能图

a）普通线圈控制输出　　b）利用置位和复位指令控制输出

在 PLC 运行的第一个扫描周期，SM0.1 的常开触点接通使 M0.0 得电，系统处在初始步待命。在初始步时需要考虑的问题有两个，一个是手动时不能往下走，另一个是自动时怎么往下走。手动时不往下走好办，工作方式选择开关置于手动位置时，I0.0 的常闭触点闭合，只要给初始步再加一个转换条件$\overline{I0.0}$即可。自动时该怎么往下走呢？控制要求中明确提出了手动时两个自动按钮失效，也就是说，若要使电动机组按自动方式运行，必须将工作方式选择开关置于自动位置，再按下自动起动按钮方可开始，所以初始步往下走的转换条件是 I0.0 * I0.7。

图 10-17a 中 M0.1~M0.5 这 5 步都比较好理解，在此不再赘述。读者有没有想过为什么要设置 M0.6 这一步呢？能不能在 M0.5 这一步走完后就直接回到初始步再给 3 台电动机复位呢？如果只考虑自动方式是可以的，但是手动时 M0.0 是得电的，若在初始步给 3 台电动机复位，手动控制就无法进行了。所以设置了 M0.6 这一步将 M1 停止，短暂停留 1s 后再返回到初始步，等待下一次起动命令。

在图 10-17a 中，Q0.1 的线圈出现在 M0.1~M0.5 这 5 步中，Q0.2 的线圈出现在 M0.2~M0.4 这 3 步中，若电动机的数量再多些，这种画法就显得有些不合适了。遇到这种情况，可以用置位和复位指令来设计输出电路，如图 10-17b 所示。

画好顺序功能图之后，接下来的工作就是把顺序功能图转换成梯形图了。前面学习了 3 种方法，本任务使用的是以转换为中心的方法，梯形图如图 10-18 所示。

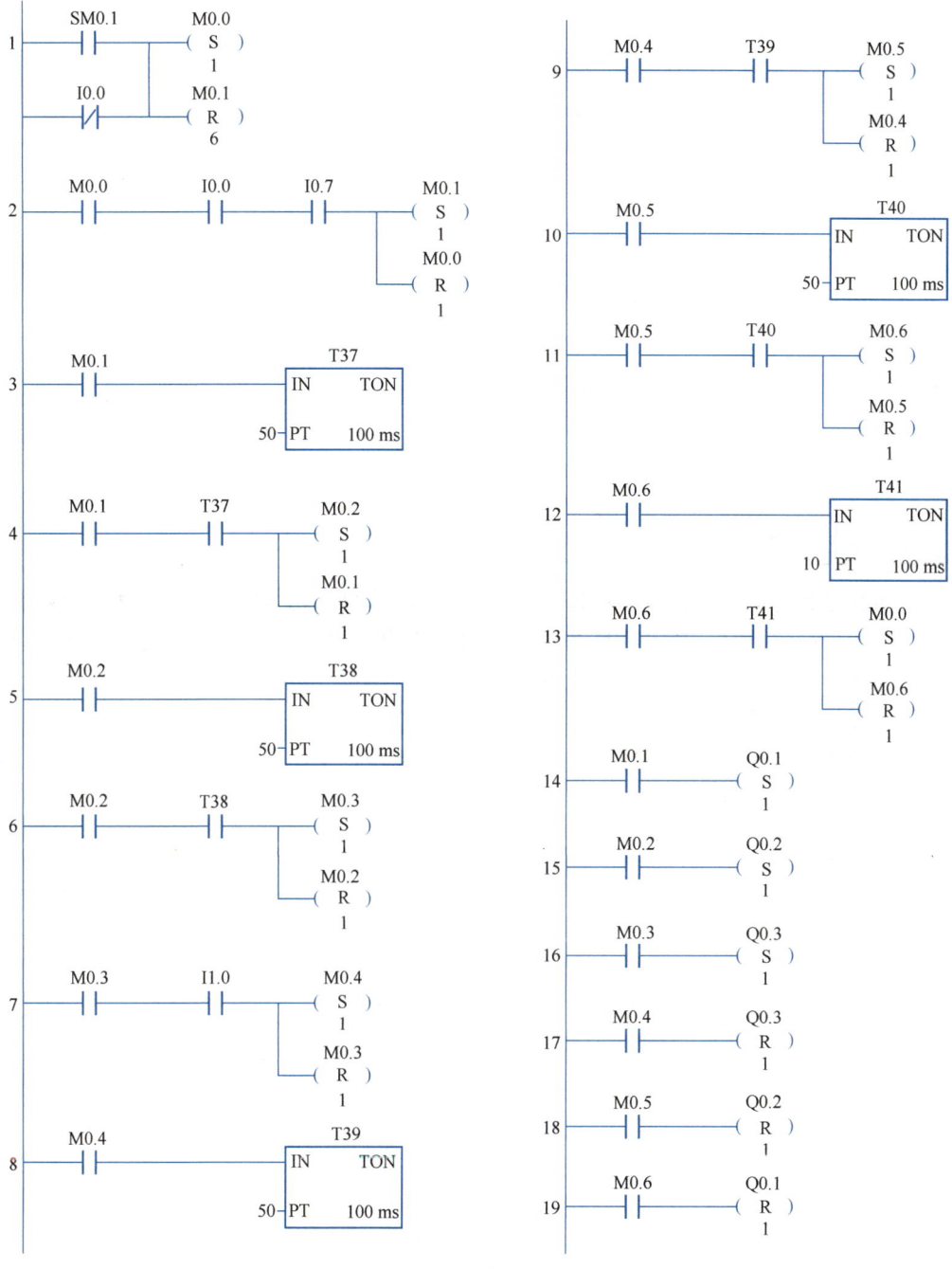

图 10-18　电动机组自动程序

## 10.3.5　手动程序设计

电动机组在手动工作方式时，3 台电动机可以各自独立控制起动和停止，互不影响，用 3 个起—保—停电路即可实现，如图 10-19 所示。

网络1　M1手动

```
     I0.1        I0.2        Q0.1
 ─────┤├───┬─────┤/├─────────( )
     Q0.1   │
 ─────┤├────┘
```

网络2　M2手动

```
     I0.3        I0.4        Q0.2
 ─────┤├───┬─────┤/├─────────( )
     Q0.2   │
 ─────┤├────┘
```

网络3　M3手动

```
     I0.5        I0.6        Q0.3
 ─────┤├───┬─────┤/├─────────( )
     Q0.3   │
 ─────┤├────┘
```

图 10-19　电动机组手动程序

## 10.3.6　完整程序

将手动程序和自动程序合在一起时需要注意，手动和自动切换时，3 台电动机应处于停止状态。手动和自动切换时，其实就是 I0.0 开关闭合时和断开时，可以利用上升沿脉冲指令和下降沿脉冲指令对输出复位，见图 10-20 中的网络 2。另外，初始步要放在两个跳转段之外，保证不管选择手动还是自动，PLC 刚运行时 M0.0 都能得电。

利用跳转指令和标号指令实现电动机组手动和自动两种工作方式的梯形图程序如图 10-20 所示。工作原理读者可自行分析。

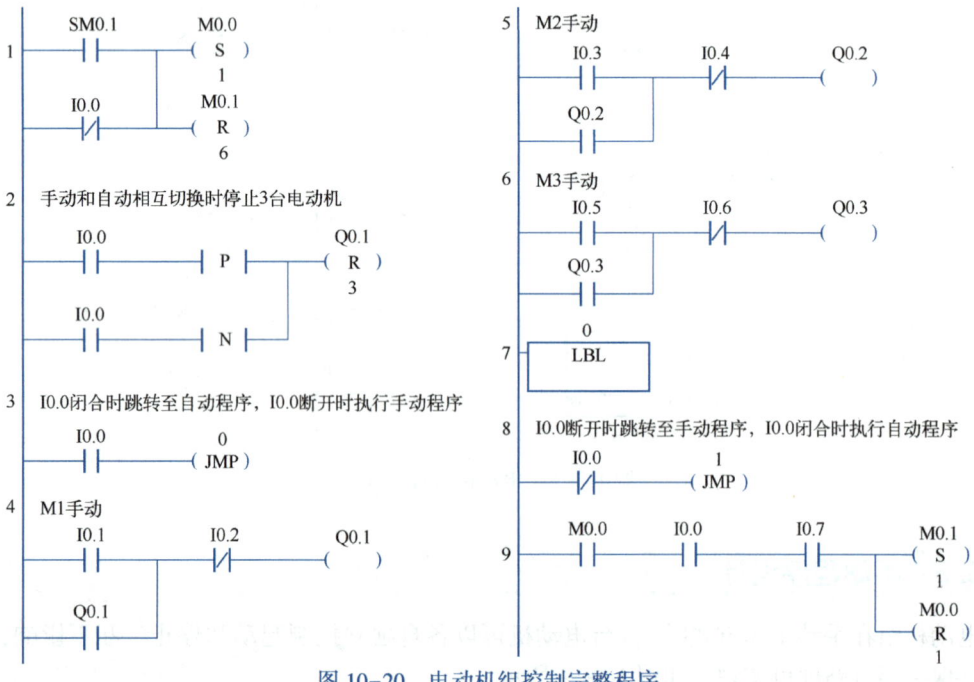

图 10-20　电动机组控制完整程序

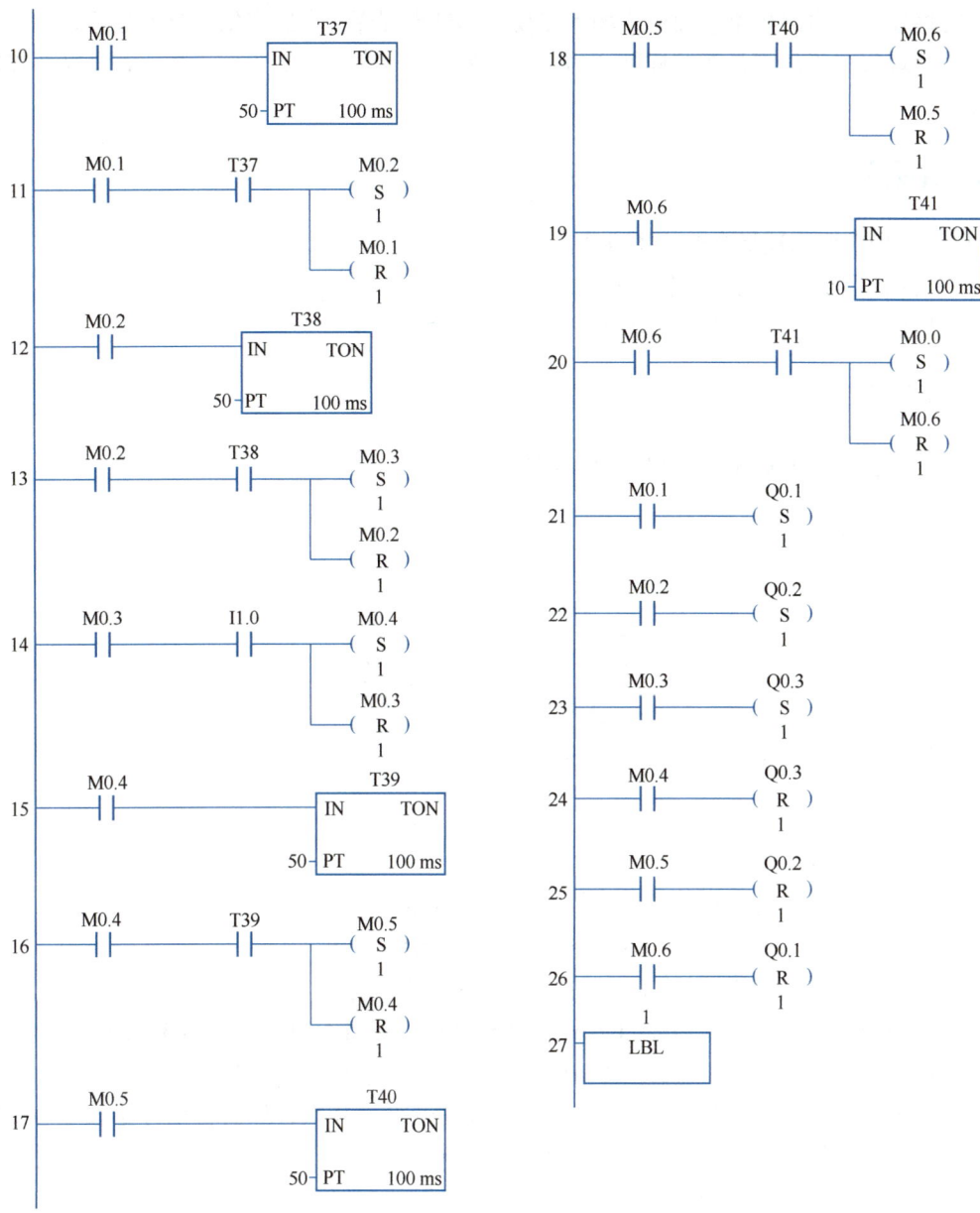

图 10-20　电动机组控制完整程序（续）

## 10.3.7　小试牛刀

风车旋转方向控制（具体控制要求详见实验指导书实验 10）。

## 任务 10.4　天塔之光花样循环控制

## 【任务引入】

随着社会经济的发展和人民生活水平的提高，城市亮化工程在短短十多年里得到了迅猛发展，标志性建筑、道路桥梁、商业广场等在夜晚都灯火璀璨、光影变幻、分外好看。如果注意观察，会发现很多彩灯都是按花样循环的。本任务以天塔之光彩灯为例，介绍花样循环控制的设计方法。

## 【学习目标】

1）进一步掌握比较指令的使用方法。
2）掌握子程序的创建、命名和调用的操作方法。
3）掌握天塔之光花样循环控制的设计思路和编程方法。

## 【任务描述】

"天塔之光"彩灯排列位置如图 10-21 所示。

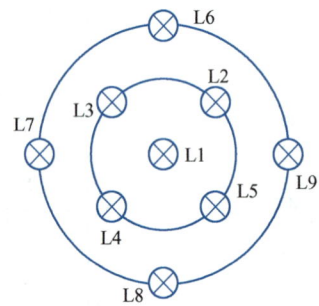

图 10-21 天塔之光彩灯排列示意图

有 4 种亮灯花样，每个花样的周期都是 4 s，每个状态 1 s。
1）花开：L1→L2、L3、L4、L5→L6、L7、L8、L9→全灭。
2）花合：L6、L7、L8、L9→L2、L3、L4、L5→L1→全灭。
3）顺时针旋转风车：L1、L2、L9→L1、L5、L8→L1、L4、L7→L1、L3、L6。
4）逆时针旋转风车：L1、L2、L6→L1、L3、L7→L1、L4、L8→L1、L5、L9。

要求合上启动开关后，"天塔之光"彩灯先按花开循环 3 次，然后自动开始按花合循环 3 次，再按顺时针旋转风车循环 3 次，再按逆时针旋转风车循环 3 次，如此完成 1 次大循环后再按花开循环……直到断开启动开关，所有灯全灭。

## 【任务分析】

天塔之光花开、花合和旋转风车对我们来说应该都不陌生，前面已做过实验，只不过当时是一个小任务。现在要求把 4 个花样合在一个程序中，跟上个任务电动机组控制一样，实质上也是多种工作方式的实现问题。上个任务介绍了利用跳转指令和标号指令实现多种工作方式，本任务介绍实现多种工作方式的第二种方法——利用子程序调用指令。

## 【相关知识】

S7-200 PLC 的控制程序由主程序（MAIN，Main Program）、子程序（SBR，Subroutine）和中断程序（INT，Interrupt Program）组成。主程序（OB1）是程序的主体，每一个项目都必

须有且只能有一个主程序。在主程序中可以调用子程序，子程序又可以调用其他子程序。每个扫描周期都要执行一次主程序。子程序是可选的，仅在被其他程序调用时执行。同一个子程序可以在不同的地方被多次调用，使用子程序可以简化程序代码和减少扫描时间。

对于比较简单的项目，只有主程序即可。对于复杂些的项目，就可能需要一个主程序、若干个子程序和若干个中断程序了。本书不介绍中断程序，如有需要，读者可查阅相关资料，下面介绍子程序的基本知识。

## 10.4.1　子程序

### 1. 子程序的创建方法

打开 V4.0 STEP 7 -Micro/WIN 编程软件，可通过以下 3 种方法创建子程序，视频演示可扫描二维码 10-12 观看。

1）用鼠标左键单击"编辑"菜单，从下拉菜单选项中选择"插入"→"子程序"。

2）用鼠标右键单击指令树中"程序块"图标，从弹出的快捷菜单中选择"插入"→"子程序"。

3）用鼠标右键单击"程序编辑器"窗口，从弹出的快捷菜单中选择"插入"→"子程序"。

### 2. 子程序的重命名

创建子程序后，系统会自动生成 SBR_1、SBR_2 等默认子程序名。这种数字编号的子程序名称不如汉字名称直观、好记。给子程序重命名时需将鼠标指针放在子程序编号处，然后单击鼠标右键，从弹出的快捷菜单中选择"重命名"，这时光标会在编号处闪烁，输入相应汉字即可。注意汉字个数不要太多，否则由于网格宽度限制，会显示一些我们不认识的字，视频演示可扫描二维码 10-13 观看。

### 3. 子程序的调用

将指令树的浏览条拉至最下面，找到"调用子程序"文件夹，单击左边的"+"，所有创建的子程序就都会显示出来。选中想调用的子程序，双击鼠标左键或者按住鼠标左键拖动均可。视频演示可扫描二维码 10-14 观看。

### 4. 子程序调用指令格式

子程序调用指令格式如图 10-22 所示。当 EN 端接通时，调用该子程序。

图 10-22　子程序调用指令格式

二维码 10-12　子程序的创建

二维码 10-13　子程序的重命名

二维码 10-14　子程序的调用

### 5. 子程序使用说明

① 必须先创建子程序，才能调用它。如果没创建该子程序，其图标就不会出现在指令树中。

② 子程序的编号从 0 开始，随着子程序个数的增加自动生成，可为 0~63。即 S7-200 PLC 中，一个项目最多可以有 64 个子程序。

③ 不能自作聪明地将中断程序重命名后当成子程序使用，这样做是骗不了操作系统的，

指令树中不会出现伪子程序的图标。

④ 在不同的子程序中，同一操作数的线圈可以多次出现。但是在一个子程序中，同一操作数的线圈还是只允许出现一次。

⑤ 主程序中用到的线圈（包括定时器和计数器）编号，子程序不能再使用，否则会出错。

⑥ 子程序有记忆，调用结束后一定要复位。停止调用子程序时，子程序内的线圈类指令的 ON/OFF 状态保持不变。再调用另外的子程序时，上一个子程序的记忆和下一个子程序有可能冲突，严重时可能会导致程序无法执行，所以在调用完子程序后一定要将子程序中用到的线圈、定时器、计数器等复位。

⑦ 子程序可嵌套，嵌套深度最多为 8 层。如果在子程序的内部又对另一个子程序执行调用指令，这种调用称为子程序的嵌套。就像梦中又做了一个梦，梦里套梦，可能醒不过来了。注意子程序嵌套也如此，层数多了系统会出错。

## 【任务实施】

### 10.4.2　总体设计思路

天塔之光 4 个花样循环控制的总体设计思路如图 10-23 所示。程序的总体结构是一个主程序和 4 个子程序。主程序包括 3 部分：公用程序、子程序的循环调用和子程序的衔接复位。公用程序就是 4 个花样分别单独设计时相同的部分，相当于数学运算中的提取公因式，这样子程序中剩下的就是完全不一样的部分，可以避免不必要的简单重复。再考虑好子程序调用的条件，让 4 个条件轮流接通，就可以实现子程序的循环调用，最后设计好子程序的衔接复位即可。总体设计思路的视频讲解可扫描二维码 10-15 观看。

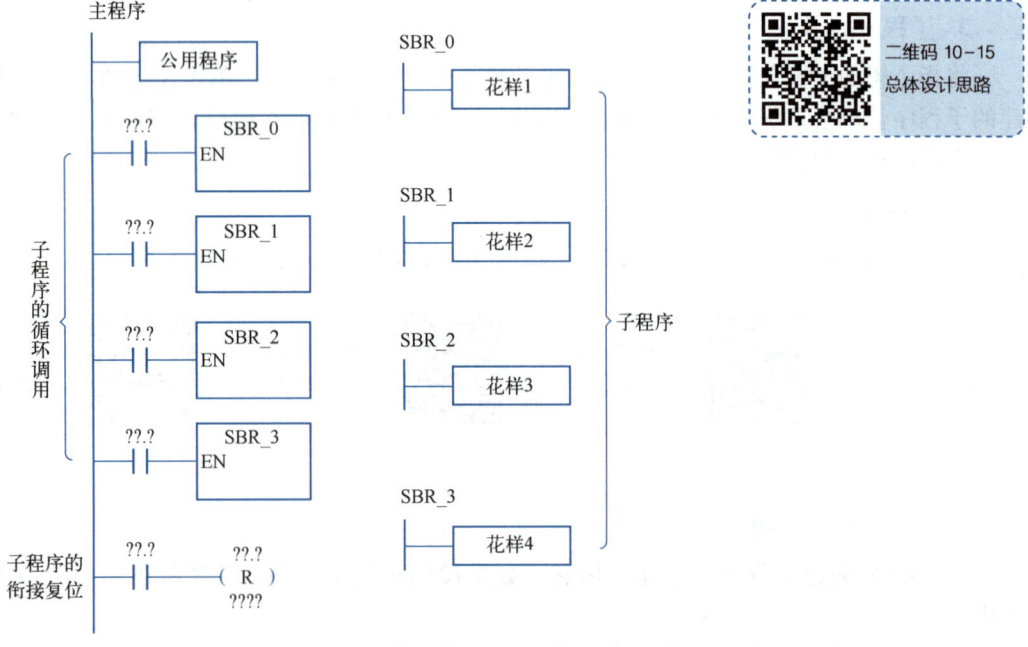

图 10-23　总体设计思路

### 10.4.3　符号表

为了分析和设计方便，本任务使用符号表来表示 I/O 分配，如图 10-24 所示，符号表的操作方法可扫描二维码 10-16 观看。

| | | 符号 | 地址 | 注释 |
|---|---|---|---|---|
| 1 | | 启动开关 | I0.0 | |
| 2 | | L1 | Q0.1 | |
| 3 | | L2 | Q0.2 | |
| 4 | | L3 | Q0.3 | |
| 5 | | L4 | Q0.4 | |
| 6 | | L5 | Q0.5 | |
| 7 | | L6 | Q0.6 | |
| 8 | | L7 | Q0.7 | |
| 9 | | L8 | Q2.0 | |
| 10 | | L9 | Q2.1 | |

二维码 10-16
符号表

图 10-24　天塔之光花样循环控制符号表

### 10.4.4　主程序设计

#### 1. 公用程序

从控制要求中可知，4 个花样的周期是相同的，都是 4 s，而且都有 4 个状态，每个状态持续 1 s。如果用比较指令分别设计 4 个花样，程序中都会有定时器循环定时 4 s、第 1 s 这个灯亮、第 2 s 那个灯亮的环节，只不过不同的花样亮的灯不一样罢了，读者可以自己试着设计。为了让每个花样都能用上公用部分的程序，可以借助中间继电器来记住 4 个状态，如图 10-25 所示。

图 10-25　公用程序

#### 2. 子程序的循环调用

要求合上启动开关后，每个花样循环 3 次，完成 1 次大循环后再开始下一个大循环。仿照公用程序，可以计算出大循环的周期，然后利用比较指令将大周期分成 4 段分别去调用 4 个子程序。

4个花样的周期都是4s，1个花样循环3次共12s，4个花样大循环1次需要48s。计算清楚后，如图10-26所示的子程序的循环调用就很好理解了。注意细节，比较指令的两边都不要等号。

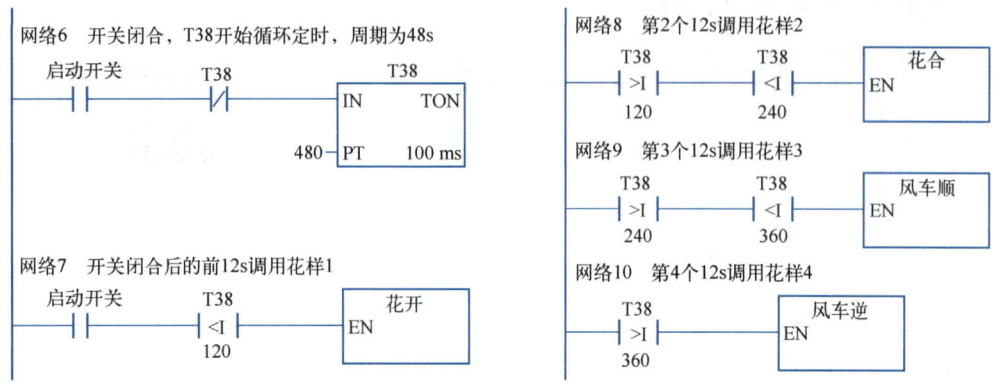

图10-26　子程序的循环调用

### 3. 子程序的衔接复位

因为子程序有记忆功能，在花样交接瞬间应将子程序中用到的线圈类指令全部复位，这样再进入下一个花样时就能"失忆"、干干净净地开始"新生活"了。

子程序的衔接复位如图10-27所示。花开和花合交接时T38的当前值等于120，花合和顺时针旋转风车交接时T38的当前值等于240，顺时针旋转风车和逆时针旋转风车的交接值等于360，逆时针旋转风车和花开的交接值等于0。花样4和花样1的交接值也可以认为是480，但用0更好，因为开关断开时定时器T38当前值为0，将所有输出复位，一举两得。

虽然有9盏灯，但是复位指令下边的数字不能写成9，因为这9盏灯的地址不是相连的。可以将复位的继电器数量写多一些，保证所有的灯都能灭。

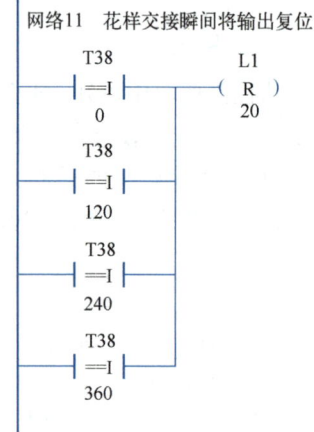

图10-27　子程序的衔接复位

## 10.4.5　子程序设计

### 1. 花开子程序

花开的示意图如图10-28所示。开关闭合后的第1s，花芯亮；第2s，小圆圈上的4盏灯同时亮；第3s，大圆圈上的4盏灯同时亮；第4s，所有灯都不亮。因这9盏灯在4步中都是只出现一次，故可以按图10-29所示的方法设计花开的子程序。

### 2. 花合子程序

花合的示意图和子程序分别如图10-30、图10-31所示。设计方法和花开类似，在此不再赘述。

### 3. 顺时针旋转风车子程序

顺时针旋转风车的示意图如图10-32所示。开关闭合后的第1s，L1、L2、L9同时亮；第2s，L1、L5、L8同时亮；第3s，L1、L4、L7同时亮；第4s，L1、L3、L6同时亮。这个花样中 L1 在 4 步中一直是亮的，其他的 8 盏灯两个一组都是只出现一次。因一个线圈在一段程序中只允许出现一次，故 L1 需要单独处理，如图 10-33 中网络 1 所示。

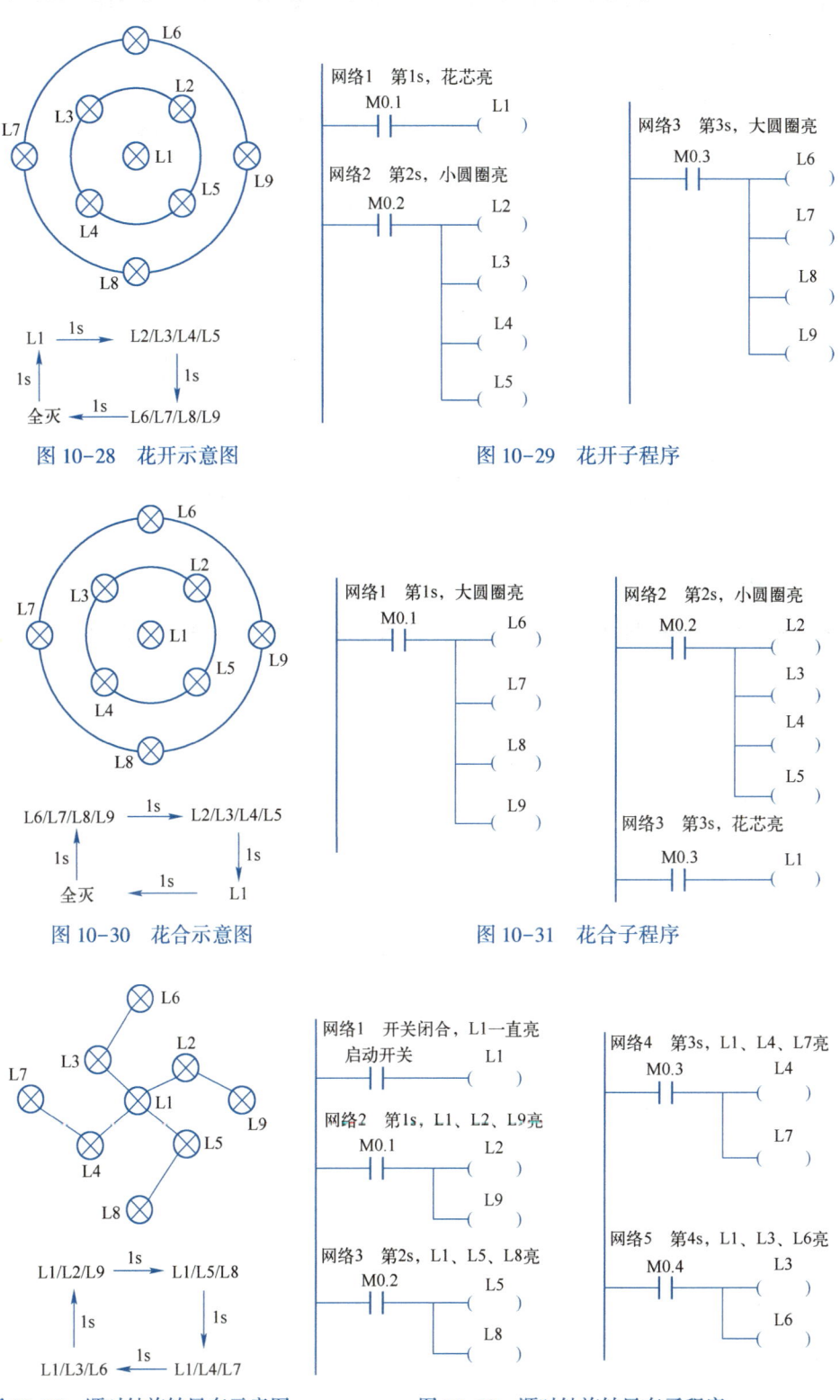

图 10-28　花开示意图　　　　　　　　　图 10-29　花开子程序

图 10-30　花合示意图　　　　　　　　　图 10-31　花合子程序

图 10-32　顺时针旋转风车示意图　　　　图 10-33　顺时针旋转风车子程序

#### 4. 逆时针旋转风车子程序

逆时针旋转风车的示意图和子程序分别如图 10-34、图 10-35 所示。设计方法和顺时针的类似，在此不再赘述。

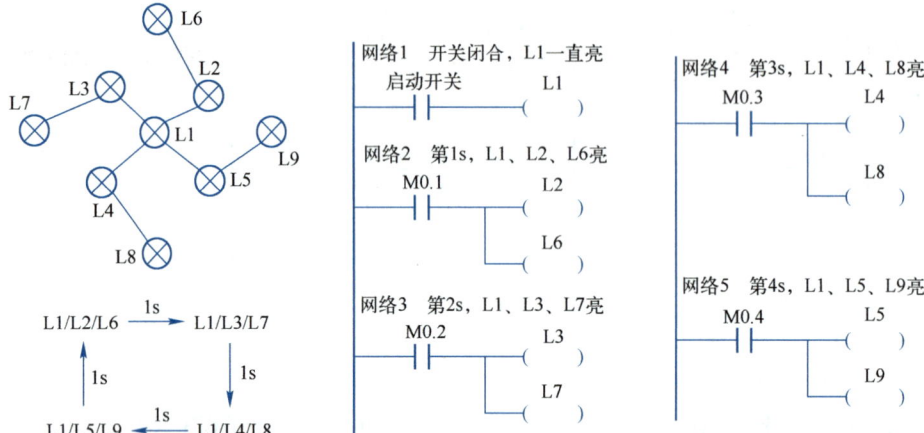

图 10-34　逆时针旋转风车示意图　　　　图 10-35　逆时针旋转风车子程序

## 10.4.6　小试牛刀

天塔之光花样循环控制（至少 8 个花样，具体要求详见实验指导书实验 11）。

# 附　　录

附录 A　电气图常用图形符号（摘自 GB/T 4728—2005~2008）

| 图形符号 | 符号名称及说明 | 图形符号 | 符号名称及说明 |
|---|---|---|---|
| --- | 直流 | ~ | 交流 |
| + | 正极性 | – | 负极性 |
| N | 中性（中性线） | M | 中间线 |
| 或 | T 形连接 | 或 | 导线的双 T 连接 |
| | 导线的不连接 | | 接地一般符号 |
| | 功能性接地 | | 保护接地 |
| | 接机壳 | | 电阻器一般符号 |
| | 电容器一般符号 | | 极性电容器或电解电容器 |
| | 半导体二极管一般符号 | | 熔断器一般符号 |
| G | 直流发电机 | G | 交流发电机 |
| M | 直流电动机 | M | 交流电动机 |
| M | 串励直流电动机 | M | 并励直流电动机 |
| M | 他励直流电动机 | M | 复励直流电动机 |

165

（续）

| 图形符号 | 符号名称及说明 | 图形符号 | 符号名称及说明 |
|---|---|---|---|
| M 3~ | 三相笼型<br>感应电动机 | M 3~ | 三相绕线转子<br>感应电动机 |
|  | 动合（常开）触点<br>开关的一般符号 |  | 动断（常闭）触点 |
|  | 先断后合的<br>转换触点 |  | 中间断开的<br>双向转换触点 |
| 或 | 先合后断的<br>双向转换触点 |  | 双动合触点 |
|  | 双动断触点 |  | 手动操作开关<br>一般符号 |
|  | 无自动复位的手动<br>旋转开关 |  | 自动复位的手动<br>拉拔开关 |
|  | 断路器 |  | 隔离开关，<br>负荷隔离开关 |
|  | 位置开关的动合触点 |  | 位置开关的动断触点 |
|  | 带动合触点的按钮 |  | 带动断触点的按钮 |
|  | 带动合和动断<br>触点的按钮 |  | 手动三极开关<br>一般符号 |
|  | 三极开关<br>刀开关<br>组合开关 |  | 三极隔离开关 |

（续）

| 图形符号 | 符号名称及说明 | 图形符号 | 符号名称及说明 |
|---|---|---|---|
| | 接触器的主动合触点 | | 接触器的主动断触点 |
| | 延时闭合的动合（常开）触点 | | 延时断开的动合（常开）触点 |
| | 延时断开的动断（常闭）触点 | | 延时闭合的动断（常闭）触点 |
| | 热继电器驱动器件 | | 热继电器的常闭触点 |
| | 信号灯、指示灯的一般符号 | | 继电器、接触器线圈一般符号 |
| $U<$ | 欠电压继电器线圈 | $I>$ | 过电流继电器线圈 |
| | 缓慢吸合继电器线圈 | | 缓慢释放继电器线圈 |
| | 插头和插座 | 或 | 电抗器一般符号 |

## 附录 B　常用特殊存储器位

特殊存储器位提供了大量的状态信息和控制功能，用来在 CPU 和用户程序之间交换信息。

| SM 位 | 描　述 |
|---|---|
| SM0.0 | 运行监视继电器，PLC 运行时始终为 ON |
| SM0.1 | 初始脉冲，仅在首次扫描时为 ON |
| SM0.4 | 分脉冲，提供 ON/OFF 各 30 s、周期为 1 min 的时钟脉冲 |
| SM0.5 | 秒脉冲，提供 ON/OFF 各 0.5 s、周期为 1 s 的时钟脉冲 |
| SM1.0 | 零标志，当执行某些指令的结果为 0 时，该位为 ON |
| SM1.1 | 错误标志，当执行某些指令的结果溢出或数值非法时，该位为 ON |

（续）

| SM 位 | 描　述 |
|------|------|
| SM1.2 | 负数标志，当数学运算的结果为负时，该位为 ON |
| SM1.3 | 试图除以 0 时，该位为 ON |
| SM1.4 | 执行填表指令 ATT 超出表的范围时，该位为 ON |
| SM1.5 | 执行 LIFO 或 FIFO 指令试图从空表读取数据时，该位为 ON |
| SM1.6 | 试图将非 BCD 数值转换成二进制数值时，该位为 ON |
| SM1.7 | 将 ASCII 码转换为十六进制数值时，如果数值非法（不是 ASCII 码），该位为 ON |

# 附录 C　本书二维码清单

| 名　称 | 图　形 | 名　称 | 图　形 |
|------|------|------|------|
| 1-1　旋转磁场的产生 | | 2-6　点动控制电路仿真 | |
| 1-2　转子转动原理 | | 2-7　热继电器的动画演示 | |
| 2-1　低压断路器动画演示 | | 2-8　热继电器导电部件判断 | |
| 2-2　按钮的动画演示 | | 2-9　自锁控制电路仿真 | |
| 2-3　按钮导电部件判断 | | 2-10　多地控制电路动画 | |
| 2-4　交流接触器的动画演示 | | 2-11　点动与连续控制方案 1 仿真 | |
| 2-5　接触器导电部件的判断 | | 3-1　正—停—反控制电路设计 | |

（续）

| 名　称 | 图　形 | 名　称 | 图　形 |
|---|---|---|---|
| 3-2　正—停—反控制电路仿真 |  | 4-7　反接制动控制电路仿真 |  |
| 3-3　正—反—停控制电路仿真 |  | 5-1　丫-△减压起动控制电路仿真 |  |
| 3-4　工作台自动往复运动动画 |  | 5-2　定子串电阻减压起动控制方案1仿真 |  |
| 3-5　行程开关动画 |  | 5-3　定子串电阻减压起动控制方案2仿真 |  |
| 3-6　正、反转自动循环控制电路仿真 |  | 6-1　图6-1仿真 |  |
| 4-1　变极调速原理 |  | 6-2　图6-2仿真 |  |
| 4-2　双速电动机高、低速控制电路仿真 |  | 6-3　图6-5仿真 |  |
| 4-3　时间继电器工作原理 |  | 6-4　图6-6仿真 |  |
| 4-4　时间继电器符号说明 |  | 8-1　三路简易抢答器梯形图设计 |  |
| 4-5　能耗制动控制电路仿真 |  | 8-2　编程软件的安装 |  |
| 4-6　速度继电器动作原理和动画演示 |  | 8-3　编程软件的汉化 |  |

（续）

| 名　　称 | 图　形 | 名　　称 | 图　形 |
|---|---|---|---|
| 8-4　编程软件的主界面 | | 9-1　顺序功能图的基本结构 | |
| 8-5　输入程序 | | 9-2　绘制顺序功能图时的注意事项 | |
| 8-6　编译 | | 9-3　SEG 指令功能演示 | |
| 8-7　导出 | | 9-4　复位指令功能演示 | |
| 8-8　打开仿真软件 | | 9-5　1~3 顺序功能图 | |
| 8-9　硬件配置 | | 9-6　起—保—停模板 | |
| 8-10　装载程序 | | 9-7　起—保—停控制电路 | |
| 8-11　仿真运行 | | 9-8　译码复位法设计的 LED 输出电路 | |
| 8-12　LED 抢答器控制电路设计 | | 9-9　置位指令功能演示 | |
| 8-13　LED 抢答器输出电路设计 | | 9-10　利用 SM0.5 实现闪烁功能演示 | |
| 8-14　花开设计 | | 9-11　方波发生器的原理和功能演示 | |

（续）

| 名　　称 | 图　形 | 名　　称 | 图　形 |
|---|---|---|---|
| 9-12　矩形波发生器的原理和功能演示 | | 10-1　数据类型不匹配演示 | |
| 9-13　并行序列顺序功能图画法 | | 10-2　3台电动机顺序起动控制仿真 | |
| 9-14　并行序列以转换为中心方法 | | 10-3　定时器循环定时 | |
| 9-15　花样显示运行效果 | | 10-4　输出电路设计方法 | |
| 9-16　加计数器仿真 | | 10-5　"00"～"99"设计思路 | |
| 9-17　减计数器仿真 | | 10-6　传送指令应用举例 | |
| 9-18　加/减计数器仿真 | | 10-7　整数运算指令 | |
| 9-19　脉冲指令应用仿真 | | 10-8　自动循环显示数字0~9 | |
| 9-20　花样显示数字顺序功能图画法 | | 10-9　一位数控制 | |
| 9-21　选择序列顺控设计法 | | 10-10　设计思路 | |
| 9-22　花样显示数字工作原理 | | 10-11　自动工作方式顺序功能图的画法 | |

（续）

| 名　　称 | 图　形 | 名　　称 | 图　形 |
|---|---|---|---|
| 10-12　子程序的创建 | | 实验指导 1-3　四路抢答器仿真 | |
| 10-13　子程序的重命名 | | 实验指导 2-1　亮常开和灭常闭串联法 | |
| 10-14　子程序的调用 | | 实验指导 2-2　3-8 译码显示器控制设计提示 | |
| 10-15　总体设计思路 | | 实验指导 8-1　舞台艺术彩灯设计提示 | |
| 10-16　符号表 | | 实验指导 8-2　交通信号灯设计提示 | |
| 实验指导 1-1　输入程序 | | 实验指导 10-1　奇偶显示数字控制顺序功能图 | |
| 实验指导 1-2　编译程序 | | 实验指导 10-2　奇偶显示数字控制梯形图 | |

# 参 考 文 献

[1] 韩金玲. 电气控制与 PLC [M]. 北京：机械工业出版社，2016.

[2] 廖常初. S7-200 SMART PLC 应用教程 [M]. 北京：机械工业出版社，2015.

[3] 侍寿永，夏玉红. 西门子 S7-200 SMART PLC 编程及应用教程 [M]. 2 版. 北京：机械工业出版社，2021.

[4] 任艳君，张娅. 电气控制与 PLC 技术项目教程：三菱 [M]. 北京：机械工业出版社，2020.

[5] 田淑珍. S7-200 PLC 原理及应用 [M]. 3 版. 北京：机械工业出版社，2020.

[6] 侍寿永. S7-200 PLC 技术及应用 [M]. 北京：机械工业出版社，2019.

[7] 梁亚峰，刘培勇. 电气控制与 PLC 应用技术 [M]. 北京：机械工业出版社，2021.

[8] 李言武. 可编程控制技术 [M]. 北京：北京邮电大学出版社，2019.

[9] 吴丽. 电气控制与 PLC 应用技术 [M]. 3 版. 北京：机械工业出版社，2017.

[10] 赵春生. 可编程序控制器应用技术 [M]. 3 版. 北京：人民邮电出版社，2017.

[11] 阮友德. 任务引领型 PLC 应用技术教程 [M]. 北京：机械工业出版社，2013.

高等职业教育系列教材

# S7-200 PLC 实验指导书

姓名 _____

学号 _____

班级 _____

任课教师 _____

机 械 工 业 出 版 社

# 实验室守则

1. 学生应按时上下课，不得无故迟到和早退。

2. 进入实验室后，必须遵守实验室的各项规章制度，保持室内安静整洁，注意文明卫生，严禁喧哗、吸烟、吃食物、随地吐痰，不准玩手机、打游戏、听音乐，不准穿背心、拖鞋，严禁乱摸、乱动仪器设备，不准坐在桌子上，不准乱扔垃圾，不乱拿其他组的东西，不在仪器设备或桌面上乱写乱画。

3. 学生做实验时应严肃认真、耐心细致，严格遵守操作规程，听从教师指导，正确操作，严防触电、失火、爆炸和损坏仪器等事故发生。

4. 进入实验室后，必须严格遵守实验操作规程，在需要通电实验的情况下，应先将线路连接好，经指导教师检查无误后方可接通电源，否则，由于学生原因造成仪器设备损坏时，由学生承担责任，并负责赔偿相关仪器设备。

5. 实验时应注意观察，若发现有破坏性异常现象（如器件冒烟、发烫或有异味），应立即关断电源，保持现场，报告指导教师，找出原因，排除故障并经指导教师同意后才能继续实验。如果发生事故（如器件或设备损坏）应主动填写事故报告单，并服从处理决定（包括经济赔偿），并自觉总结经验，吸取教训。

6. 如有不懂的地方要向老师请教，不得随意操作，避免造成不必要的损坏。

7. 同一实验小组的同学之间应团结合作，合理分工，轮流接线、操作、记录等，使每个人都能得到全面的训练。

8. 实验过程中应仔细观察实验现象，认真记录实验结果。所记录的结果必须经指导教师审阅签字后才能拆除实验电路。

9. 实验结束后，须将所用的仪器、仪表、工具、元器件等整理好，凳子摆好，打扫实验室卫生，经指导教师允许后，方可离开实验室。

10. 未经教师许可，学生不准动用本实验之外的仪器，不得擅自把仪器拿到实验室外使用。

11. 学生必须独立完成实验和实验报告，并及时将实验报告上交指导教师批阅。

# 目　录

实验室守则

实验 1　简易抢答器控制 ··································································· 1

实验 2　LED 抢答器控制 ······························································· 6

实验 3　定时器编程应用训练 ······················································ 14

实验 4　继电器控制电路的 PLC 改造 ·········································· 20

实验 5　LED 数码管自动循环显示数字控制 ······························· 23

实验 6　交通信号灯控制 ······························································ 28

实验 7　LED 数码管花样显示数字控制 ········································ 34

实验 8　比较指令编程应用训练 ··················································· 40

实验 9　两位 LED 数码管自动循环显示数字控制 ························· 47

实验 10　LED 数码管奇偶显示数字控制 ······································ 53

实验 11　天塔之光花样循环控制 ················································· 60

附录 ······················································································ 68

　　附录 A　基本逻辑指令 ························································ 68

　　附录 B　编程技巧与编程规则 ·············································· 74

# 实验 1　简易抢答器控制

## 【实验目的】

1）熟悉 S7-200 系列 PLC 的 CPU 模块和扩展模块。
2）熟悉 PLC 实验装置的面板布置和接线方法。
3）练习使用 STEP 7-Micro/WIN 编程软件和 S7-200 仿真软件。
4）锻炼团队协作能力，培养严谨、认真、细心的工作作风。
5）熟练掌握简易抢答器的程序设计方法。

## 【实验案例】

### 四路简易抢答器控制

#### 1. 控制要求

四路简易抢答器的控制要求如下。

1）有 4 个抢答席和 1 个主持席，每个抢答席上各有 1 个抢答按钮（分别为 SB1、SB2、SB3 和 SB4）和 1 盏抢答指示灯（分别为 L1、L2、L3 和 L4），主持席上有 1 个答题开关 S。

2）4 组选手在主持人提完问题并合上答题开关 S 后方允许抢答，如果答题开关 S 没合上，即使参赛者按下抢答按钮也没反应。

3）答题开关 S 合上后，第一个按下抢答按钮的抢答席上的指示灯将会亮（维持）；此后，另外 3 个抢答席即使再按各自的抢答按钮，其指示灯也不会亮。

4）一轮抢答结束后，断开答题开关 S，则指示灯熄灭；再合上答题开关 S，又可以进行下一轮的抢答比赛。

#### 2. I/O 分配

四路简易抢答器的 I/O 分配见表 1-1。

表 1-1　四路简易抢答器 I/O 分配表

| 输　　入 | | | | | 输　　出 | | | |
|---|---|---|---|---|---|---|---|---|
| 答题开关 S | SB1 | SB2 | SB3 | SB4 | L1 | L2 | L3 | L4 |
| I0.0 | I0.1 | I0.2 | I0.3 | I0.4 | Q0.1 | Q0.2 | Q0.3 | Q0.4 |

**3. 梯形图程序**

四路简易抢答器的梯形图程序如图 1-1 所示。

## 【实验步骤】

**1. 认识 PLC 及其实验装置**

观察 PLC 的型号以及 PLC 和 PC 之间的连接，了解 I/O 地址分配和接线方法。

**2. 接线**

将 4 个抢答按钮、1 个答题开关和 4 盏指示灯按 I/O 分配和 PLC 实验装置进行连线。

**3. 输入程序**

打开编程软件，在主程序窗口中输入图 1-1 所示的梯形图，具体操作方法见二维码视频 1-1。

实验指导 1-1
输入程序

图 1-1　四路简易抢答器梯形图

**4. 编译程序**

单击编译按钮，观察输出窗口显示的编译结果，若提示有错误，则按提示进行修改，编译后再观察，直到输出窗口显示"0 个错误"方可进行下一步，具体操作方法见二维码视频 1-2。

实验指导 1-2
编译程序

### 5. 下载程序

单击下载按钮，按提示进行操作，直到输出窗口显示结果为"下载成功"方可进行下一步。

### 6. 运行与程序状态监控

单击运行按钮，将 PLC 设置成运行模式，再单击程序状态监控按钮，观察程序编辑器中的梯形图，接通的部分应显示蓝色，断开的部分显示白色。

### 7. 操作实验

按控制要求进行操作实验，检查程序运行结果是否正确。

1）将 I0.0 断开，分别按下 I0.1、I0.2、I0.3 和 I0.4 这 4 个抢答按钮（如果没有按钮，可以用开关来代替，只需将开关合上后立即断开即可），观察 Q0.1、Q0.2、Q0.3 和 Q0.4 这 4 盏灯，此时尚未允许答题，4 盏灯应该都不亮。如果有灯亮，检查梯形图程序中每个网络串入的 I0.0 的触点是否是常开触点。

2）将 I0.0 闭合，按下一号抢答按钮 I0.1，此时 Q0.1 指示灯应该点亮，表示一号选手抢答成功。再分别按下 I0.2、I0.3 和 I0.4，此时 Q0.2、Q0.3 和 Q0.4 都不应该亮，表示互锁成功。断开 I0.0，Q0.1 应熄灭，本轮抢答结束。

3）同理，分别测试二号、三号、四号选手抢答时对应的指示灯是否点亮，是否可以自锁和互锁。

### 8. 仿真测试

如果没有实操条件，可将编程软件中的程序导出，再利用仿真软件进行仿真。具体操作方法见二维码视频 1-3。

实验指导 1-3
四路抢答器仿真

## 【小试牛刀】

## 九路简易抢答器控制

### 1. 控制要求

1）有 9 个抢答席和 1 个主持席，每个抢答席上各有 1 个抢答按钮（SB1～SB9）和 1 盏抢答指示灯（L1～L9），主持席上有 1 个答题开关 S。

2）9 组选手在主持人提完问题并合上答题开关 S 后方允许抢答，如果答题开关 S 没合上，即使参赛者按下抢答按钮也没反应。

3）答题开关 S 合上后，第一个按下抢答按钮的抢答席上的指示灯将会亮（维持）；此后，其他 8 组抢答席即使再按各自的抢答按钮，其指示灯也不会亮。

4）一轮抢答结束后，断开答题开关 S，则指示灯熄灭；再合上答题开关 S，又可以进行下一轮的抢答比赛。

## 2. I/O 分配

仿照四路简易抢答器的控制，在表 1-2 和表 1-3 中写出你设计的九路简易抢答器的 I/O 分配，注意地址编号中小数点右边不可以出现数字 8 和 9。

表 1-2　九路简易抢答器输入端子分配表

| 答题开关 S | SB1 | SB2 | SB3 | SB4 | SB5 | SB6 | SB7 | SB8 | SB9 |
|---|---|---|---|---|---|---|---|---|---|
| | | | | | | | | | |

表 1-3　九路简易抢答器输出端子分配表

| L1 | L2 | L3 | L4 | L5 | L6 | L7 | L8 | L9 |
|---|---|---|---|---|---|---|---|---|
| | | | | | | | | |

## 3. 梯形图

仿照四路简易抢答器的梯形图，在下方画出你设计的九路简易抢答器的梯形图并加以实操验证。

网络1

网络2

网络3

网络4

网络5

4

网络6

网络7

网络8

网络9

# 实验 2　LED 抢答器控制

## 【实验目的】

1）进一步练习使用 STEP 7-Micro/WIN 编程软件。

2）锻炼团队协作能力，培养严谨、认真、细心的工作作风。

3）掌握 LED 输出电路的灭常闭串联法。

## 【实验案例】

### 四路 LED 抢答器控制

#### 1. 控制要求

四路 LED 抢答器的控制要求如下。

1）可供 4 个竞赛组进行竞赛，每组各有 1 个抢答按钮，分别为 SB1、SB2、SB3 和 SB4。

2）第 1 个按下抢答按钮的组可以答题，后按下的无效。

3）抢答器设有复位按钮 SB0，复位后可重新抢答。

4）由 LED 数码管显示抢答的组号码，即当第 1 组抢答成功时 LED 显示数字"1"，当第 2 组抢答成功时 LED 显示数字"2"……依此类推。

#### 2. I/O 分配

四路 LED 抢答器的 I/O 分配情况见表 2-1。

表 2-1　四路 LED 抢答器 I/O 分配表

| 输　　入 | | a 段 | b 段 | c 段 | d 段 | e 段 | f 段 | g 段 |
|---|---|---|---|---|---|---|---|---|
| 复位按钮 | 1 号抢答按钮~4 号抢答按钮 | | | | 输　　出 | | | |
| I0.0 | I0.1~I0.4 | Q0.0 | Q0.1 | Q0.2 | Q0.3 | Q0.4 | Q0.5 | Q0.6 |

#### 3. 梯形图程序

任务 8.2 中介绍的是 LED 输出电路的第一种设计方法——亮常开并联法，这种方法在显示的数字比较少时还是很简单的，但如果要显示的数字比较多，因为亮的触点个数非常多，所以程序就会比较长，容易遗漏触点。

本实验介绍 LED 输出电路的第二种设计方法——灭常闭串联法。视频讲解可扫描二维码 2-1 观看。为分析方便，将 LED 显示数字 1~4 与输出对照表摘出来放在表 2-2 中。

实验指导 2-1
亮常开和灭常闭
串联法

表 2-2　LED 显示数字 1~4 与输出对照表

| 继　电　器 | M0.1 | M0.2 | M0.3 | M0.4 |
|---|---|---|---|---|
| 数字 | 1 | 2 | 3 | 4 |
| a 段 | − | + | + | − |
| b 段 | + | + | + | + |
| c 段 | + | − | + | + |
| d 段 | − | + | + | − |
| e 段 | − | + | − | − |
| f 段 | − | − | − | + |
| g 段 | − | + | + | + |

使用灭常闭串联法设计的四路 LED 抢答器的梯形图程序如图 2-1 所示。灭常闭串联法是通过查表 2-2 中"−"的个数和位置来决定 LED 数码管每一段输出线圈左边串联的常闭触点的数量和地址。比如 a 段，在 1~4 这 4 个数字中，当显示 1 和 4 时灭，那么输出电路中驱动 a 段的 Q0.0 线圈的左边就是 M0.1 常闭触点和 M0.4 常闭触点串联。再看 c 段，在 1~4 这 4 个数字中，当显示 2 时灭，那么输出电路中驱动 c 段的 Q0.2 线圈的左边就是 M0.2 常闭触点。其他各段不再赘述。

使用灭常闭串联法时有一点要特别注意，因为 Q0.0~Q0.6 这 7 个线圈左边都是常闭触点，当无人抢答时也就是 M0.1~M0.4 都没得电时，a~g 都会点亮，LED 会显示出数字 8。所以在梯形图中特别设计了一个网络 5，当无人抢答时，M10.0 得电，M10.0 的常闭触点将 Q0.0~Q0.6 这 7 个线圈都断开，LED 不显示。

## 【实验步骤】

### 1. 接线

将 5 个按钮和 LED 数码管按 I/O 分配和 PLC 实验装置进行连线。

### 2. 输入程序

打开编程软件，在主程序窗口中输入图 2-1 所示的梯形图。

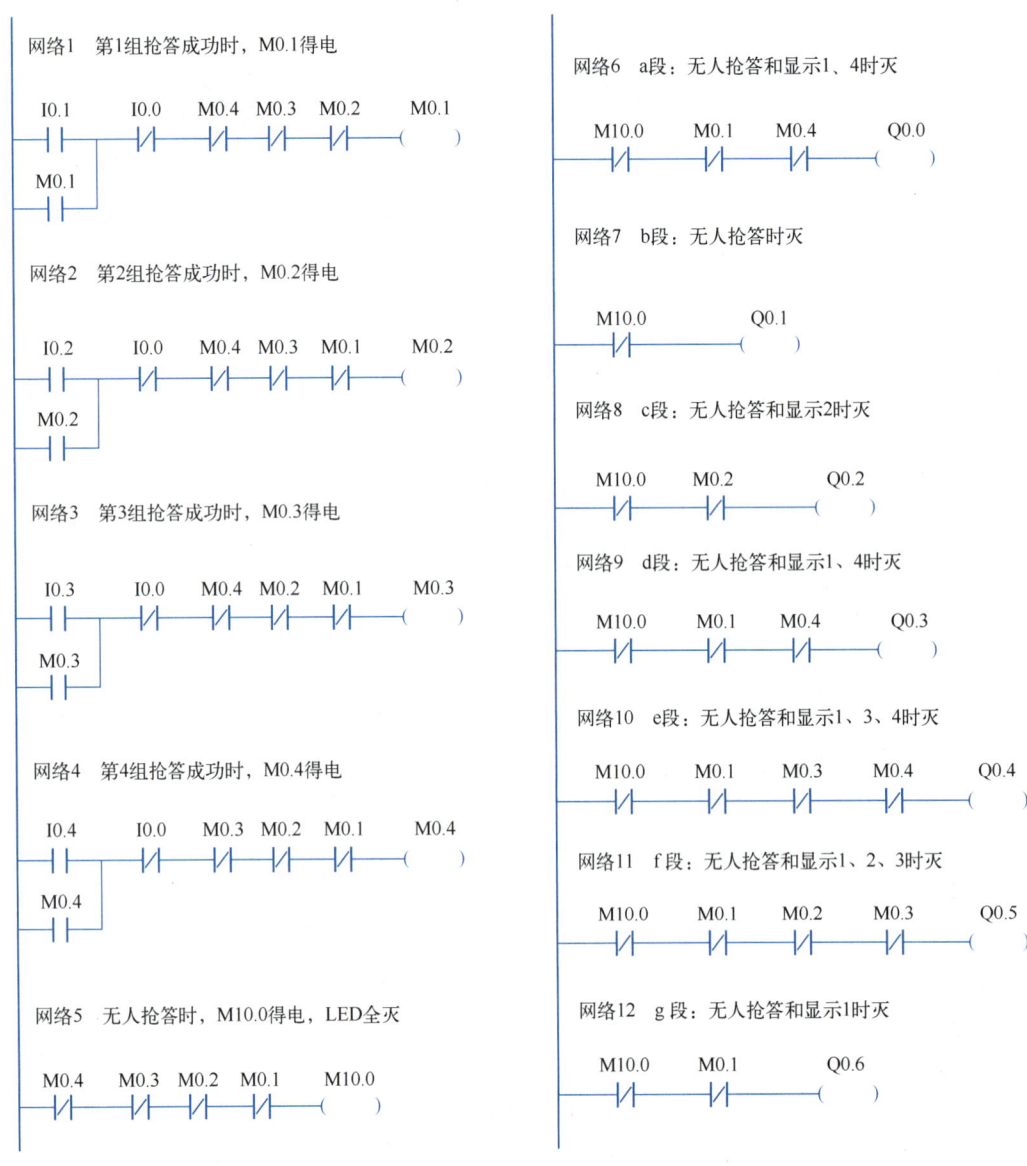

图 2-1　灭常闭串联法设计的四路 LED 抢答器梯形图

### 3. 编译程序

单击编译按钮，观察输出窗口显示的编译结果，若提示有错误，则按提示进行修改，编译后再观察，直到输出窗口显示"0 个错误"方可进行下一步。

### 4. 下载程序

单击下载按钮，按提示进行操作，直到输出窗口显示结果为"下载成功"方可进行下一步。

### 5. 运行与程序状态监控

单击运行按钮，将 PLC 设置成运行模式，再单击程序状态监控按钮，观察程序编辑器中的梯形图，接通的部分应显示蓝色，断开的部分显示白色。

### 6. 操作实验

按控制要求进行操作实验，检查程序运行结果是否正确。

1）按下 1 号抢答按钮 I0.1，观察是否 Q0.1 和 Q0.2 得电，七段 LED 数码管是否显示数字 "1"。如果字形不对，检查接线和程序是否正确。按下复位按钮 I0.0，数码管熄灭。

2）按下 2 号抢答按钮 I0.2，观察是否 Q0.0、Q0.1、Q0.3、Q0.4 和 Q0.6 得电，七段 LED 数码管是否显示数字 "2"，如果字形不对，检查接线和程序是否正确。按下复位按钮 I0.0，数码管熄灭。

3）按下 3 号抢答按钮 I0.3，观察是否 Q0.0、Q0.1、Q0.2、Q0.3 和 Q0.6 得电，七段 LED 数码管是否显示数字 "3"，如果字形不对，检查接线和程序是否正确。按下复位按钮 I0.0，数码管熄灭。

4）按下 4 号抢答按钮 I0.4，观察是否 Q0.1、Q0.2、Q0.5 和 Q0.6 得电，七段 LED 数码管是否显示数字 "4"，如果字形不对，检查接线和程序是否正确。按下复位按钮 I0.0，数码管熄灭。

## 【小试牛刀 1】

## 九路 LED 抢答器控制

### 1. 控制要求

1）可供 9 个竞赛组进行竞赛，每组各有 1 个抢答按钮，分别为 SB1~SB9。
2）第 1 个按下抢答按钮的组可以答题，后按下的无效。
3）抢答器设有复位按钮 SB0，复位后可重新抢答。
4）由七段 LED 数码管显示抢答的组号码，即当第 1 组抢答成功时七段 LED 数码管显示数字 "1"，当第 2 组抢答成功时七段 LED 数码管显示数字 "2"……依此类推。

### 2. I/O 分配

仿照四路 LED 抢答器的控制，在表 2-3 中写出你设计的九路 LED 抢答器的 I/O 分配。

表 2-3　九路 LED 抢答器 I/O 分配表

| 输　　　　入 | | 输　　　出 |
| --- | --- | --- |
| SB0 | SB1~SB9 | a~g 段 |
| | | |

### 3. 梯形图

在下方画出你设计的九路 LED 抢答器的梯形图并加以实操验证。

网络1

网络2

网络3

网络4

网络5

网络6

网络7

网络8

网络9

网络10

网络11

网络12

网络13

网络14

网络15

网络16

网络17

# 【小试牛刀2】

## 3-8 译码显示器控制

### 1. 控制要求

1）有 3 个开关 S1、S2、S3 和 1 个七段 LED 数码管。

2）开关断开时代表数字 0，开关闭合时代表数字 1。要求用 3 个开关的通断状态来模拟 3 位二进制数，将其转换成 1 位十进制数并用 LED 数码管显示出来，见表 2-4。3-8 译码显示器控制程序设计提示可扫二维码 2-2 观看。

实验指导 2-2
3-8 译码显示器
控制设计提示

表 2-4　3-8 译码显示器状态表

| S1 | S2 | S3 | LED | S1 | S2 | S3 | LED |
|----|----|----|-----|----|----|----|-----|
| 0 | 0 | 0 | 0 | 1 | 0 | 0 | 4 |
| 0 | 0 | 1 | 1 | 1 | 0 | 1 | 5 |
| 0 | 1 | 0 | 2 | 1 | 1 | 0 | 6 |
| 0 | 1 | 1 | 3 | 1 | 1 | 1 | 7 |

### 2. I/O 分配

在表 2-5 中写出你设计的 3-8 译码显示器的 I/O 分配。

表 2-5　3-8 译码显示器 I/O 分配表

| 输　入 | | | 输　出 | | | | | | |
|----|----|----|------|------|------|------|------|------|------|
| S1 | S2 | S3 | a 段 | b 段 | c 段 | d 段 | e 段 | f 段 | g 段 |
| | | | | | | | | | |

### 3. 梯形图

在下方画出你设计的 3-8 译码显示器控制的梯形图并加以实操验证。

网络1

网络2

网络3

网络4

网络5

网络6

网络7

网络8

网络9

网络10

网络11

网络12

网络13

网络14

网络15

# 实验 3　定时器编程应用训练

## 【实验目的】

1）进一步练习使用 STEP 7-Micro/WIN 编程软件。
2）掌握通电延时定时器的原理及使用方法。
3）锻炼团队协作能力，培养严谨、认真、细心的工作作风。
4）培养举一反三、开拓创新的能力。

## 【实验案例】

### 4 盏灯跑马灯控制

#### 1. 控制要求

1）有 4 盏彩灯 L0、L1、L2、L3 和 1 个启动开关 S。

2）当启动开关 S 闭合时，首先 L0 亮（其他灯不亮）；0.5 s 后 L0 灭、L1 亮；再过 0.5 s 后 L1 灭、L2 亮；再过 0.5 s 后 L2 灭、L3 亮；再过 0.5 s 后 L3 灭、L0 亮……如此循环。

3）启动开关断开，全部灯熄灭。

#### 2. I/O 分配

4 盏灯跑马灯控制的 I/O 分配见表 3-1。

表 3-1　4 盏灯跑马灯控制 I/O 分配表

| 输　　入 | 输　　出 | | | |
|---|---|---|---|---|
| 启动开关 S | L0 | L1 | L2 | L3 |
| I0.0 | Q0.0 | Q0.1 | Q0.2 | Q0.3 |

#### 3. 梯形图程序

4 盏灯跑马灯控制的梯形图如图 3-1 所示。

## 【实验步骤】

#### 1. 接线

将 1 个开关和 4 盏灯按 I/O 分配和 PLC 实验装置进行连线。

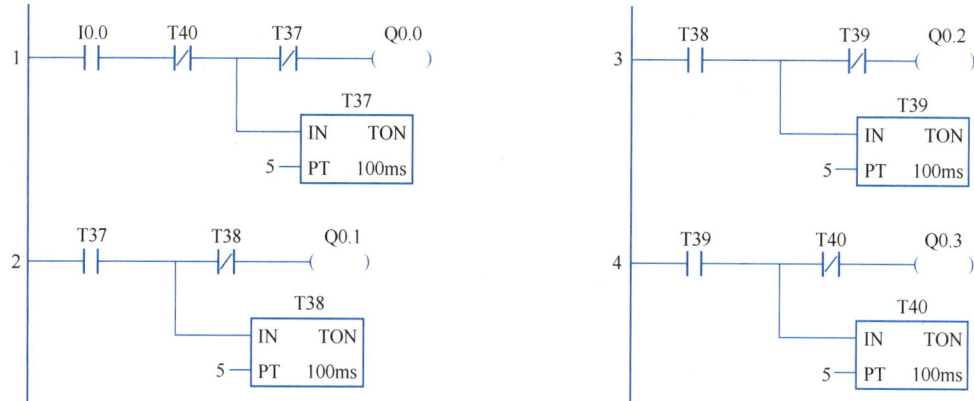

图 3-1  4 盏灯跑马灯控制梯形图

### 2. 输入程序

打开编程软件，在主程序窗口中输入图 3-1 所示的梯形图。

### 3. 编译程序

单击编译按钮，观察输出窗口显示的编译结果，若提示有错误，则按提示进行修改，编译后再观察，直到输出窗口显示"0 个错误"方可进行下一步。

### 4. 下载程序

单击下载按钮，按提示进行操作，直到输出窗口显示结果为"下载成功"方可进行下一步。

### 5. 运行与程序状态监控

单击运行按钮，将 PLC 设置成运行模式，再单击程序状态监控按钮，观察程序编辑器中的梯形图，接通的部分应显示蓝色，断开的部分显示白色。

### 6. 操作实验

闭合启动开关 S，观察亮灯位置是否按控制要求在 4 个位置之间每 0.5 s 跑一下。断开 S，灯灭。

## 【小试牛刀 1】

## 8 盏灯跑马灯控制

### 1. 控制要求

1）有 8 盏彩灯 L0~L7 和 1 个启动开关 S。

2）当启动开关 S 闭合时，首先 L0 亮，0.5 s 后 L0 灭、L1 亮；再过 0.5 s 后 L1 灭、L2 亮……L7 亮 0.5 s 后再 L0 亮……如此循环。

3）灯的排列位置可以自己设计，有规律、好看就行。

4）启动开关断开，全部灯熄灭。

### 2. I/O 分配

模仿 4 盏灯跑马灯控制，在表 3-2 中写出你设计的 8 盏灯跑马灯的 I/O 分配。

表 3-2　8 盏灯跑马灯控制 I/O 分配表

| 输　　入 | 输　　出 | | | | | | | |
|---|---|---|---|---|---|---|---|---|
| 启动开关 S | L0 | L1 | L2 | L3 | L4 | L5 | L6 | L7 |
|  |  |  |  |  |  |  |  |  |

### 3. 梯形图程序

模仿 4 盏灯跑马灯控制，在下方画出你设计的 8 盏灯跑马灯的梯形图并加以实操验证。

网络1


网络2


网络3


网络4


网络5

网络6

网络7

网络8

## 【小试牛刀 2】

### 花 合 控 制

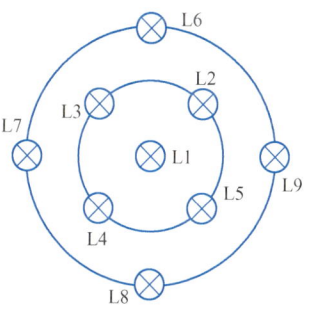

图 3-2  9盏彩灯的
排列位置示意图

#### 1. 控制要求

1）有 L1~L9 共 9 盏彩灯，排列位置如图 3-2 所示。

2）启动开关 S 闭合后按 L6、L7、L8、L9→L2、L3、L4、L5→L1→全灭的顺序周期性循环点亮，间隔时间自定。

3）开关断开，所有灯立即熄灭。

#### 2. I/O 分配

在表 3-3 中写出你设计的花合控制的 I/O 分配。

表 3-3  花合控制 I/O 分配表

| 输　　入 | 输　　出 | | | | | | | | |
|---|---|---|---|---|---|---|---|---|---|
| 启动开关 S | L1 | L2 | L3 | L4 | L5 | L6 | L7 | L8 | L9 |
|  |  |  |  |  |  |  |  |  |  |

### 3. 梯形图程序

在下方画出你设计的花合控制的梯形图并加以实操验证。

网络1

网络3

网络2

网络4

## 【小试牛刀3】

## 旋转风车控制

### 1. 控制要求

1）有 L1~L9 共 9 盏彩灯，排列位置如图 3-2 所示。

2）开关闭合后按 L1、L2、L9→L1、L5、L8→L1、L4、L7→L1、L3、L6 的顺序周期性循环点亮，间隔时间自定。

3）开关断开，所有灯立即熄灭。

注意：① 一个周期只有 4 步，只要开关闭合，就会有 3 盏灯亮。

② L1 始终是亮的，但一个线圈只允许出现一次，要特别处理。

### 2. I/O 分配

在表 3-4 中写出你设计的旋转风车控制的 I/O 分配。

表 3-4　旋转风车控制 I/O 分配表

| 输　入 | 输　　出 | | | | | | | | |
|---|---|---|---|---|---|---|---|---|---|
| 启动开关 S | L1 | L2 | L3 | L4 | L5 | L6 | L7 | L8 | L9 |
| | | | | | | | | | |

### 3. 梯形图程序

在下方画出你设计的旋转风车控制的梯形图并加以实操验证。

网络1

网络2

网络3

网络4

网络5

# 实验 4　继电器控制电路的 PLC 改造

## 【实验目的】

1）学会用继电器电路移植法设计梯形图。

2）进一步了解程序录入、监控和调试的方法。

3）锻炼团队协作能力，培养严谨、认真、细心的工作作风。

## 【实验案例】

### 正、反转控制电路的 PLC 改造

#### 1. 控制要求

将三相异步电动机的正、反转控制电路改造成由 PLC 控制，功能不变。

#### 2. I/O 接线图

正、反转控制电路 I/O 接线图如图 4-1 所示。

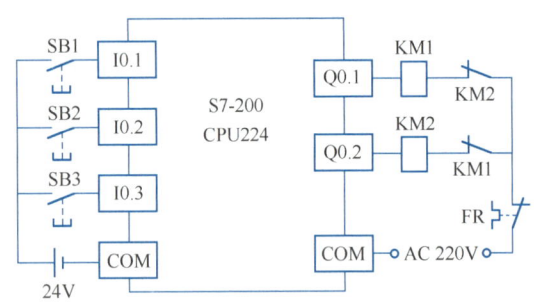

图 4-1　正、反转控制电路 I/O 接线图

#### 3. 梯形图

正、反转控制梯形图如图 4-2 所示。

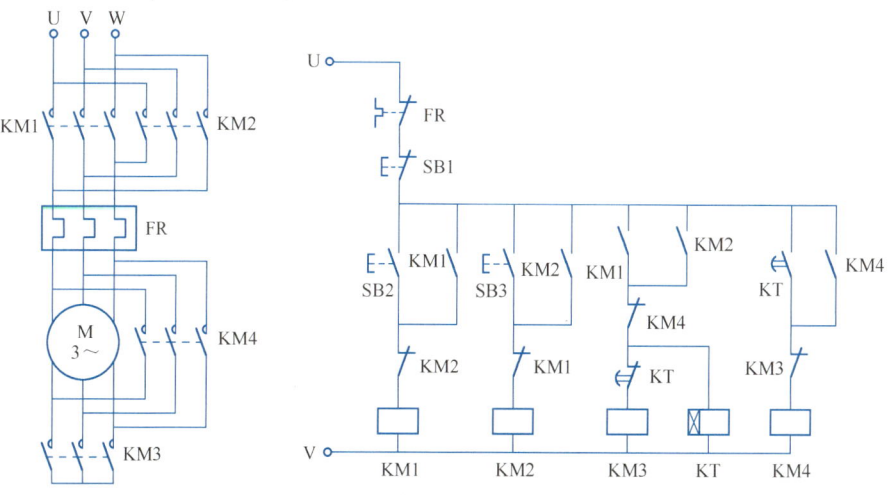

图 4-2  正、反转控制梯形图

## 【实验步骤】

1）按图 4-1 接线，然后按图 4-2 输入程序。

2）编译、下载、运行、监控。

3）操作实验。

① 按下正转起动按钮 SB2，观察正转指示灯 Q0.1 是否点亮。

② 按下反转起动按钮 SB3，观察反转指示灯 Q0.2 是否点亮。

③ 按下停止按钮 SB1，观察指示灯是否熄灭。

## 【小试牛刀】

### 正、反转丫-△减压起动控制电路的 PLC 改造

#### 1. 控制要求

将图 4-3 所示继电器控制的正、反转丫-△减压起动控制电路改造成 PLC 控制，延时时间为 5~8 s，功能不变。

图 4-3  正、反转丫-△减压起动控制电路

### 2. I/O 接线图

仿照图4-1，在下方画出正、反转丫-△减压起动 PLC 控制的 I/O 接线图。

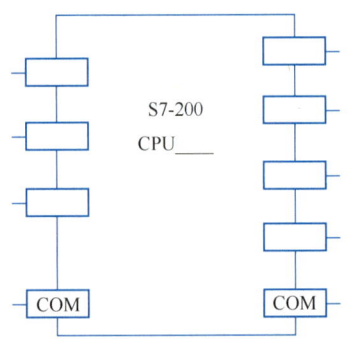

### 3. 梯形图

在下方画出正、反转丫-△减压起动 PLC 控制的梯形图，并进行实操验证。

网络1

网络2

网络3

网络4

# 实验 5　LED 数码管自动循环显示数字控制

## 【实验目的】

1）掌握单序列起—保—停控制电路的设计方法。
2）掌握 LED 输出电路的译码复位设计法。
3）锻炼团队协作和举一反三的能力，培养严谨、认真、细心的工作作风。

## 【实验案例】

### LED 数码管自动递增循环显示奇数控制

#### 1. 控制要求

1）PLC 开机后，LED 数码管初始状态为全灭。
2）当启动开关 S 闭合后，LED 数码管显示数字 1；然后每隔 1 s 显示的数字自动增 2，直至 9 再显示 1，如此实现数字 1-3-5-7-9 自动递增循环显示。
3）当启动开关 S 断开后，LED 数码管全灭，不再显示任何数字。

#### 2. I/O 分配

LED 数码管自动递增循环显示奇数控制的 I/O 分配见表 5-1。

表 5-1　LED 数码管自动递增循环显示奇数控制的 I/O 分配表

| 输　入 | 输　出 | | | | | | |
|---|---|---|---|---|---|---|---|
| 启动开关 S | a 段 | b 段 | c 段 | d 段 | e 段 | f 段 | g 段 |
| I0.0 | Q0.0 | Q0.1 | Q0.2 | Q0.3 | Q0.4 | Q0.5 | Q0.6 |

#### 3. 顺序功能图

LED 数码管自动递增循环显示奇数控制的顺序功能图如图 5-1 所示。

#### 4. 梯形图

LED 数码管自动递增循环显示奇数控制的梯形图如图 5-2 所示。

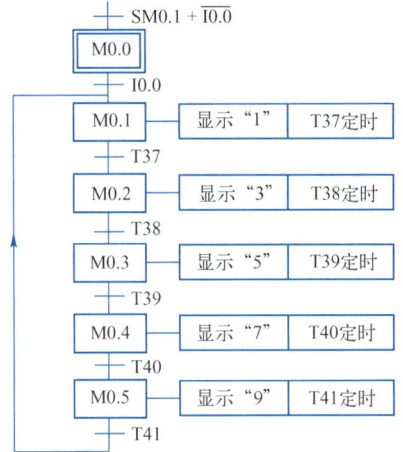

图 5-1 LED 数码管自动递增循环显示奇数控制的顺序功能图

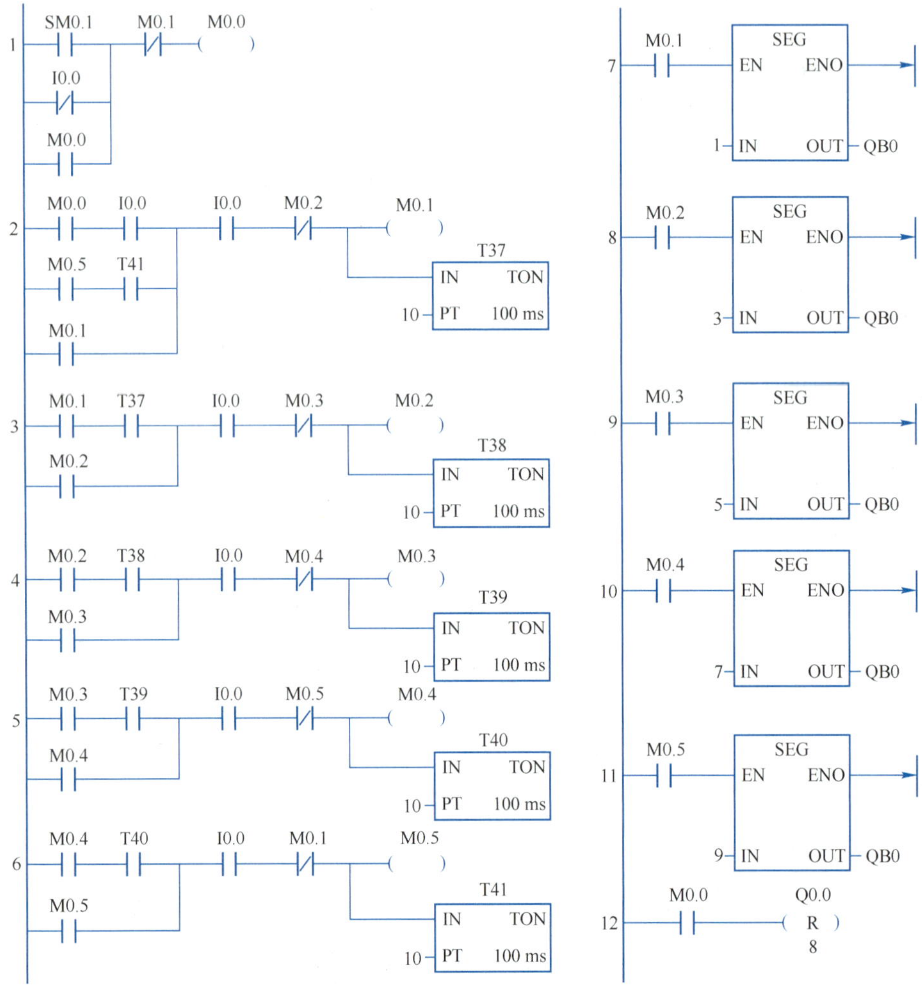

图 5-2 LED 数码管自动递增循环显示奇数控制的梯形图

## 【实验步骤】

1）按表 5-1 接线，然后按图 5-2 输入程序。

2）编译、下载、运行、监控。

3）操作实验。合上启动开关，观察 LED 数码管是否按要求递增循环显示 1-3-5-7-9，如果不符，注意观察哪一步出现了问题，修改程序重新运行。

4）简单修改一下输出电路，控制 LED 数码管递增循环显示 0-2-4-6-8。

## 【小试牛刀】

### 1. 设计题目

下面 3 个题目任选其一（有能力者也可全做），并在选项后面的方框中打上"√"。

1）LED 数码管自动递增循环显示 0~9。□

2）LED 数码管自动递减循环显示 9~0。□

3）LED 数码管循环显示 5-2-0-1-3-1-4。□

### 2. 顺序功能图

在下面空白处画出你选的设计题目对应的顺序功能图。

## 3. 梯形图

在下面空白处画出所选题目对应的梯形图，并进行实操验证。

# 实验 6　交通信号灯控制

## 【实验目的】

1）熟悉交通信号灯的正常时序。
2）掌握交通信号灯单序列以转换为中心的设计方法。
3）掌握交通信号灯单序列起—保—停设计方法。
4）锻炼团队协作能力，培养严谨、认真、细心的工作作风。

## 【实验案例】

### 交通信号灯控制

#### 1. 控制要求

在十字路口的东、南、西、北方向各装设有红、绿、黄灯，正常时序控制要求如下。

1）信号灯受一个启动开关 S 控制，当启动开关 S 接通时，信号灯系统开始工作。

2）东西绿灯亮 25 s 后，闪烁 3 次（周期为 1 s：亮 0.5 s，灭 0.5 s）后熄灭，然后东西黄灯亮，2 s 后东西黄灯熄灭、东西红灯亮，30 s 后东西绿灯亮……如此循环。

3）东西绿灯亮的同时南北红灯亮，30 s 后南北绿灯亮，25 s 后，绿灯闪烁 3 次后熄灭，然后南北黄灯亮，2 s 后南北黄灯熄灭、南北红灯亮，30 s 后南北绿灯亮……如此循环。

4）当启动开关 S 断开时，所有信号灯熄灭。

#### 2. 时序状态图

根据控制要求可画出交通信号灯的时序状态图，如图 6-1 所示。

#### 3. I/O 分配

交通信号灯控制的 I/O 分配见表 6-1。

表 6-1　交通信号灯控制的 I/O 分配表

| 输　　入 | 输　　出 | | | | | |
|---|---|---|---|---|---|---|
| 启动开关 S | 东西绿灯 | 东西黄灯 | 东西红灯 | 南北绿灯 | 南北黄灯 | 南北红灯 |
| I0.0 | Q0.0 | Q0.1 | Q0.2 | Q0.3 | Q0.4 | Q0.5 |

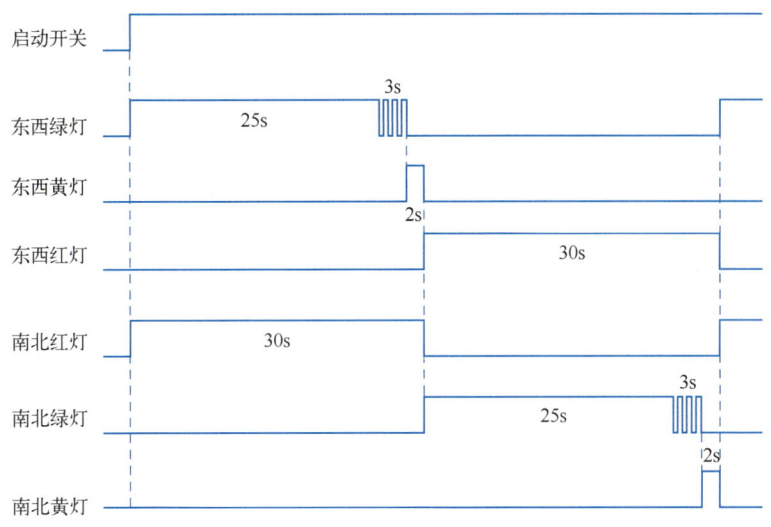

图 6-1 交通信号灯时序状态图

## 4. 顺序功能图

交通信号灯控制的单序列顺序功能图如图 6-2 所示。

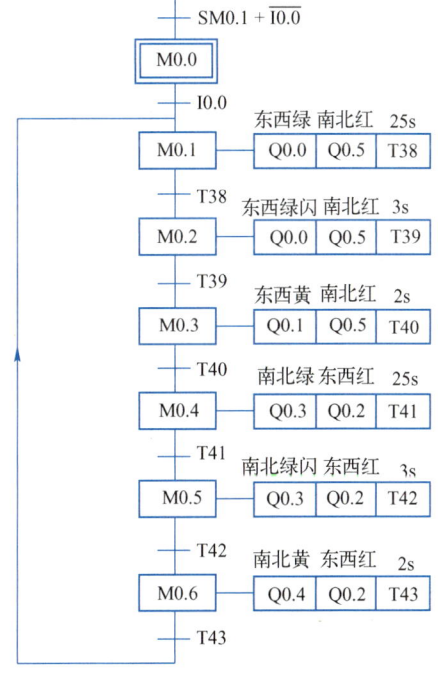

图 6-2 交通信号灯单序列顺序功能图

## 5. 梯形图

利用以转换为中心的方法将交通信号灯控制的单序列顺序功能图转换成梯形图，如图 6-3 所示。

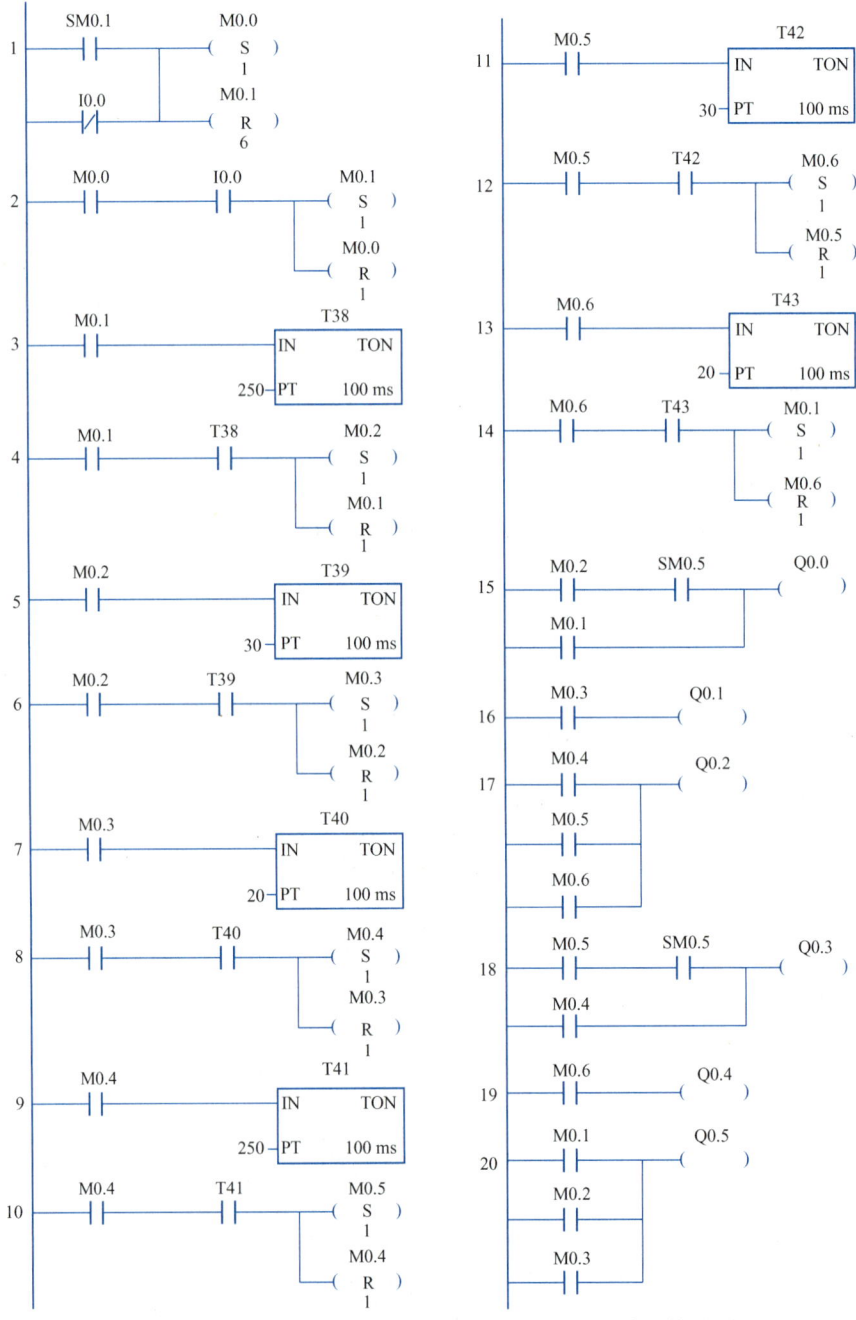

图 6-3　交通信号灯单序列以转换为中心方法设计的梯形图

## 【实验步骤】

1）按表 6-1 接线。

2）按图 6-3 输入程序。

3）编译、下载、运行、监控。

4）操作实验。合上启动开关，观察交通信号灯是否按控制要求亮灭，如果不符，注意观察哪一步出现了问题，修改程序重新运行。

## 【小试牛刀1】

将交通信号灯单序列起—保—停方法设计的梯形图写在下面空白处，并进行实操验证。

## 【小试牛刀 2】

在下面空白处画出利用以转换为中心的方法设计的 LED 自动循环显示数字 1-3-5-7-9 的梯形图，并进行实操验证。

# 实验 7  LED 数码管花样显示数字控制

## 【实验目的】

1）掌握利用顺控指令将顺序功能图转换成梯形图的方法。
2）掌握计数器的使用方法。
3）掌握上升沿脉冲指令的作用和使用方法。
4）锻炼团队协作能力，培养严谨、认真、细心的工作作风。

## 【实验案例】

### LED 数码管花样显示数字控制

#### 1. 控制要求

1）PLC 开机后，LED 数码管全灭。

2）启动开关闭合后，LED 数码管间隔 1 s 显示 1、2、3 并循环 3 次，然后显示 4、5、6 并循环 3 次，再显示 7、8、9 并循环 3 次，之后全灭。

3）在 LED 数码管显示数字的过程中，如果启动开关断开，则 LED 数码管全灭；如果开关再闭合，仍按要求 2）进行。

#### 2. I/O 分配

LED 数码管花样显示数字控制的 I/O 分配见表 7-1。

表 7-1  LED 数码管花样显示数字控制的 I/O 分配表

| 输　入 | 输　出 | | | | | | |
|---|---|---|---|---|---|---|---|
| 启动开关 | a 段 | b 段 | c 段 | d 段 | e 段 | f 段 | g 段 |
| I0. 0 | Q0. 0 | Q0. 1 | Q0. 2 | Q0. 3 | Q0. 4 | Q0. 5 | Q0. 6 |

#### 3. 顺序功能图

LED 数码管花样显示数字控制的顺序功能图如图 7-1 所示。

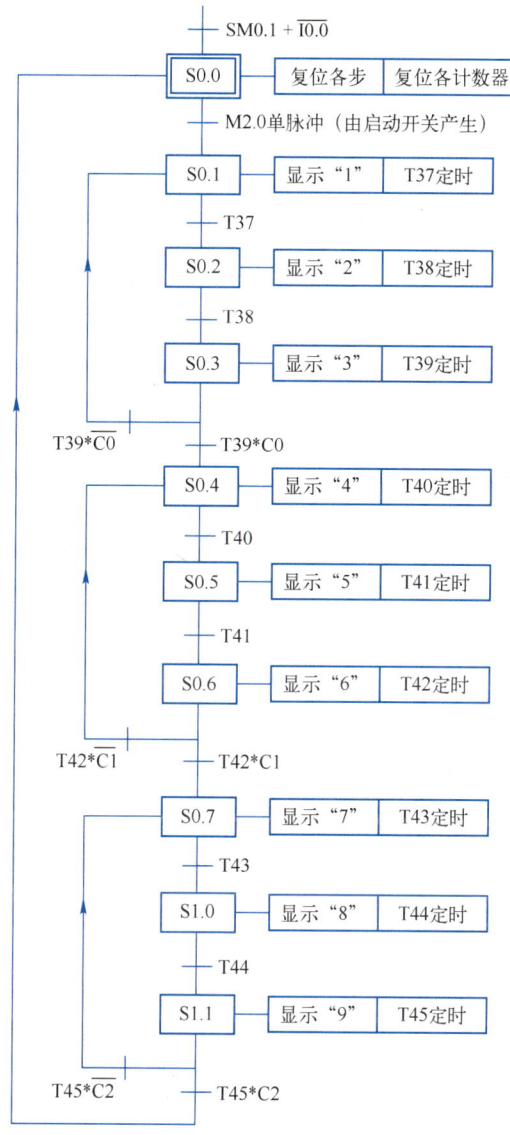

图 7-1  LED 数码管花样显示数字顺序功能图

## 4. 梯形图

LED 数码管花样显示数字控制的梯形图如图 7-2 所示。

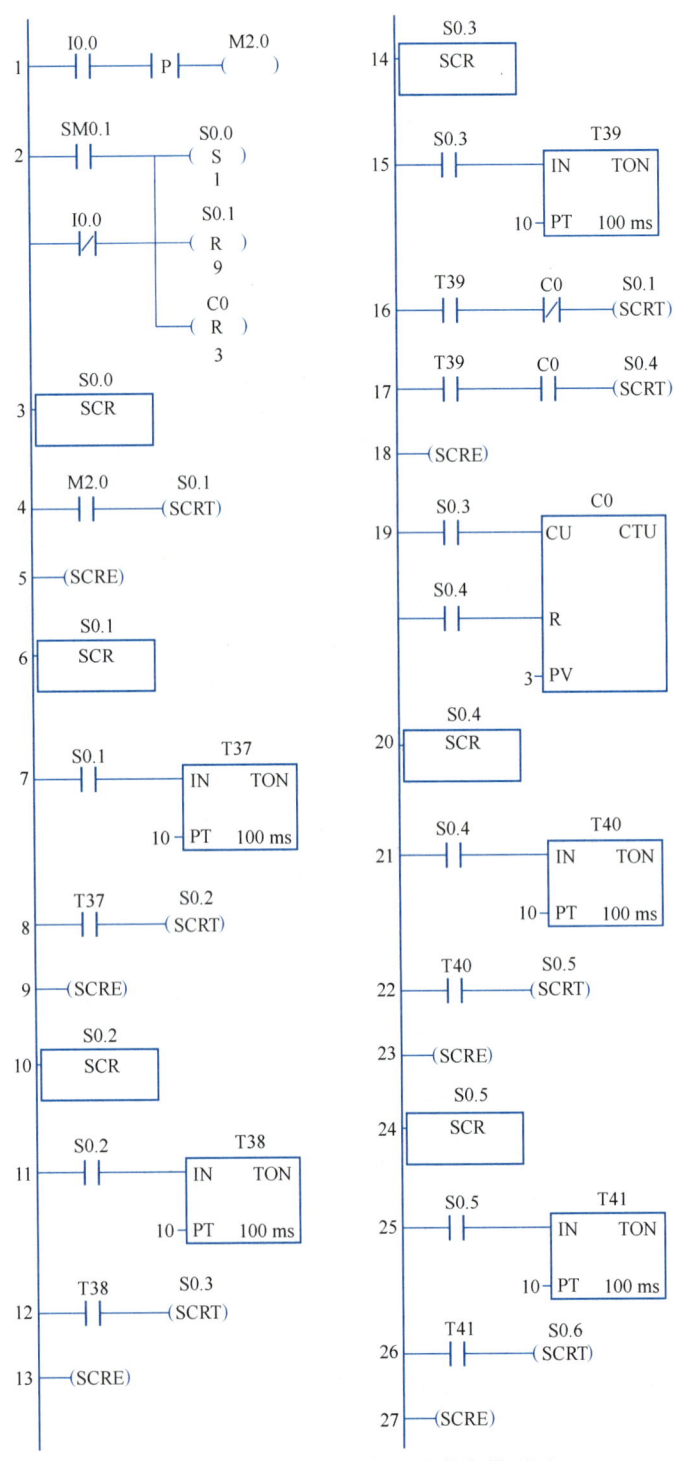

图 7-2　LED 数码管花样显示数字梯形图

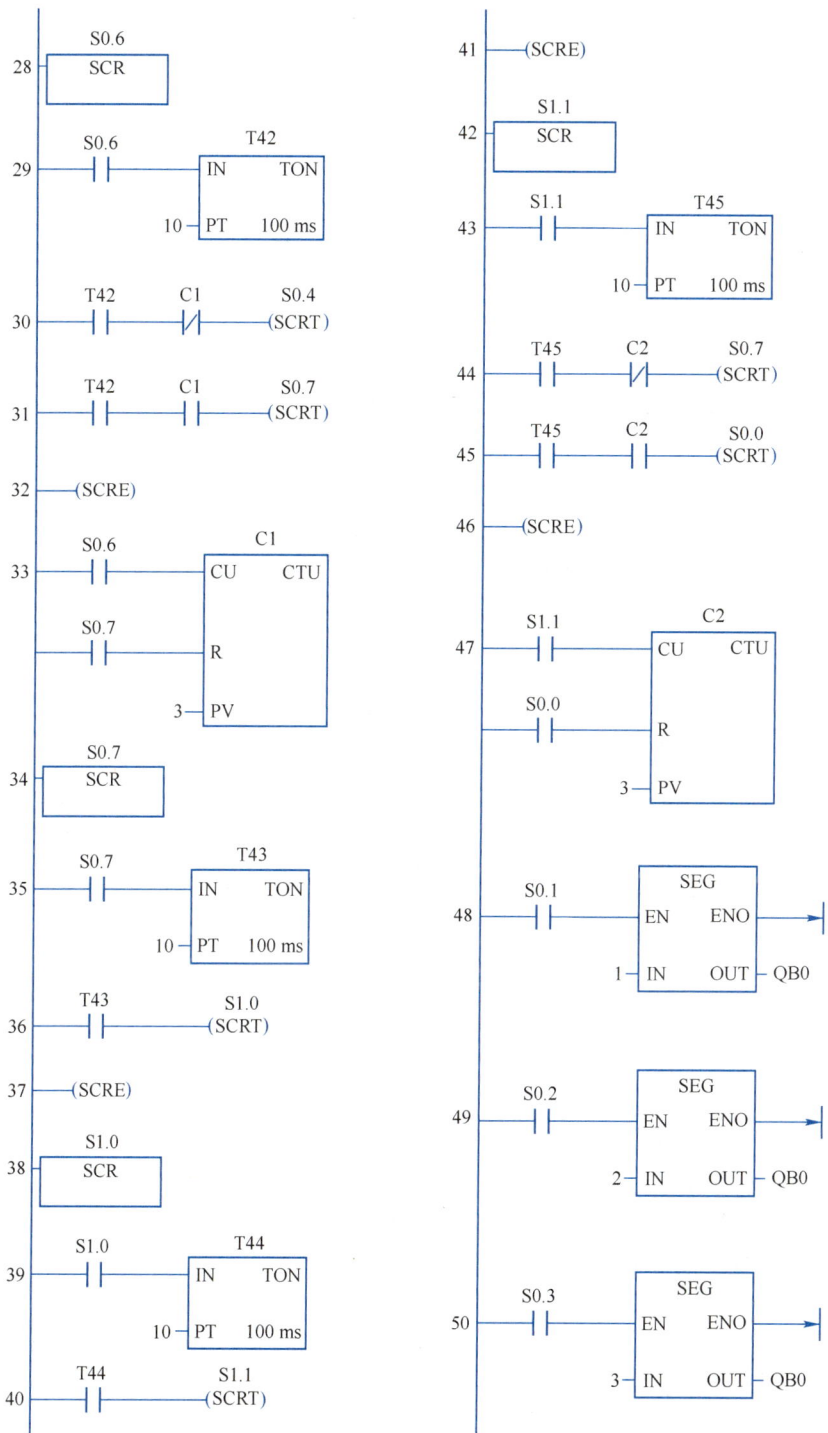

图 7-2  LED 数码管花样显示数字梯形图（续）

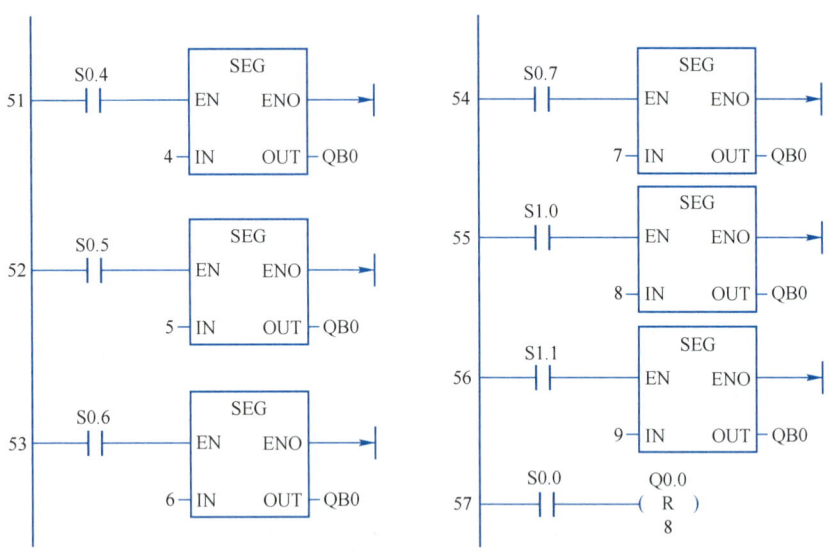

图 7-2  LED 数码管花样显示数字梯形图（续）

## 【实验步骤】

1）按表 7-1 接线，然后按图 7-2 输入程序。

2）编译、下载、运行、监控。

3）操作实验。合上启动开关，观察 LED 数码管是否按控制要求显示数字，如果不符，注意观察哪一步出现了问题，修改程序重新运行。

## 【小试牛刀】

### 循环显示数字"5→2→0"

#### 1. 控制要求

1）PLC 开机后，LED 数码管初始状态为全灭。

2）启动开关闭合后，LED 数码管间隔 1 s 显示 5、2、0，循环 3 次后全灭。

3）在 LED 数码管显示数字的过程中，如果启动开关断开，则 LED 数码管全灭；如果开关再闭合，仍按要求 2）进行。

4）要求用 SCR 指令编程。

#### 2. 梯形图

在下面空白处画出利用顺控指令设计的"520"循环 3 次的梯形图。

# 实验 8　比较指令编程应用训练

## 【实验目的】

1）掌握数据比较指令的使用方法。
2）掌握定时器循环定时的方法。
3）锻炼团队协作能力，培养严谨、认真、细心的工作作风。

## 【实验案例】

### "小树苗"控制

#### 1. 控制要求

"小树苗"彩灯排列示意图如图 8-1a 所示。控制要求如下。

1）9 盏彩灯受 1 个启动开关 S 控制，当 S 断开时，所有灯都不许亮。

2）启动开关 S 闭合后，首先 L1、L3、L6、L7 这 4 盏灯同时点亮，然后按图 8-1b 所示的点亮次序循环，一个周期为 4 s。

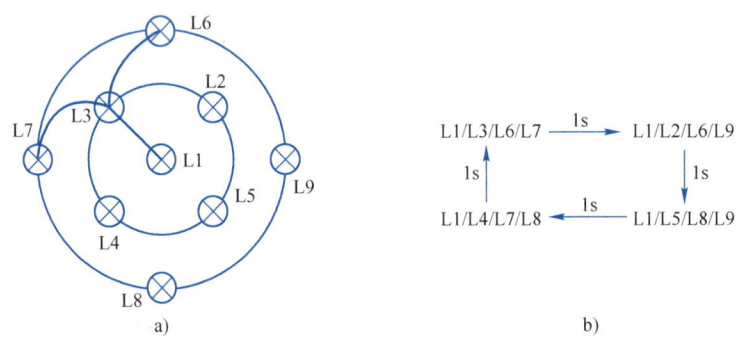

图 8-1　"小树苗"彩灯排列和点亮次序示意图
a）彩灯排列示意图　b）点亮次序示意图

#### 2. I/O 分配

"小树苗"控制的 I/O 分配见表 8-1。

表 8-1 "小树苗"控制的 I/O 分配表

| 输　　入 | 输　　　　出 | | | | | | | | |
|---|---|---|---|---|---|---|---|---|---|
| 启动开关 S | L1 | L2 | L3 | L4 | L5 | L6 | L7 | L8 | L9 |
| I0.0 | Q0.1 | Q0.2 | Q0.3 | Q0.4 | Q0.5 | Q0.6 | Q0.7 | Q2.0 | Q2.1 |

### 3. 梯形图

"小树苗"控制的梯形图如图 8-2 所示。

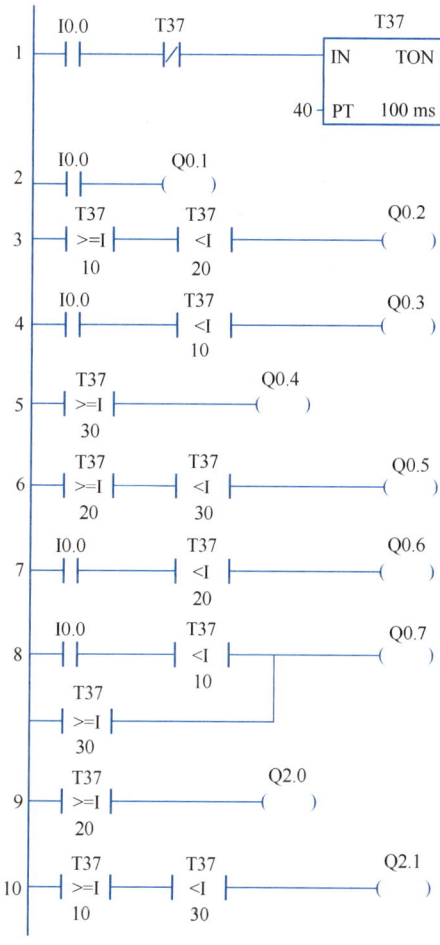

图 8-2　"小树苗"控制梯形图

## 【实验步骤】

1）按表 8-1 接线，然后按图 8-2 输入程序。

2）编译、下载、运行、监控。

3）操作实验。合上启动开关，观察彩灯是否按控制要求点亮，如果不符，返回修改程序再试。

## 【小试牛刀1】

### 舞台艺术彩灯控制

#### 1. 控制要求

有8盏彩灯，分别为L1~L8。当启动开关S合上时，8盏彩灯顺序点亮，间隔时间为1s，然后逆序熄灭，如此循环。S断开时，所有灯全灭。

实验指导8-1
舞台艺术彩灯设计提示

要求利用数据比较指令来编程，设计提示可扫描二维码8-1观看。

#### 2. I/O 分配

在表8-2中填入舞台艺术彩灯控制的I/O地址。

表 8-2　舞台艺术彩灯控制的 I/O 分配表

| 输　入 | 输　出 | | | | | | | |
|---|---|---|---|---|---|---|---|---|
| 启动开关 | L1 | L2 | L3 | L4 | L5 | L6 | L7 | L8 |
| | | | | | | | | |

#### 3. 梯形图

在下面空白处给出利用比较指令设计的舞台艺术彩灯控制的梯形图。

## 【小试牛刀 2】

## 交通信号灯

### 1. 控制要求

1）启动开关接通时，东西绿灯先亮 25 s，然后闪烁 3 次（周期为 1 s：亮 0.5 s，灭 0.5 s）后熄灭，然后东西黄灯亮，2 s 后东西黄灯灭、东西红灯亮，30 s 后东西绿灯亮……如此循环。

实验指导 8-2 交通信号灯设计提示

2）东西绿灯亮的同时南北红灯亮，30 s 后南北绿灯亮，25 s 后，绿灯闪烁 3 次（周期为 1 s：亮 0.5 s，灭 0.5 s）后熄灭。然后南北黄灯亮，2 s 后南北黄灯灭、南北红灯亮，30 s 后南北绿灯亮……如此循环。

3）当启动开关断开时，所有信号灯熄灭。

要求利用数据比较指令来编程，设计提示可扫二维码 8-2 观看。

### 2. I/O 分配

在表 8-3 中填入交通信号灯的 I/O 地址。

表 8-3 交通信号灯控制的 I/O 分配表

| 输　　入 | 输　　出 | | | | | |
|---|---|---|---|---|---|---|
| 启动开关 S | 东西绿灯 | 东西黄灯 | 东西红灯 | 南北绿灯 | 南北黄灯 | 南北红灯 |
| | | | | | | |

## 3. 梯形图

在下面空白处给出利用比较指令设计的交通信号灯控制的梯形图。

## 【小试牛刀 3】

### 最浪漫的数字

#### 1. 控制要求

1）启动开关闭合后，LED 数码管间隔 1 s 循环显示数字 5-2-0-1-3-1-4。

2）启动开关一断开，LED 数码管全灭。

要求用比较指令和段译码指令来编程。

#### 2. I/O 分配

在表 8-4 中填入"最浪漫的数字"的 I/O 地址。

表 8-4 "最浪漫的数字"的 I/O 分配表

| 输　入 | 输　出 | | | | | | |
|---|---|---|---|---|---|---|---|
| 启动开关 | a 段 | b 段 | c 段 | d 段 | e 段 | f 段 | g 段 |
|  |  |  |  |  |  |  |  |

#### 3. 梯形图

在下面空白处给出利用比较指令设计的"最浪漫的数字"的梯形图。

# 实验 9　两位 LED 数码管自动循环显示数字控制

## 【实验目的】

1）掌握两位 LED 数码管自动循环显示数字的设计方法。

2）锻炼团队协作能力，培养严谨、认真、细心的工作作风。

## 【实验案例】

### 两位 LED 数码管自动循环显示数字 "99" ~ "00"

#### 1. 控制要求

1）PLC 开机后，两个 LED 数码管的初始状态为全灭。

2）当启动开关 S 闭合后，两个 LED 数码管显示数字 "99"；然后 LED 数码管显示的数字每隔 1 s 自动减 1，直至 "00" 之后再显示 "99"，如此实现数字 "99" 至 "00" 自动递减循环显示。

3）当启动开关 S 断开后，两个 LED 数码管全灭，不再显示任何数字。

#### 2. I/O 分配

两位 LED 数码管自动循环显示数字 "99" ~ "00" 的 I/O 地址分配见表 9-1。

表 9-1　两位 LED 数码管自动循环显示数字 "99" ~ "00" 的 I/O 分配表

| 输　入 | 输　出 | |
| --- | --- | --- |
| 启动开关 S | 个位 LED：a 段 ~ g 段 | 十位 LED：a 段 ~ g 段 |
| I0.1 | Q0.0 ~ Q0.6 | Q2.0 ~ Q2.6 |

#### 3. 梯形图

两位 LED 数码管自动循环显示数字 "99" ~ "00" 的梯形图如图 9-1 所示。

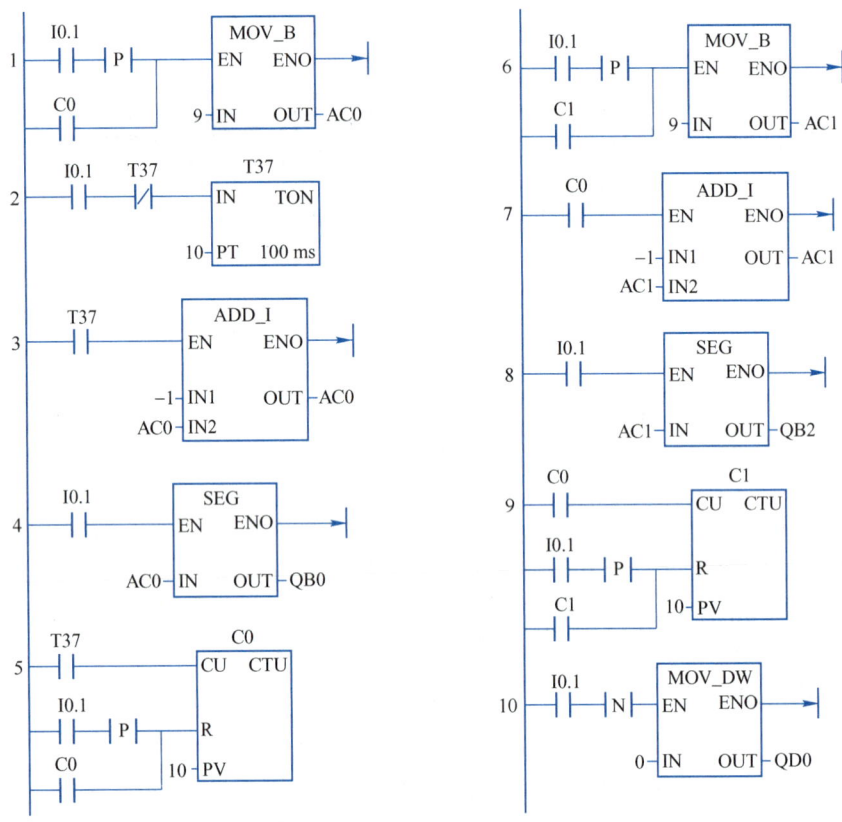

图 9-1    两位 LED 数码管自动循环显示数字 "99"~"00" 的梯形图

## 【实验步骤】

1) 按 I/O 分配接线。因为输出电路使用了 SEG 指令，所以输出地址不能随意改变。

2) 按图 9-1 输入程序。

3) 编译、下载、运行、监控。

4) 将启动开关合上，观察两个 LED 数码管是否按控制要求显示数字，如有不符，返回修改程序再试。

5) 断开启动开关，观察两个 LED 数码管是否全灭，不显示任何数字。

## 【小试牛刀1】

在下面空白处画出两位 LED 数码管自动循环显示数字 "00"~"59" 的梯形图。

在下面空白处画出两位 LED 数码管自动循环显示数字 "00"~"23" 的梯形图。

# 实验 10　LED 数码管奇偶显示数字控制

## 【实验目的】

1）掌握跳转指令和标号指令的使用方法。

2）进一步掌握顺序控制设计法。

## 【实验案例】

### LED 奇偶显示数字控制

#### 1. 控制要求

1）有一个启动开关 S1、一个奇偶选择开关 S2 和一个 LED 数码管（初始状态为全灭）。

2）当 S2 断开、S1 闭合时，LED 数码管间隔 1 s 循环显示奇数 1-3-5-7-9。

3）当 S2 闭合、S1 闭合时，LED 数码管间隔 1 s 循环显示偶数 0-2-4-6-8。

4）当 S1 断开时，LED 数码管全灭，不显示任何数字。

#### 2. I/O 分配

LED 奇偶显示数字控制的 I/O 分配见表 10-1。

表 10-1　LED 奇偶显示数字控制的 I/O 分配表

| 输　入 | | 输　出 | | | | | | |
|---|---|---|---|---|---|---|---|---|
| 启动开关 S1 | 奇偶选择开关 S2 | a 段 | b 段 | c 段 | d 段 | e 段 | f 段 | g 段 |
| I0. 0 | I0. 1 | Q0. 0 | Q0. 1 | Q0. 2 | Q0. 3 | Q0. 4 | Q0. 5 | Q0. 6 |

#### 3. 顺序功能图

LED 奇偶显示数字控制的顺序功能图如图 10-1 所示，视频讲解可扫描二维码 10-1 观看。

#### 4. 梯形图

LED 奇偶显示数字控制的梯形图如图 10-2 所示，视频讲解可扫描二维码 10-2 观看。

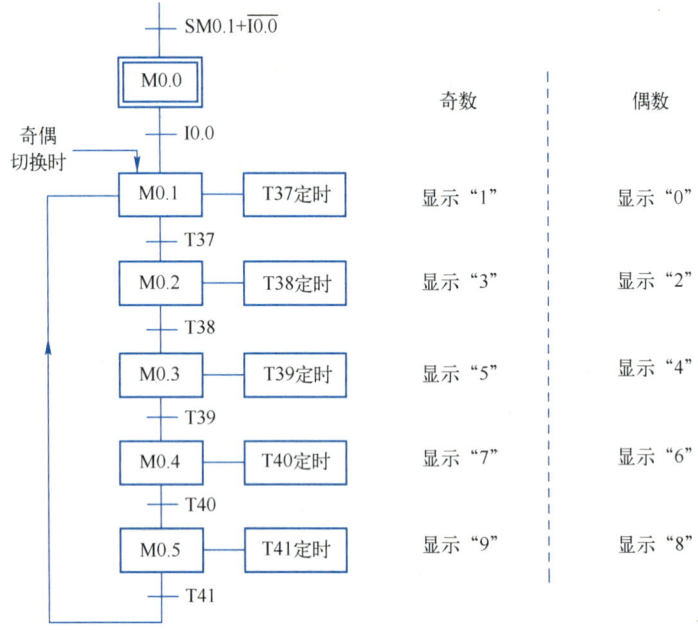

图 10-1 LED 奇偶显示数字控制的顺序功能图

## 【实验步骤】

1）按表 10-1 所示的 I/O 分配接线。因为输出电路使用了 SEG 指令，输出地址不能随意改变。

2）然后按图 10-2 输入程序。

3）编译、下载、运行、监控。

4）将 S2 断开、S1 闭合，观察 LED 数码管是否间隔 1 s 循环显示奇数 1-3-5-7-9。如有不符，返回修改程序再试。

5）将 S2 闭合、S1 闭合，观察 LED 数码管是否间隔 1 s 循环显示偶数 0-2-4-6-8。如有不符，返回修改程序再试。

6）断开 S1，观察 LED 数码管是否全灭，不显示任何数字。

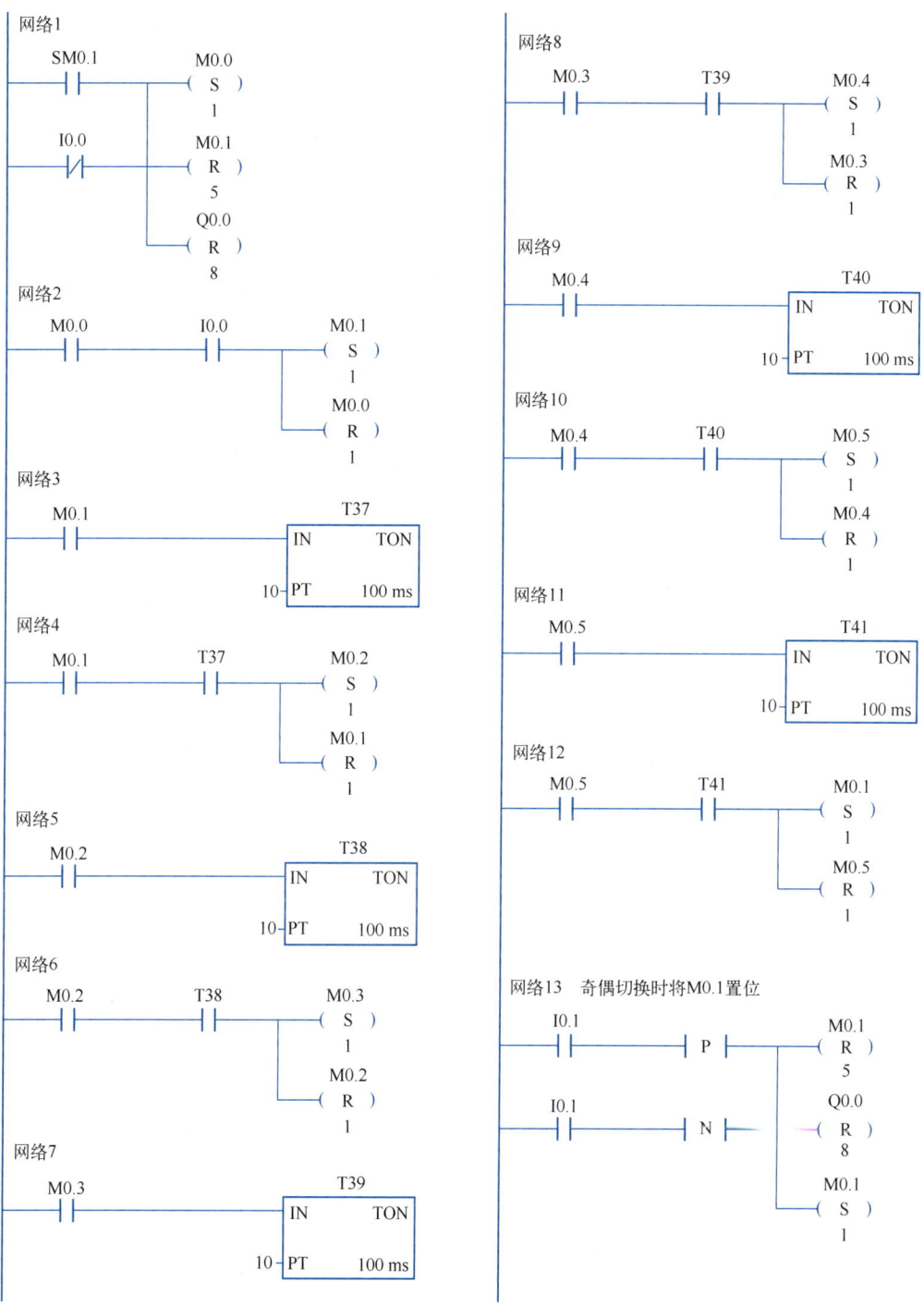

图 10-2 LED 奇偶显示数字控制的梯形图

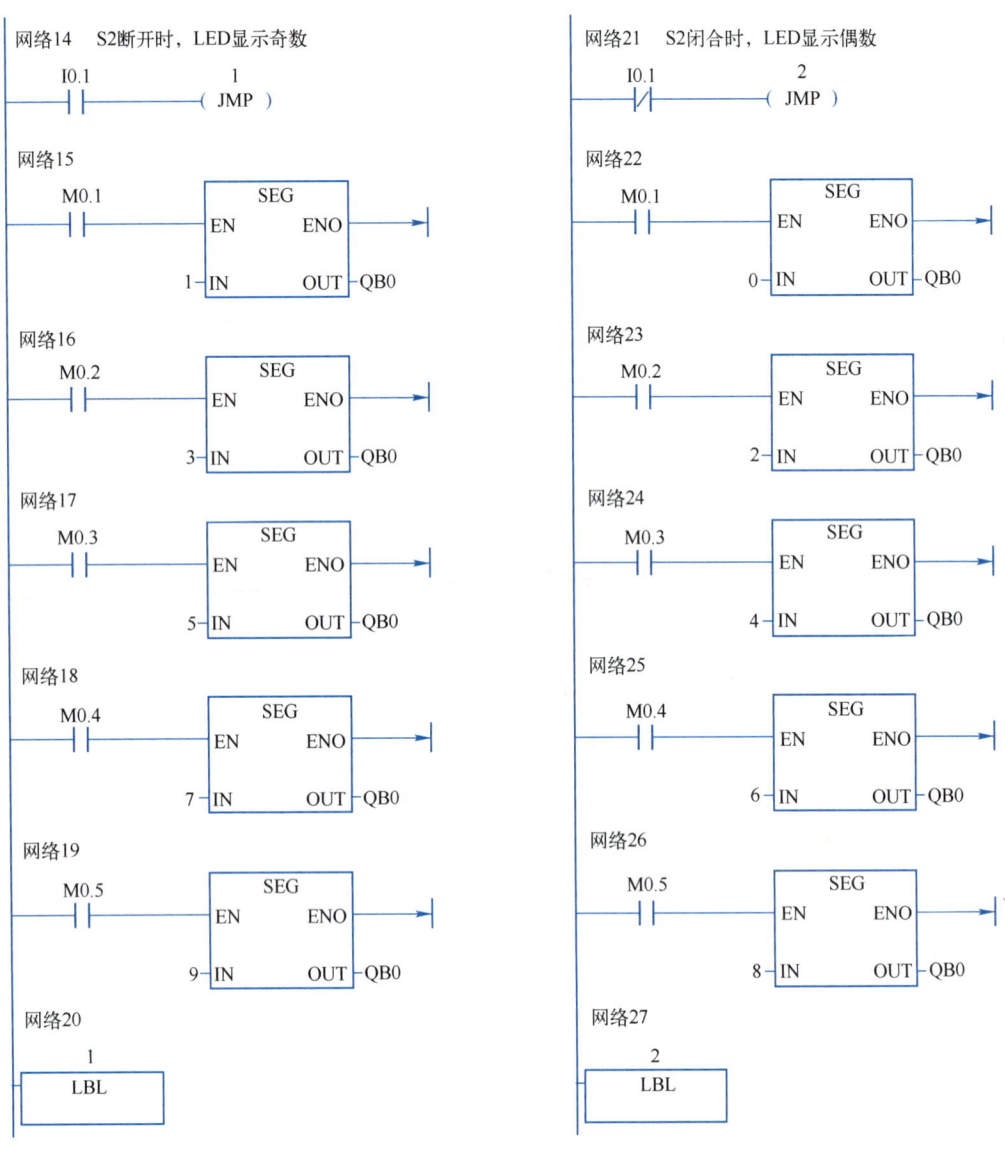

图 10-2　LED 奇偶显示数字控制的梯形图（续）

# 【小试牛刀】

## 风车旋转方向控制

### 1. 控制要求

1）有 L1~L9 共 9 盏彩灯，排列成风车形式。风车既可以顺时针旋转，也可以逆时针旋转,如图 10-3 所示。另外,还有一个启动开关 S1 和一个风车旋转方向选择开关 S2。

2) 当 S2 断开、S1 闭合时,风车按顺时针方向旋转。

3) 当 S2 闭合、S1 闭合时,风车按逆时针方向旋转。

4) 当 S1 断开时,9 盏灯全灭。

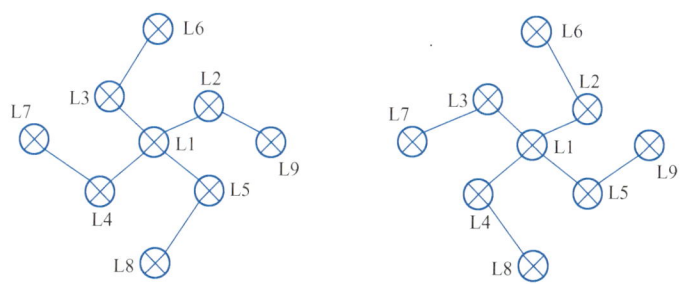

图 10-3　风车旋转方向示意图

### 2. I/O 分配

在表 10-2 中填入风车旋转方向控制的 I/O 地址。

表 10-2　风车旋转方向控制 I/O 分配表

| 输　　入 | | 输　　出 | | | | | | | | |
|---|---|---|---|---|---|---|---|---|---|---|
| 启动开关 S1 | 风车旋转方向选择开关 S2 | L1 | L2 | L3 | L4 | L5 | L6 | L7 | L8 | L9 |
| | | | | | | | | | | |

### 3. 顺序功能图

仿照 LED 奇偶显示数字控制,在下方空白处画出风车旋转方向控制的顺序功能图。

## 4. 梯形图

仿照 LED 奇偶显示数字控制，在下方空白处画出风车旋转方向控制的梯形图。

# 实验 11　天塔之光花样循环控制

## 【实验目的】

1）熟练掌握数据比较指令的使用方法。
2）熟练掌握子程序的创建、命名和调用的操作方法。
3）掌握子程序循环调用的编程方法。
4）锻炼团队协作能力和创新能力，培养严谨、认真、细心的工作作风。

## 【实验案例】

### 天塔之光 4 个花样循环控制

#### 1. 控制要求

天塔之光彩灯排列位置如图 11-1 所示。

有 4 种亮灯花样，每个花样的周期都是 4 s，每个状态 1 s。

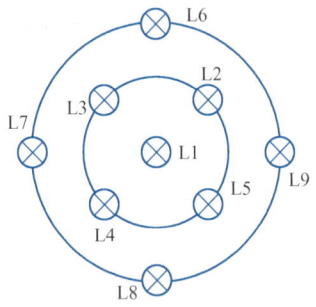

图 11-1　天塔之光彩灯排列示意图

1）花开：L1→L2、L3、L4、L5→L6、L7、L8、L9→全灭。

2）花合：L6、L7、L8、L9→L2、L3、L4、L5→L1→全灭。

3）顺时针旋转风车：L1、L2、L9→L1、L5、L8→L1、L4、L7→L1、L3、L6。

4）逆时针旋转风车：L1、L2、L6→L1、L3、L7→L1、L4、L8→L1、L5、L9。

要求合上启动开关后，天塔之光彩灯先按花开循环 3 次，然后自动开始按花合循环 3 次，再按顺时针旋转风车循环 3 次，再按逆时针旋转风车循环 3 次，如此完成 1 次大循环后再按花开循环……直到断开启动开关，所有灯全灭。

#### 2. I/O 分配

天塔之光花样循环 I/O 分配见表 11-1。

表 11-1　天塔之光花样循环 I/O 分配表

| 输　　入 | 输　　出 | | | | | | | | |
|---|---|---|---|---|---|---|---|---|---|
| 启动开关 S | L1 | L2 | L3 | L4 | L5 | L6 | L7 | L8 | L9 |
| I0.0 | Q0.1 | Q0.2 | Q0.3 | Q0.4 | Q0.5 | Q0.6 | Q0.7 | Q2.0 | Q2.1 |

## 3. 梯形图程序

天塔之光花样循环的梯形图如图 11-2 所示。

主程序:

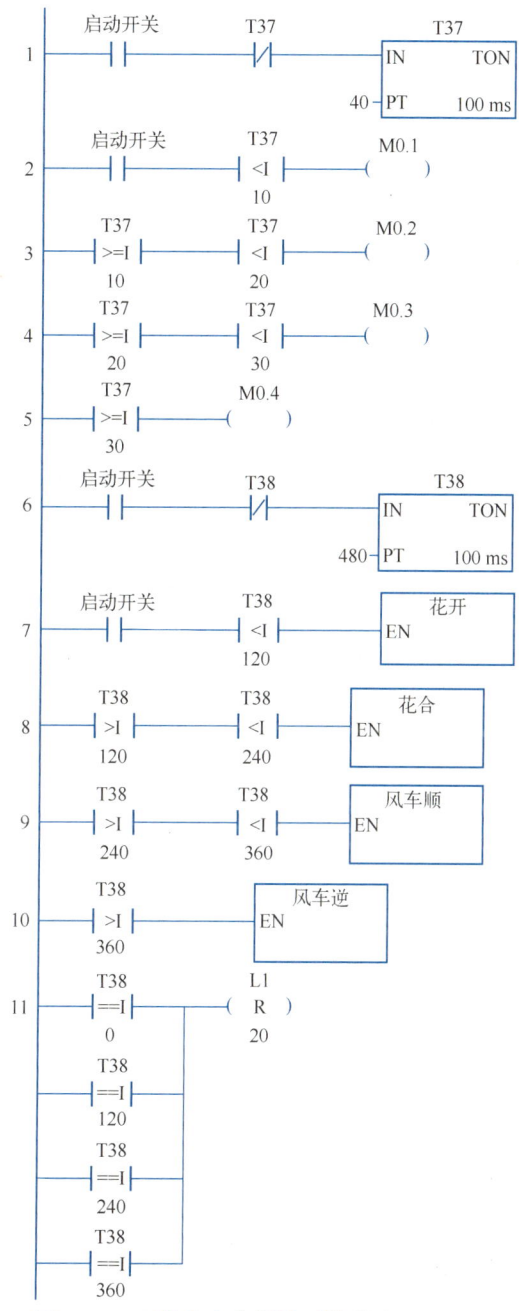

图 11-2 天塔之光花样循环梯形图

花开子程序：

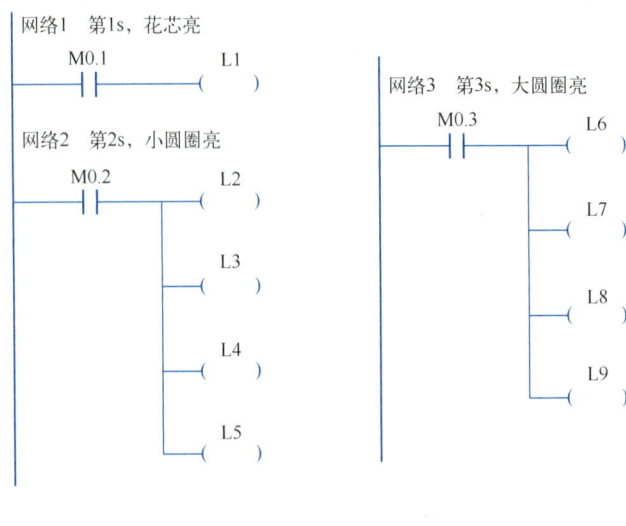

花合子程序：

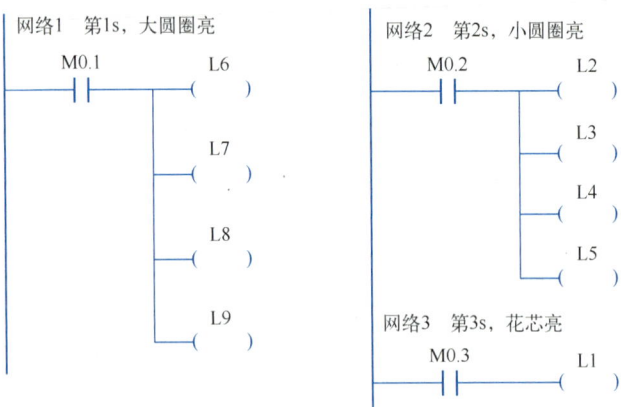

风车顺子程序：

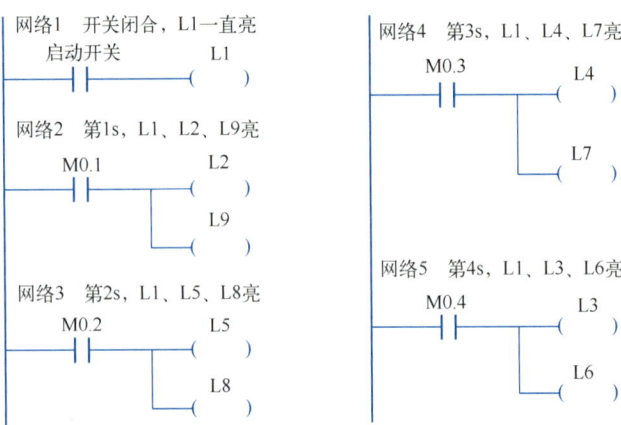

图 11-2　天塔之光花样循环梯形图（续）

风车逆子程序：

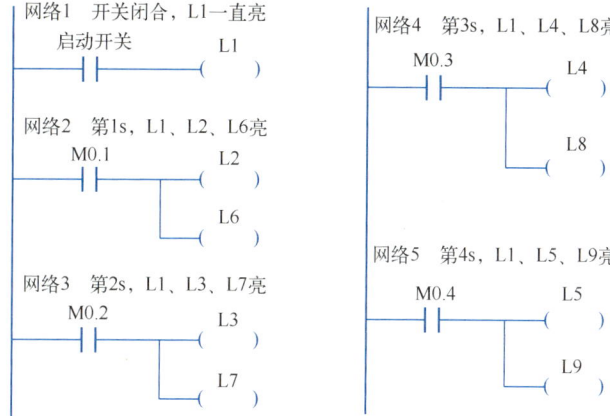

图 11-2  天塔之光花样循环梯形图（续）

## 【实验步骤】

1）按表 11-1 所示的 I/O 分配接线。

2）打开编程软件，新建一个项目。

3）创建 4 个子程序，分别命名为"花开""花合""风车顺"和"风车逆"。

4）编辑如图 11-3 所示的符号表。

| | | 符号 | 地址 | 注释 |
|---|---|---|---|---|
| 1 | | 启动开关 | I0.0 | |
| 2 | | L1 | Q0.1 | |
| 3 | | L2 | Q0.2 | |
| 4 | | L3 | Q0.3 | |
| 5 | | L4 | Q0.4 | |
| 6 | | L5 | Q0.5 | |
| 7 | | L6 | Q0.6 | |
| 8 | | L7 | Q0.7 | |
| 9 | | L8 | Q2.0 | |
| 10 | | L9 | Q2.1 | |

图 11-3  天塔之光花样循环控制符号表

5）录入主程序。

6）将花开子程序、花合子程序、风车顺子程序和风车逆子程序分别录入相应的子程序窗口中。

7）回到主程序编辑器窗口，编译程序并观察编译结果，若提示错误，则修改，直到编译成功。

8）将程序下载到 PLC。

9）运行程序。观察运行结果与控制要求是否一致。

## 【小试牛刀】

在 4 个花样的基础上，再添加若干个花样（自己设计），要求开关闭合后，每个花样循环 2 次；开关断开时，所有灯全灭。在下面空白处画出你设计的梯形图，如空白不够，可自己增加附页。

### 天塔之光＿＿＿＿＿个花样循环控制

# 附　　录

## 附录 A　基本逻辑指令

### A.1　输入/输出指令

**1. 指令功能**

LD（Load）：在左侧母线或电路分支点处装载一个常开触点。

LDN（Load not）：在左侧母线或电路分支点处装载一个常闭触点。

＝（OUT）：输出指令，用于驱动除输入继电器外所有器件的线圈。

**2. 指令说明**

① LD 与 LDN 指令用于与左母线相连的触点，也可与 ALD、OLD 指令配合，用于分支回路的起点。

② OUT 指令是驱动线圈的指令，用于驱动除输入继电器外的所有继电器线圈（梯形图中不允许出现输入继电器的线圈）。

③ 并行的 OUT 指令可以使用任意次，但不能串联使用。

**3. 指令使用方法**

输入/输出指令的使用方法如图 A-1 所示。图中的"//"后面是指令注释，用于帮助理解程序，不是必须提供的。

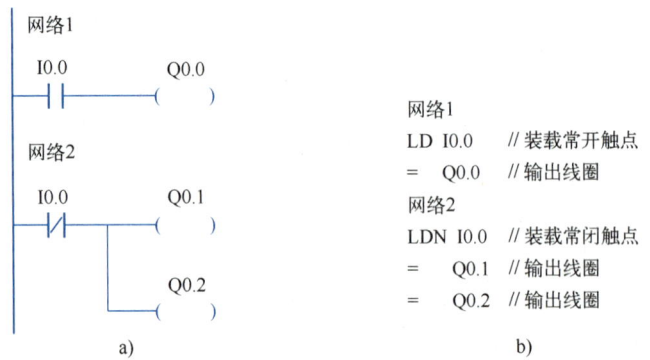

图 A-1　输入/输出指令的使用方法

a）梯形图　b）语句表

## A. 2　触点串联指令

### 1. 指令功能

A（And）：与操作，在梯形图中表示串联连接单个常开触点。

AN（And not）：与非操作，在梯形图中表示串联连接单个常闭触点。

### 2. 指令说明

① A 和 AN 指令用于单个触点与前面的触点（或电路块）的串联（此时不能用 LD、LDN 指令），串联触点的次数不限，即该指令可多次重复使用。

②“连续输出”是指在执行 OUT 指令后，通过触点对其他线圈执行 OUT 指令。只要电路设计顺序正确（单线圈放在上边），OUT 指令就可重复使用。

### 3. 指令使用方法

触点串联指令的使用方法如图 A-2 所示。

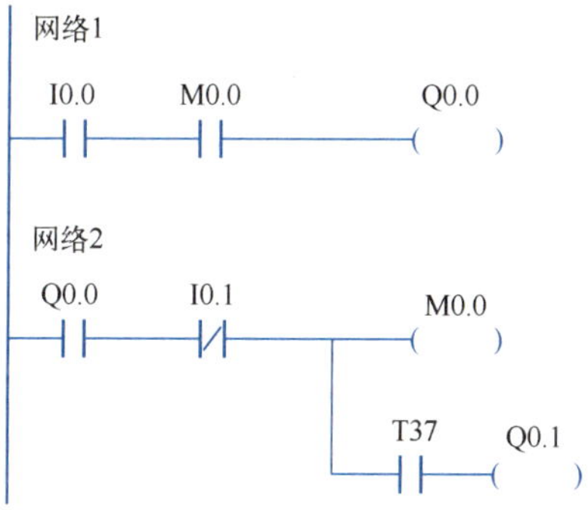


a)

```
网络1
LD  I0.0    // 装载常开触点
A   M0.0    // 串联常开触点
=   Q0.0    // 输出线圈
网络2
LD  Q0.0    // 装载常开触点
AN  I0.1    // 串联常闭触点
=   M0.0    // 输出线圈
A   T37     // 串联常开触点
=   Q0.1    // 输出线圈
```

b)

图 A-2　触点串联指令的使用方法

a）梯形图　b）语句表

## A. 3　触点并联指令

### 1. 指令功能

O（or）：或操作，在梯形图中表示并联连接一个常开触点。

ON（or not）：或非操作，在梯形图中表示并联连接一个常闭触点。

### 2. 指令说明

① O、ON 只能用于将单个触点与上面的触点（或电路块）并联连接。

② O 和 ON 指令引起的并联是从 O 和 ON 一直并联到前面最近的 LD 和 LDN 上，并联的数量不受限制。

### 3. 指令使用方法

触点并联指令的使用方法如图 A-3 所示。

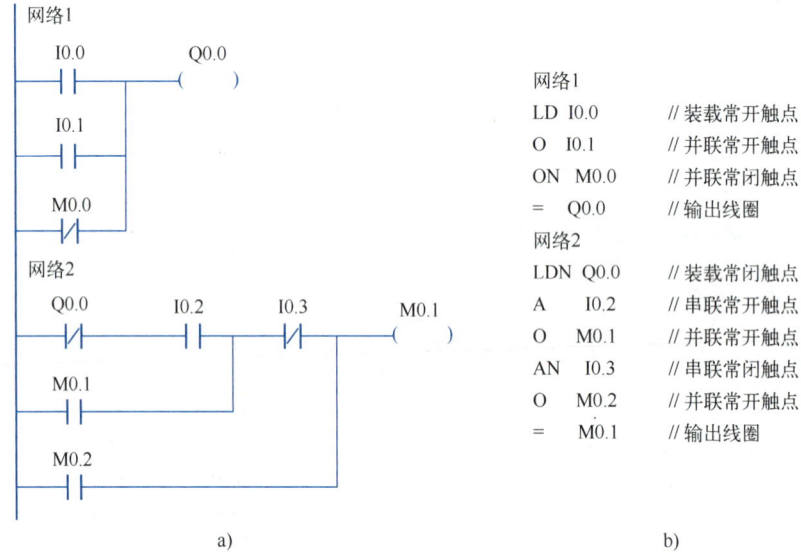

图 A-3　触点并联指令的使用方法
a）梯形图　b）语句表

## A.4　电路块的并联指令

### 1. 指令功能

OLD（Or load）：块"或"操作，用于"串联电路块"的并联连接指令。

### 2. 指令说明

① 两个或两个以上触点串联的电路称作"串联电路块"。

② 并联连接"串联电路块"时，起点用 LD 或 LDN 指令，终点用 OLD 指令。

③ 多个支路组成的并联电路，每写一条并联支路后紧跟一条 OLD 指令，并联支路的条数没有限制。

④ OLD 指令是一条独立的指令，它不带任何器件编号。

### 3. 指令使用方法

OLD 指令的使用方法如图 A-4 所示。

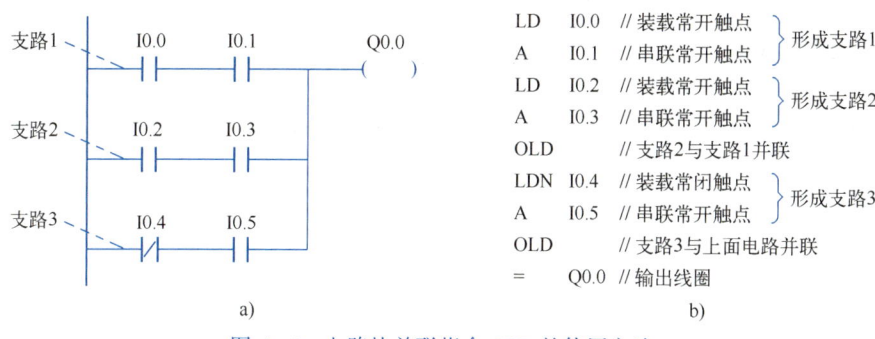

图 A-4　电路块并联指令 OLD 的使用方法
a）梯形图　b）语句表

## A.5　电路块的串联指令

### 1. 指令功能

ALD（And load）：块"与"操作，用于"并联电路块"的串联连接指令。

### 2. 指令说明

① 两个或两个以上触点并联的电路称作"并联电路块"。

② 使用该指令时，应先组块后串联；在每一电路块开始时，须使用 LD、LDN 指令。

③ 许多电路块组成的串联电路，在组成一个电路块后，紧跟一条 ALD 指令，串联电路块的个数没有限制。

④ ALD 指令是一条独立的指令，它不带任何器件编号。

### 3. 指令使用方法

ALD 指令的使用方法如图 A-5 所示。

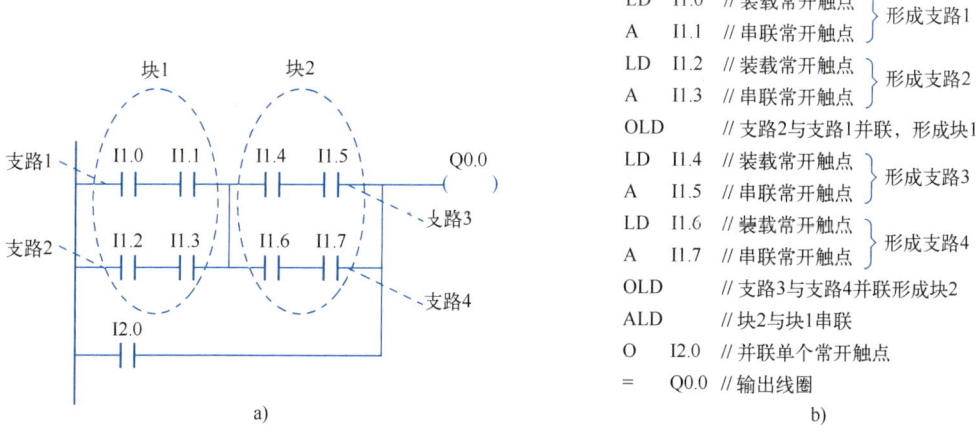

图 A-5　电路块串联指令 ALD 的使用方法
a）梯形图　b）语句表

## 【小试牛刀 1】

根据图 A-6 所示的梯形图，在下方空白处写出对应的语句表指令。

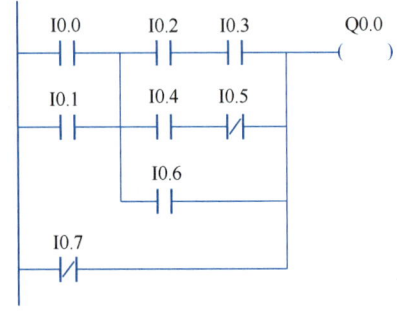

图　A-6

## 【小试牛刀 2】

根据图 A-7 列出的语句表指令，在下面空白处画出对应的梯形图。

| 0 | LD | I0.0 | 8 | A | I0.7 |
|---|-----|------|----|-----|------|
| 1 | A | I0.1 | 9 | OLD | |
| 2 | LD | I0.2 | 10 | ALD | |
| 3 | AN | I0.3 | 11 | LD | M0.0 |
| 4 | OLD | | 12 | A | M0.1 |
| 5 | LD | I0.4 | 13 | OLD | |
| 6 | A | I0.5 | 14 | AN | M1.2 |
| 7 | LD | I0.6 | 15 | = | Q2.0 |

图　A-7

# 附录 B　编程技巧与编程规则

## B.1　编程技巧

1）串联触点多的支路应尽量放在上方，即"上重下轻"，如果将串联触点多的支路放在下方，则语句增多、程序变长，如图 B-1 所示。

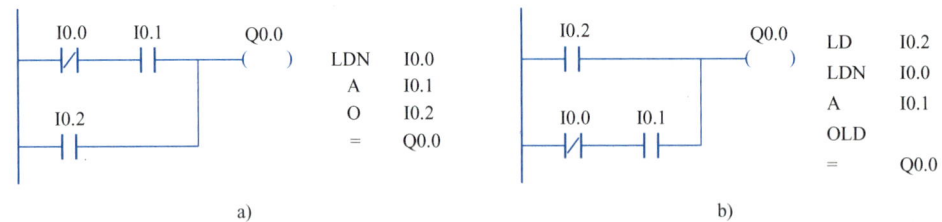

图 B-1　"上重下轻"
a）电路安排正确　b）电路安排不当

2）并联触点多的电路块应靠近左母线，即"左重右轻"，如果将并联触点多的电路块放在右方，则语句增多、程序变长，如图 B-2 所示。

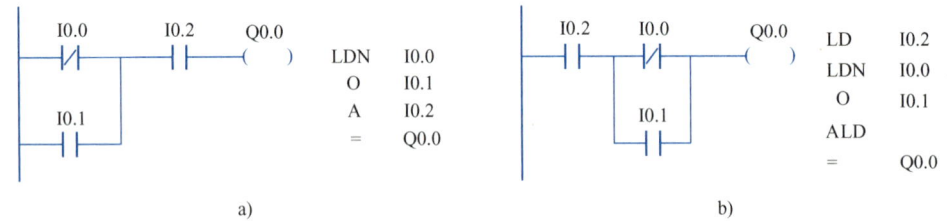

图 B-2　"左重右轻"
a）电路安排正确　b）电路安排不当

3）如图 B-3a 所示的梯形图是一个桥式电路，该梯形图中触点的连接不是串、并联的形式，而是丫和△联结，这样的梯形图是无法编程也是不允许的。对于这样的梯形图，可以先找出从左母线到线圈 6 的几条通电支路，然后将几条支路并联，如图 B-3b 所示，再将其简化成为如图 B-3c 所示的梯形图。

## B.2　编程规则

1）触点不能放在线圈的右边，线圈只能在网络的最右边，如图 B-4 所示。因为 PLC 执行程序时是按从左到右的顺序扫描每一个网络的，不走回头路，要根据触点的通断状态决定线圈是否通电，所以必须把线圈放在最右边。

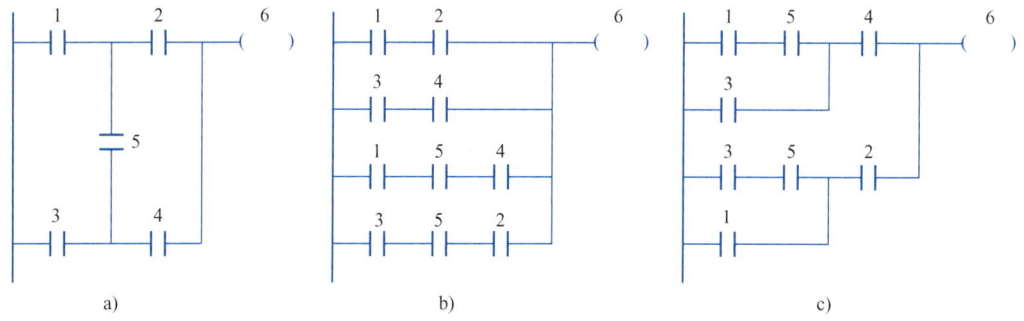

图 B-3　桥式电路的处理

a）不能编程的梯形图　b）初步处理后的梯形图　c）优化后的梯形图

图 B-4　规则 1）：触点不能放在线圈的右边

2）梯形图中不能出现输入继电器的线圈（即 I 编号的线圈），如图 B-5 所示。因为输入继电器只能由 PLC 外部的输入设备来控制，不能由程序驱动。

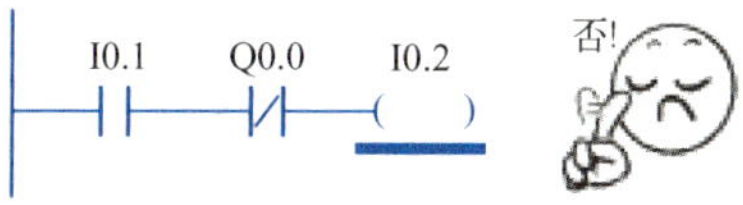

图 B-5　规则 2）：不能出现继电器的线圈

3）输出线圈不能串联，但可以并联，如图 B-6 所示。在继电器电路中，线圈串联会分压，会导致电路不能正常工作。PLC 最初就是为了取代继电器而生的，肯定也要遵守同样的规则。

图 B-6　规则 3）：输出线圈不能串联，但可以并联

4）除含跳转和子程序调用指令的程序以外，同一操作数的线圈只能使用一次。一个操作数的线圈在一个程序中出现两次或者多次，称为双线圈输出。虽然双线圈输出算不上语法错误，编程软件编译时也检查不出来，但是执行程序时会出错。因为按照 PLC 的工作方式，扫描程序时总是从上到下、从左到右逐行扫描，所以后面的结果

会覆盖前面的内容。如图 B-7 所示，程序扫描到上面一行的 Q0.0 时，假设结果为 1，扫描到下面一行的 Q0.0 时，结果是 0，最终输出的结果是 0，这个结果跟我们预想的结果可能就不一样了。所以编程时一般不要有双线圈输出。

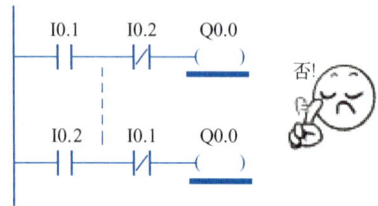

图 B-7　规则 4）：除含跳转和子程序调用的程序以外，
同一操作数的线圈只能使用一次

5）线圈不能直接与左母线相连。如果需要 PLC 一开始运行，线圈就要得电，可以通过一个线圈没出现在梯形图中的继电器的常闭触点或特殊位存储器 SM0.0 的常开触点来连接，如图 B-8 所示。

图 B-8　规则 5）：线圈不能直接与左母线相连

SM0.0 为运行监视继电器，当 PLC 运行时，SM0.0 会自动处于接通状态；当 PLC 停止运行时，SM0.0 处于断开状态，如图 B-9 所示。

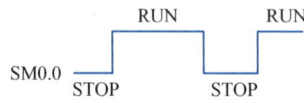

图 B-9　运行监视继电器

6）地址编号中不可以出现 XX.8 和 XX.9，如图 B-10 所示。位编址（小数点右边的数字）是按八进制编号的，只有 0~7 这 8 个数字。但是字节（小数点左边的数字）编址是按十进制编号的。

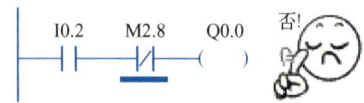

图 B-10　规则 6）：地址编号中不可以出现 XX.8 和 XX.9

7）定时器和计数器不能直接与左母线相连，而且必须有设定值，设定值范围为1~32767，如图 B-11 所示。

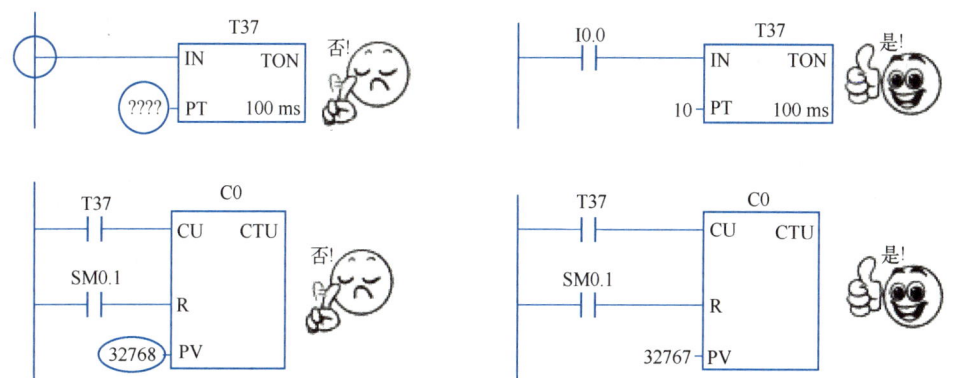

图 B-11  规则 7）：定时器和计数器不能直接与左母线相连，
而且必须有设定值（范围为 1~32767）

8）顺控指令 SCR、SCRT、SCRE 必须成套使用，而且 SCR 和 SCRT 的操作数只能是顺序控制继电器，SCR 和 SCRE 直接连左母线，SCRT 不能直接连左母线，如图 B-12 所示。

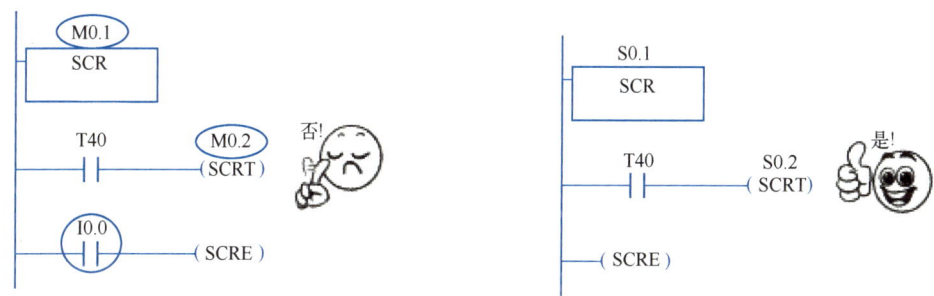

图 B-12  规则 8）：顺控指令 SCR、SCRT、SCRE 必须成套使用

9）跳转指令和标号指令必须成对使用，而且必须在同一段程序之中，必须是跳转在前，标号在后，如图 B-13 所示。

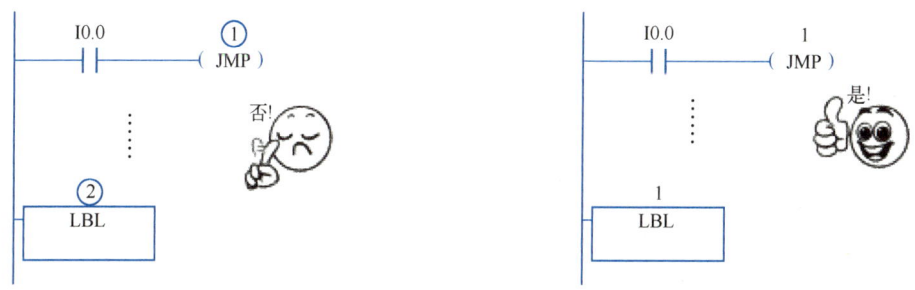

图 B-13  规则 9）：跳转指令和标号指令必须成对使用

10）功能指令中的数据类型要匹配。字节类的功能指令中的数字不能超过255，操作数的地址必须是字节型的；定时器的当前值是放在 16 位的寄存器中的，所以用于比较时只能用整数比较指令，如图 B-14 所示。

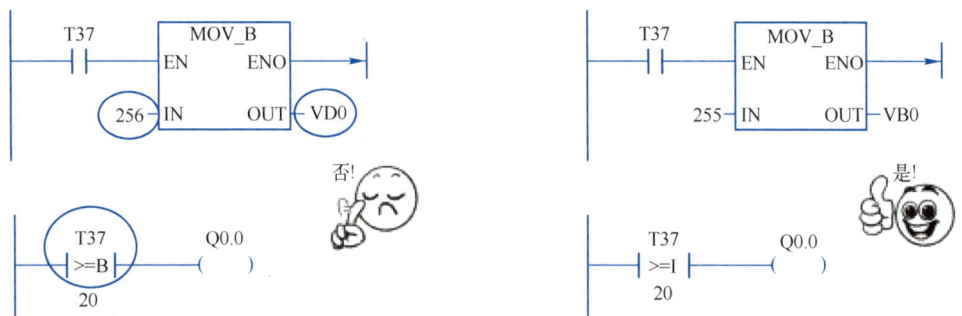

图 B-14　规则 10）：功能指令中的数据类型要匹配

## 【小试牛刀】

1. 画出图 B-15 处理优化后的梯形图，并写出对应的语句表。

图　B-15

2. 指出图 B-16 所示梯形图中的错误。

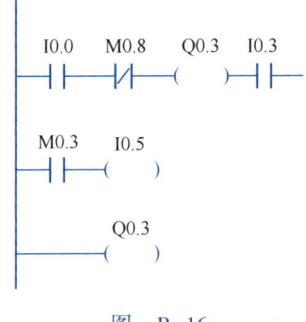

图　B-16

3. 指出图 B-17 所示梯形图中的错误。

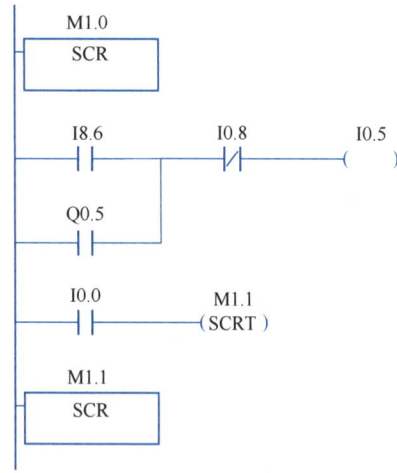

图　B-17

4. 指出图 B-18 所示梯形图中的错误。

图　B-18